华晟经世"一课双师"校企融合系列教材

数据通信技术

（第2版）

张 勇 孙文红 李玉峰◎主编

人民邮电出版社

北 京

图书在版编目（CIP）数据

数据通信技术 / 张勇，孙文红，李玉峰主编. -- 2
版. -- 北京：人民邮电出版社，2024.5
华晟经世"一课双师"校企融合系列教材
ISBN 978-7-115-62331-7

Ⅰ. ①数… Ⅱ. ①张… ②孙… ③李… Ⅲ. ①数据通
信－通信技术－高等学校－教材 Ⅳ. ①TN919

中国国家版本馆CIP数据核字(2023)第135845号

内 容 提 要

全书分为理论、实战和拓展 3 个部分，共有 9 个模块。理论部分介绍了数据通信网络概述、TCP/IP、局域网技术、路由技术等。实战部分对交换机和路由器基础操作、局域网搭建、网络间互联、网络访问控制技术、网络地址转换技术等进行了实战化介绍。扩展部分对 BGP、VPN 和运营商数据通信网络结构进行了相关技术理论和实验内容的介绍，进一步扩展读者对复杂数据通信网络的理解和认识。

本书可以在开设计算机网络、通信类专业的本科、高职类院校作为教材使用，也适合工程技术专业人员阅读。

◆ 主　　编　张　勇　孙文红　李玉峰
　　责任编辑　赵　娟
　　责任印制　马振武
◆ 人民邮电出版社出版发行　　北京市丰台区成寿寺路 11 号
　　邮编　100164　电子邮件　315@ptpress.com.cn
　　网址　https://www.ptpress.com.cn
　　大厂回族自治县聚鑫印刷有限责任公司印刷
◆ 开本：775×1092　1/16
　　印张：12.75　　　　　　　　　2024 年 5 月第 2 版
　　字数：294 千字　　　　　　　 2024 年 5 月河北第 1 次印刷

定价：59.80 元

读者服务热线：(010)53913866　印装质量热线：(010)81055316
反盗版热线：(010)81055315
广告经营许可证：京东市监广登字 20170147 号

编 委 会

本书是华晟经世教育面向 21 世纪应用型本科、高职高专学生以及工程技术人员所开发的系列教材之一。本书以华晟经世教育服务型专业建设理念为指引，贯彻MIMPS（基于市场情报的教学和指导、原型模拟、系统集成）教学法、工程师自主教学的要求，遵循"准、新、特、实、认"5 字开发标准，其中："准"即理念、依据、技术细节都要准确；"新"即形式和内容要有所创新，表现、框架和体例要新颖、生动、有趣，具有良好的用户体验，让人耳目一新；"特"即要做出应用型的特色和企业的特色，体现出校企合作在面向行业、企业需求方面人才培养的特色；"实"即实用，切实可用，既要注重实践教学，又要注重理论知识学习，做一本理实结合的实用型教材；"认"即出版一本教师、学生、业界都认可的教材。本书力求使抽象的理论具体化、形象化，减少学习的枯燥感，激发学生的学习兴趣。

本书在编写的过程中，主要形成了以下特色。

第一，"一课双师"校企联合开发教材。本书由华晟经世教育工程师、合作院校教师协同开发，融合了企业工程师丰富的行业一线工程经验、高校教师深厚的理论功底与丰富的教学经验，共同打造紧跟行业技术发展、精准对接岗位需求、理论与实践深度融合以及符合教育发展规律的校企融合教材。

第二，以"学习者"为中心设计教材。教材内容的组织强调以学习行为为主线，构建了"学"与"导学"的内容逻辑。"学"是主体内容，包括项目描述、任务解决及项目总结；"导学"是引导学生自主学习、独立实践的部分，包括项目引入、交互窗口、思考练习、拓展训练。本书强调动手和实操，以目标任务为驱动，做中学，学中做。本书还强调任务驱动式的学习，可以让学生遵循一般的学习规律、由简到难、循环往复、融会贯通；同时加强实践、动手训练，在实操中更加直观和深刻地学习；

融入最新的技术应用，结合真实的应用场景，以解决用户的实际需求。

第三，以项目化的思路组织教材内容。本书"项目化"的特点突出，大量的项目案例理论联系实际，图文并茂，深入浅出，适合应用型本科院校、高职高专以及工程技术人员自学或参考。内容架构以项目为核心载体，强调知识输入，经过任务的解决与训练，再到技能输出；采用项目引入、知识图谱、技能图谱等形式还原工作场景，展示项目进程，嵌入岗位和行业认知，融入工作方法与技巧，传递解决问题的思路和理念。

本书由张勇、孙文红、李玉峰主编，在本书的编写过程中，得到了华晟经世教育集团、高校领导的关心和支持，更得到了广大教育界同仁的无私帮助及家人的温馨支持，在此向他们表示诚挚的感谢。由于编者水平和学识有限，书中难免存在不妥和错误之处，还请广大读者批评指正。

编者

2023 年 12 月

目录

理论部分

>> 模块一　数据通信网络概述

>> 模块二　TCP/IP

≫ 模块三　局域网技术

≫ 模块四　路由技术

≫ 模块五　网络访问控制技术

实战部分

≫ 模块六　基础操作

≫ 模块七　交换路由操作

≫ 模块八　网络安全控制操作

拓展部分

≫ 模块九　网络知识拓展

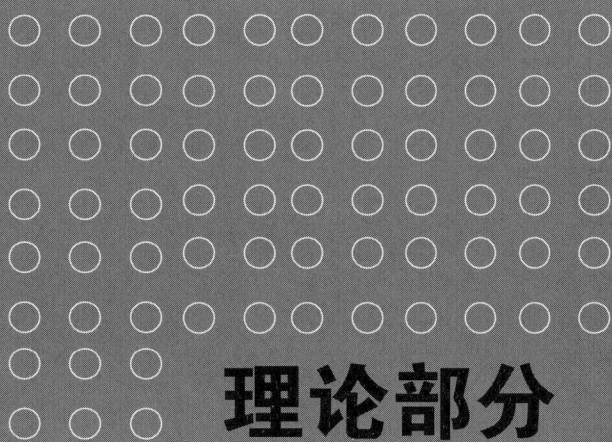

理论部分

数据通信网络概述

项目引入

要把个人计算机连接到互联网上，只要连上网线或 Wi-Fi 就可以上网了！这看似简单的操作，各位同学是否清楚背后的知识呢？从现在开始就让我们一起去探索网络世界，了解网络通信的发展历程，做到知其然更知其所以然。

学习目标

1. 识记：计算机网络的发展历史。
2. 领会：网络的定义。
3. 熟悉：国际标准组织。
4. 掌握：网络的划分和网络拓扑结构。

任务一　网络的定义与发展历史

1. 网络的定义

网络是为实现某种目的的互联系统。日常生活中到处可以见到网络，例如，公路交通网、移动通信网络和互联网等。本任务中我们研究的范畴是计算机网络。

计算机网络是一些互相连接的、自治的计算机的集合。这里的"互相连接"意味着连接的两台或两台以上的计算机能够交互信息，达到资源共享的目的；而"自治"是指计算机在地理上分散，能独立工作。互联网是一个大型的计算机网络，涉及以下两个方面内容。

① 互相连接的目的是交互信息和资源共享，这些资源的集合被称为计算机网络的资源子网。常见的互联网提供的文件下载、网络游戏都属于资源子网的范畴。

② 计算机必须互相连接，并且通信双方需要约定好共同遵循的格式和规范，才能识别对方的计算机语言，实现资源共享。通信双方约定且共同遵守的格式和规范就是协议。为双方提供通信服务的设备和协议的集合被称为计算机网络的通信子网。

一般来说，计算机网络可以提供以下功能。

（1）数据通信

数据通信是计算机网络的基本功能，用以在计算机与终端之间或计算机与计算机之间传递各种信息，将地理上分散的单位和部门通过计算机网络连接起来进行集中管理。通过计算机网络可以共享网络中的各种硬件和软件资源，实现互通有无、分工协作。

（2）可靠性

网络中的计算机可以互为备份，当一台计算机无法使用时，其他计算机可以接替工作，以提高系统的可靠性。

（3）信息分布处理

对于大量的综合性信息，可以通过某些算法将数据处理工作交给不同的计算机，以达到均衡使用网络资源、分布处理的目的。

计算机网络是计算机技术与通信技术结合的产物，它的出现给人们的生产生活带来了深远的影响。

2. 网络的发展历史

第一阶段：具有通信功能的联机系统——单终端系统与具有通信功能的分时系统——多终端系统。

早期的计算机由于功能不强，体积庞大，是单机运行的，需要用户到机房使用。为解决该问题，人们设置远程终端，并在计算机上增加通信控制功能，经线路连接输送数据进行成批处理，这就产生了具有通信功能的单终端系统。1952 年，美国的科研人员研究把远程雷达或其他测量设备的信息，通过通信线路接到一台计算机上，进行集中处理和控制。

20 世纪 60 年代初，美国航空公司与 IBM 联手研究并建成了由一台计算机连接全美 2000 多个终端的美国航空订票系统（SABRE-1）。在该系统中，各终端采用多条线路与中央计算机连接。SABRE-1 的特点是采用通信控制器和前端处理机，通过实时、分时与分批处理的方式，提高线路的利用率，使通信系统发生了根本性变革。从严格意义上讲，第一阶段远程终端与分时系统主机相连的形式并不能称为计算机网络。

第二阶段：计算机网络——多机系统。

1969 年 9 月，美国国防部高级研究计划局和十几个计算机中心一起研制出阿帕（Advanced Research Projects Agency，ARPA）网。ARPA 网的目的是将若干高校、科研机构和公司的多台计算机连接起来，实现资源共享。ARPA 网是第一个较为完善地实现分布式资源共享的网络。

20 世纪 70 年代后期，已经出现了很多计算机网络，并且各个计算机网络均为封闭的状态。

国际标准化组织在 1977 年着手研究网络互联问题，并在不久后提出了能使各种计算机在世界范围内进行相互连接的标准框架，也就是开放系统互连（Open Systems Interconnection，OSI）参考模型。

第三阶段：互联网——多网络系统。

互联网是全球范围的计算机网络。它属于网络到网络系统，在全球已有几万个网络进行互联。

互联网的发展历史可以追溯到 APRA 网的发展及传输控制协议（Transmission Control Protocol，TCP）/ 互联网协议（Internet Protocol，IP）的采用，使网络可以在

TCP/IP 体系结构和协议规范的基础上互联。1983 年，加利福尼亚大学伯克利分校开始推行 TCP/IP，并以 APRA 网为主干网络建立了早期的互联网。

20 世纪 90 年代，互联网进入高速发展时期。到了 21 世纪，互联网的应用已经越来越普及。

任务二　网络分类与拓扑结构

1. 网络的分类

计算机网络按照覆盖的地理范围可以划分为局域网（Local Area Network，LAN）、城域网（Metropolitan Area Network，MAN）和广域网（Wide Area Network，WAN）。

（1）LAN

LAN 是一个高速数据通信系统，它在较小的区域内将若干个独立的设备连接起来，使用户共享计算机资源。LAN 的地域范围一般只有几千米，基本组成包括服务器、客户机、网络设备和通信介质。通常，LAN 中的线路和网络设备的使用、管理属于用户所在的公司或组织。

（2）MAN

MAN 在区域范围和数据传输速率两个方面与 LAN 有所不同，其覆盖范围从几千米至几百千米，数据传输速率可以从 kbit/s 到 Gbit/s。MAN 能向分散的 LAN 提供服务。对于 MAN，最好的传输媒介是光纤，因为光纤能够满足 MAN 在支持数据、语音、图形和图像业务上的带宽容量和性能要求。

（3）WAN

WAN 的覆盖范围从几百千米至几千千米不等，由终端设备、节点交换设备和传送设备组成的。一个 WAN 的骨干网络常采用分布式网状结构，在本地网和接入网中通常采用树形或星形拓扑结构。WAN 的线路与设备的所有权与管理权一般属于电信服务提供商。

2. 网络拓扑结构

（1）星形网络

每个终端均通过单一的传输链路与中心交换节点相连，具有结构简单、建网容易且易于管理等特点。缺点是中心设备负载过重，当其发生故障时会导致全网故障。另外，每个节点均通过专线与中心节点相连，导致线路利用率不高，信道容量浪费较大。

（2）树形网络

树形网络是一种分层网络，适用于分级控制系统。树形网络的同一线路可以连接多个终端，与星形网络相比，具有节省线路、成本较低和易于扩展的特点。缺点是对高层节点和链路的要求较高。

（3）分布式网络

该网络结构由分布在不同地点且具有多个终端的节点相互连接而成。网络中任一节点至少与两条线路相连，当任意一条线路发生故障时，通信可转经其他链路完成，具有较高的可靠性。同时，该网络易于扩充。缺点是网络控制机构复杂，线路增多使成本增加。分布式网络又称网形网络，较有代表性的分布式网络是全连通网络。一个具有 N 个节点的全连通网络需要 $N(N-1)/2$ 条链路。当 N 值较大时，传输链路数量虽然很多，但传输链路的利用率不高，因此，在实际应用中一般不选择全连通网络，而是在保证可靠性的前提下，尽量降低链路的冗余和成本。

（4）总线型网络

总线型网络通过总线把所有节点连接起来，从而形成一条信道。总线型网络结构比较简单，扩展十分方便，常用于计算机局域网中。

（5）环形网络

各设备经环路节点连成环形，构成环形网络。信息流一般为单向，线路是公用的，采用分布控制方式。这种结构常用于计算机局域网中，有单环和双环之分，双环的可靠性明显优于单环。

（6）复合型网络

该网络结构是现实中常见的组网方式，其典型特点是将分布式网络与树形网络结合起来。例如，可在计算机网络中的骨干网部分采用网状结构，而在基层网中采用星形网络，这样既提高了网络的可靠性，又节省了链路成本。

任务三 国际标准组织

国际标准组织分为两类，一类是各国政府间通过条约建立的标准化组织，另一类是自愿的、非条约的组织。国际标准组织的目的和宗旨是在全世界范围内促进标准化工作的开展，以便开展国际交流和服务，并在知识、科学、技术和经济方面扩大合作。其主要活动是制定国际标准，协调世界范围的标准化工作，组织各成员和技术委员会进行交流，并与其他国际组织合作，共同研究相关标准问题。

以下标准组织为网络的发展做出了重大的贡献，制定和统一了网络标准，使各个厂商的产品可以互通。

（1）国际标准化组织（International Organization for Standardization，ISO）

ISO 成立于 1947 年，宗旨是在世界范围内促进标准化工作的开展，主要活动是制定国际标准，协调世界范围内的标准化工作。

（2）国际电信联盟（International Telecommunication Union，ITU）

ITU 成立于 1932 年，其前身为国际电报联盟。ITU 的宗旨是维护与发展成员国间的国际合作以改进和共享各种电信技术；帮助发展中国家大力发展电信事业；通过各种手段促进电信技术设施和电信网的改进与服务；管理无线电频谱的分配和注册，避免各国电台的互相干扰。

其中，国际电信联盟标准化局（ITU-T）是一个开发全球电信技术标准的国际组织，也是 ITU 的常设机构之一。ITU-T 的宗旨是研究与电话、电报、电传运作和关税有关的问题，并对国际通信用的各种设备及规程的标准化制定一系列建议，具体如下。

- F 系列：制定有关电报、数据传输和远程信息通信业务的建议。
- I 系列：制定有关数据网（含综合业务数字网）的建议。

- T系列：制定有关终端设备的建议。
- V系列：制定有关在电话网上的数据通信的建议。
- X系列：制定有关数据通信网络的建议。

（3）电气电子工程师学会（Institute of Electrical and Electronics Engineers，IEEE）

IEEE是世界上最大的专业性组织，主要是制定通信和网络标准。IEEE制定的关于局域网的标准已经成为当今主流的标准之一。

（4）美国国家标准研究所（American National Standards Institute，ANSI）

美国在ISO中的代表是ANSI，它是一个私人的非营利性组织，研究范围与ISO相对应。

（5）电子工业协会（Electronic Industries Association/Telecommunication Industries Association，EIA/TIA）

EIA/TIA曾经制定过许多有名的标准，是一个电子传输标准的解释组织。EIA开发的RS-232和ES-449标准在数据通信设备中被广泛采用。

（6）因特网工程任务组（Internet Engineering Task Force，IETF）

IETF成立于1986年，是推动互联网标准规范制定的主要组织。在虚拟网络世界的形成上，IETF起到了重要的作用。除TCP/IP外，大多数互联网基本技术都是由IETF开发或改进的。IETF创建了网络路由、管理和传输标准，这些正是互联网赖以生存的基础。

IETF定义了有助于保卫互联网安全的安全标准，使互联网成为环境更稳定的服务质量标准及下一代互联网协议自身的标准。

（7）因特网（体系）结构委员会（Internet Architecture Board，IAB）

IAB负责定义整个互联网架构，负责向IETF提供指导，是IETF的最高技术决策机构。

互联网的IP地址和自治系统（Autonomous System，AS）号码分配是分级进行的。互联网编号分配机构能够对全球互联网上的IP地址分配编号。

按照因特网编号分配机构（Internet Assigned Numbers Authority，IANA）的需要，将部分IP地址分配给地区级的互联网注册机构，地区级的互联网注册机构负责该地区的登记和注册服务。

项目二　数据通信网络体系结构

项目引入

网络已经成为人们生活的重要组成部分。网络存在的意义是将人与人联系起来，实现远程数据共享。那么，网络结构是什么样的呢？怎样实现数据共享？如同两个人在相隔较远的地方进行信息传递，会有许多外在的因素干扰，导致信息失真，对比计算机通信中也有类似的问题。在网络世界中充斥着不同厂商的设备和系统，它们是怎么实现互相兼容、协同工作的呢？研究人员进行了分层设计，开发了相关的网络协议，进而建立起实现网络互通的统一标准。在本项目中，我们就一起来学习数据通信网络体系结构和OSI参考模型。

学习目标

1. 识记：网络体系结构相关概念。
2. 领会：网络的分层设计及网络协议。
3. 熟悉：OSI 参考模型及分层间的逻辑关系。
4. 掌握：网络体系结构及 OSI 模型数据封装与解封装。

任务一　网络体系结构概述

1. 网络分层设计

计算机网络是一个庞大的、多样化的复杂系统，涉及多种通信介质、多厂商和异构型互联、高级人机接口等各种复杂的技术问题。要使这样一个系统高效、可靠运转，网络中的各个部分必须遵守一套既合理又严谨的网络标准，这套网络标准被称为网络体系结构。

网络体系结构是指为了实现计算机间的通信合作，把计算机互联的功能划分为有明确定义的层次，并规定同层次实体通信的协议及相邻层之间的接口服务。简单地说，网络体系结构就是网络协议各层及其协议的集合，因此，要想理解网络体系结构，就必须了解网络体系结构的分层设计原理和网络协议。

在计算机网络的基本概念中，分层次的体系结构是最基本的。计算机网络体系结构的抽象概念较多，在学习时要多思考，这些概念对后面的学习是很有帮助的。

当若干计算机互相连接构成网络时，计算机之间的数据通信过程是非常复杂的。假设网络中的两台计算机之间需要传送文件，那么它们之间除了必须有一条传送数据的通路，还必须完成以下工作。

① 源端计算机必须用命令"激活"所连接的数据通信通路，并告诉通信网络如何识别接收数据的目的端计算机。

② 源端计算机必须确定网络连接正常，目的端计算机已经做好接收数据的准备。

③ 源端计算机必须确定目的端计算机已经做好接收和存储文件的准备，如果两者的文件格式不兼容，则必须由一台计算机来完成格式的转换工作。

④ 当网络出现硬件故障，以及出现传送数据出错、重复或丢失等现象时，应有适当的措施来保证目的端计算机仍能接收完整的文件。

以上工作需要相互通信的计算机密切配合。但在具体的工程实现上，人们不可能用一个单一模块来实现以上所有的功能，而是要将它分解成若干个子任务，独立地实现每个子任务。这是在工程设计中常用的结构化设计方法，其是将一个庞大而复杂的问题分解成若干个容易处理的局部问题，然后研究和处理这些局部问题。分层是进行系统分解的最好方法之一。

以文件传送为例的层次划分如图 1-1 所示。它使用了 3 个功能模块：文件传送模块负责完成上面的两项工作；通信服务模块保证文件和命令在两个系统之间可靠地交换，完成第二项工作；同理，网络接口的具体细节则由网络接入模块负责，以完成第一项工作。

图1-1　以文件传送为例的层次划分

在图1-1中，两个计算机系统相互通信，具有相同层次化的功能集。同一个计算机系统中的某一层模块只完成与其他系统对应层次（对等层）通信时所需功能的一个相关子集，其他功能则依赖于下一层，且并不关心具体的实现细节；同时，本层模块也通过层间接口向上一层模块提供自身的服务。处于最底层的网络接入模块通过传输介质实现与另一个计算机系统最底层的网络接入模块的物理通信，而处于较高层模块之间的通信是虚拟通信。

2. 网络协议

在计算机网络中，两个相互通信的实体处于不同的地理位置，这两个实体上的进程相互通信，需要通过交换信息来协调它们的动作，而信息的交换必须按照预先约定好的过程进行。

例如，网络中一个微机用户和一个大型主机的操作员进行通信，这两个数据终端所用的字符集不同，因此用户和操作员彼此不认识对方输入的命令。为了能进行通信，规定每个终端都要将各自字符集中的字符先变换为标准字符集的字符后，才进入网络传送，到达目的终端之后，再变换为该终端字符集的字符。当然，对于不相容的终端，除需要变换字符集字符外，其他特性（例如显示格式、行长、行数、屏幕滚动方式等）也需要进行相应的变换，这样的协议通常被称为虚拟终端协议。又如，通信双方常常需要约定何时开始通信和如何通信，这也是一种协议。所以协议是通信双方为了实现通信所进行的约定或对话规则。

计算机网络的协议主要由语义、语法和同步3个部分组成，即协议三要素。

① 语义：规定通信双方彼此"讲什么"，即确定协议元素的类型，例如，规定通信双方要发出的控制信息、执行的动作和返回的应答。

② 语法：规定通信双方彼此"如何讲"，即确定协议元素的格式，例如，数据和控制信息的格式。

③ 同步：规定信息交流的次序。

由此可见，网络协议是计算机网络不可缺少的组成部分。

任务二　OSI 参考模型

1. OSI 参考模型概述

OSI 参考模型有7层，其分层原则是根据不同层次进行的，每层都可以实现一个明确的功能，每层功能都有利于明确网络协议的国际标准。

分层的好处是可以把开放系统的信息交换分解到一系列容易控制的软硬件模块的每一层中，而各层可以根据需要独立修改或扩充功能，同时，分层还有利于不同制造厂商的设备相互连接，有利于我们学习并理解数据通信网络。

OSI 参考模型中的不同层完成不同的功能，各层相互配合，通过标准接口通信。

应用层提供网络应用程序通信接口；表示层处理数据格式、数据加密等；会话层建立、维护和管理会话；传输层建立主机端到端连接；网络层负责寻址和路由选择；数据链路层提供介质访问、链路管理等；物理层提供比特流传输。

（1）高层或应用层

应用层、表示层和会话层合在一起，通常被称为高层或应用层，其功能通常由应用程序软件实现。

会话层的任务是通过执行多种机制在应用程序间建立、维持和终止会话。会话层机制包括计费、话路控制、会话参数协商等。常见的会话层协议有结构查询语言（Structure Query Language，SQL）、网络文件系统（Network File System，NFS）等。

表示层主要解决用户信息的语法表示问题，它向上对应用层提供服务。表示层的功能是对信息格式和编码进行转换，例如，将 ASCII 码转换成为 EBCDIC 等。此外，对传送的信息进行加密与解密也是表示层的任务之一。

应用层是 OSI 体系结构中的最高层，直接面向用户以满足不同的需求，是利用网络资源唯一向应用程序直接提供服务的层。应用层主要由用户终端的应用软件构成，例如，远程登录协议（Telnet）、文件传送协议（File Transfer Protocol，FTP）、简单网络管理协议（Simple Network Management Protocol，SNMP）等。

（2）数据流层

① 物理层。物理层是 OSI 参考模型的第一层，也是最底层。这一层规定的既不是物理媒介，也不是物理设备，而是物理媒介和物理设备相连接时一些描述的方法和规定。物理层的功能是提供比特流传输。物理层提供用于建立、保持和断开物理接口的条件，以保证比特流的透明传输。

物理层协议主要规定了计算机或终端与通信设备之间的接口标准，包含接口的机械、电气、功能与规程 4 个方面的特性。物理层定义了媒介类型、连接头类型和信号类型。

RS-232 和 V.35 是同步串口的标准。IEEE 802.3 标准定义了以太网物理层常用的接口线缆标准——10Base-T、100Base-TX/FX、1000Base-T、1000Base-SX/LX。

- 以太网 /IEEE 802.3。以太网在物理拓扑结构上可以是总线型的，也可以是星形的，但在逻辑结构中却是总线型的。IEEE 802.3u 定义了带冲突检测的载波监听多路访问（Carrier Sense Multiple Access with Collision Detection，CSMA/CD）局域网的标准，即快速以太网。对 100Base-TX 以太网标准而言，100 表示的是 100Mbit/s 的速率，Base 表示的是基带传输，TX 表示的是传输介质为双绞线电缆。
- 工作在物理层的设备。集线器工作在物理层，对信号只起简单的再生、放大、除噪声的作用。通过集线器连接的工作站构成的网络在物理上是星形的，但在逻辑上却是总线型的。所有的工作站通过集线器相连，共享同一个传输媒体，因此，所有的设备都处于同一个冲突域和广播域，设备共享相同的带宽。

② 数据链路层。数据链路层是 OSI 参考模型的第二层，它以物理层为基础，向网络层提供可靠的服务。数据链路层的主要功能如下。

- 主要负责数据链路的建立、维持和拆除，并在两个相邻节点的线路上，将网络层传送的信息包装成帧后传送，每一帧包括数据和一些必要的控制信息。
- 定义物理源地址和物理目的地址。在实际的通信过程中，数据链路层依靠数据链路层地址在设备间寻址。数据链路层的地址在局域网中是 MAC[1] 地址，在不同的广域网链路层协议中采用不同的地址，例如，在 Frame Relay 中的数据链路层地址为数据链路连接标识符（Data Link Connection Identifier，DLCI）。
- 定义网络拓扑结构。网络拓扑结构是由数据链路层定义的，例如，以太网的总线拓扑结构、交换式以太网的星形拓扑结构、令牌环的环形拓扑结构、光纤分布式数据接口（Fiber Distributed Data Interface，FDDI）的双环拓扑结构等。
- 定义帧的顺序控制、流量控制、面向连接或非连接的通信类型。

③ 网络层。网络层是 OSI 参考模型中的第三层，处于传输层与数据链路层之间，在数据链路层提供的两个相邻节点间的数据帧传送功能上，进一步管理网络中的数据通信，将数据设法从源端经过若干中间节点传送到目的端，从而向传输层提供基本的端到端的数据传送服务。网络层的关键技术是路由选择。

网络层的功能包括定义逻辑源地址和逻辑目的地址，提供寻址的方法，连接不同的数据链路层等。常见的网络层协议包括 IP 和 IPX[2] 等。

- 逻辑地址。网络层使用的地址叫作逻辑地址。逻辑地址通常包含两个部分，一部分为网络地址，另一部分为主机地址。不同的网络层协议使用不同的编址方式。

IP 地址是长度为 32 位二进制的数字，其中网络位与主机位不固定，所以需要采用相同长度的掩码来确定网络位和主机位。

IPX 地址是长度为 80 位的二进制的数字，其中网络位长度固定 32 位，主机位长度 48 位，不需要掩码来区分网络位与主机位。

- 工作在网络层的设备。路由器工作在网络层，连接相同或不同的数据链路层链路和不同的逻辑网络或子网，负责根据逻辑网络地址选择最佳路径，转发用户的数据包。路由器每个接口连接的是一个广播域，路由器用作隔离广播、控制组播数据的通过，并且可以通过设置访问控制列表与队列进行流量控制与管理。路由器支持不同类型的 LAN 与 WAN 数据链路层封装协议，可以用来进行广域网的连接。与即插即用的以太网交换机不同，任何一台路由器在工作之前都需要进行配置，例如配置 IP 地址、路由协议等。路由器根据配置的静态路由或动态路由协议产生的路径信息决定数据包的转发路径。

④ 传输层。传输层可以为主机应用程序提供端到端的、可靠或不可靠的通信服务。

1　MAC（Medium Access Control，介质访问控制）
2　IPX（Internetwork Packet Exchange，网间分组交换）。

传输层对上层屏蔽下层网络的细节，保证通信质量，消除通信过程中产生的错误，进行流量控制，以及对分散到达的包顺序进行重新排序等。

传输层的功能如下。

- 分割上层应用程序产生的数据。
- 在主机应用程序之间建立端到端的连接。
- 进行流量控制。
- 提供可靠或不可靠的服务。
- 提供面向连接与面向非连接的服务。

TCP/IP 中包括两个传输层协议，即 TCP 和用户数据报协议（User Datagram Protocol，UDP），TCP 提供更可靠的、面向连接的服务，而 UDP 提供不可靠的、面向非连接的、高效的服务。

面向连接的数据通信在真正的数据传输阶段开始前有一个建立连接的过程。通信双方只有都发送了同步信息，并且都获得了对方对此同步信息的确认，通过协商一些参数、连接被建立起来后，才可以进入数据传输阶段。可靠的传输服务通常采用面向连接的通信方式，并在数据传输阶段采用确认机制来保证数据的可靠传输。

面向非连接的数据通信是在正式通信前不必与对方先建立连接，不管对方的状态就直接发送的。UDP 是与 TCP 相对应的协议，它不与对方建立连接，而是直接把数据包发送过去。正因为 UDP 没有建立连接的过程，所以它的通信效率高，但它的可靠性不如 TCP 的可靠性高。

2. 模型层级间的关系

OSI 参考模型中，层级间的关系是每层都利用下一层提供的服务与对等层进行通信。例如，发送端主机的传输层在数据段头部加入传输层控制信息，封装上层数据后利用网络层提供的服务将数据段发送到对端主机，对端主机的传输层收到数据段后检查其端口号等控制信息，决定将其内部携带的数据部分发送给上层的应用进程进行处理。

3. 数据封装与数据解封装

（1）数据封装

OSI 参考模型中的每一层接收到上层传递过来的数据后，都要将本层的控制信息加入数据单元的头部，一些层还要将校验等信息附加到数据单元的尾部，这个过程叫作封装。

每层封装后的数据单元的叫法不同，在应用层、表示层、会话层的协议数据单元称为 Data（数据），在传输层的协议数据单元称为 Segment（数据段），在网络层的协议数据单元称为 Packet（数据包），在数据链路层的协议数据单元称为 Frame（数据帧），在物理层的协议数据单元叫作 Bit（比特流）。

（2）数据解封装

当数据到达接收端时，每层读取相应的控制信息，根据控制信息中的内容向上层传递数据单元，在向上层传递前去掉本层的控制头部信息和尾部信息（如果有的话），此过程叫作解封装。这个过程逐层执行，直至将对端应用层产生的数据发送给本端相应的应用进程。

TCP/IP

项目一 TCP/IP 参考模型

项目引入

TCP/IP 在一定程度上参考了 OSI 的体系结构。OSI 模型共有 7 层，从下到上分别是物理层、数据链路层、网络层、传输层、会话层、表示层和应用层。这显然是比较复杂的，所以在 TCP/IP 中，它们被简化为 4 层。

（1）应用层、表示层、会话层 3 层提供的服务相差不大，所以在 TCP/IP 中，它们被合并为应用层。

（2）由于传输层和网络层在网络协议中的地位十分重要，所以在 TCP/IP 中它们作为独立的两层存在。

（3）因为数据链路层和物理层的内容相差不多，所以在 TCP/IP 中它们被归并在网络接口层。

只有 4 层体系结构的 TCP/IP 与有 7 层体系结构的 OSI 相比，简单了不少，也正因为如此，TCP/IP 在实际的应用中效率更高，成本更低。在本项目中我们一起学习 TCP/IP。

学习目标

1．识记：TCP/IP 参考模型。
2．领会：TCP/IP 模型的封装结构。
3．熟悉：TCP/IP 协议栈中的相关协议。
4．掌握：TCP/IP 数据封装与解封装。

任务一 TCP/IP 与 OSI 参考模型对比

TCP/IP 与 OSI 参考模型对比如图 2-1 所示。

早在 TCP/IP 出现前，ISO 就提出了 OSI 模型，为网络的设计、开发、编程和维护提供了便利的分而治之的思想，其先进性、科学性和实用性是不言而喻的。

TCP/IP 不是单纯的协议，而是一组不同层次上的多个协议的组合。TCP/IP 层次组合很难用 OSI 的 7 层模型来套用，它将 OSI 的 7 层合并为 4 层，自上而下分别是应用层、传输层、网络层和网络接口层。

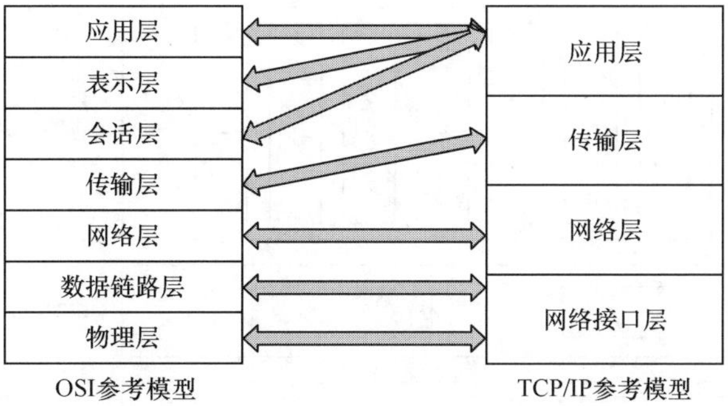

图2-1　TCP/IP与OSI参考模型对比

任务二　TCP/IP 协议栈

TCP/IP 协议栈内容如下。

① 网络接口层。有时也被称为数据链路层或链路层，通常包括操作系统中的设备驱动程序和计算机中对应的网络接口卡，用于处理与电缆（或其他任何传输媒介）的物理接口细节。在 TCP/IP 中，链路层的协议比较多，它决定了网络形态，但很多都不是专门为 TCP/IP 设计的。常用的链路层协议包括以太网协议、点到点协议（Point-to-Point Protocol，PPP）、帧中继协议、异步传输模式（Asynchronous Transfer Mode，ATM）等。

② 网络层。网络层有时也被称为互联网层，处理分组在网络中的活动，在底层通信网络的基础上完成路由、寻径功能，提供主机到主机的连接。在 TCP/IP 中，网络层协议包括 IP、互联网控制报文协议（Internet Control Message Protocol，ICMP）、地址解析协议（Address Resolution Protocol，ARP）/反向地址解析协议（Reverse Address Resolution Protocol，RARP），以及互联网组管理协议（Internet Group Management Protocol，IGMP）。

③ 传输层。主要为两台主机上的应用程序提供端到端的通信。在 TCP/IP 中，有两个不同的传输协议——TCP 和 UDP，TCP 提供可靠的服务，UDP 提供高效的服务。

④ 应用层。这一层负责具体的应用，例如 HTTP 访问、文件传输、邮件处理等，主要使用的协议有 Telnet、文件传送协议（File Transfer Protocol，FTP）、简单邮件传送协议（Simple Mail Transfer Protocol，SMTP）和简单网络管理协议（Simple Network Management Protocol，SNMP）等。

严格来讲，分层模型的目的是让各层的功能尽量独立，每层的功能对另一层来说是透明的，只对通信的另一端负责，为编程和诊断提供良好的层次隔离，然而实际情况并非如此。首先，软件编程上完全按照分层模型来进行编程的效率会降低，与其分层，不如按功能实现模块化。其次，对许多功能的实现来说，必须实现两层之间的交互，这又违背了当初的出发点，例如，链路层在成帧时需要接收端的物理地址，该地址必须由网络层处理 ARP，简单地将 ARP 放在哪一层都有些牵强。因此，分层模型对于理解网络的抽象性是有帮助的，它有助于指导网络入门学习，但只有结合具体的系统分析才有实际意义。

TCP/IP 协议栈如图 2-2 所示。

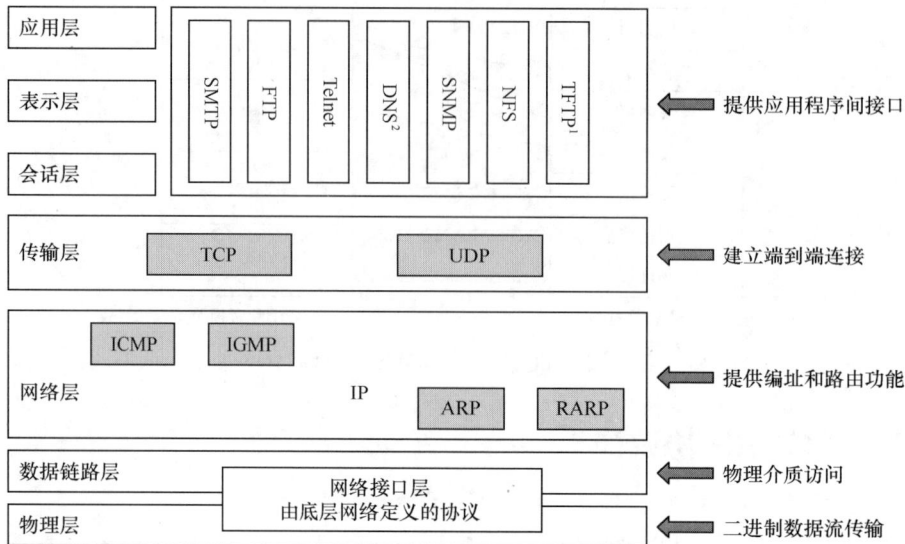

注：1. TFTP（Trivial File Transfer Protocol, 简易文件传送协议）。

   2. DNS（Domain Name System，域名系统）。

图2-2　TCP/IP协议栈

任务三　TCP/IP 封装过程

TCP/IP 封装过程如图 2-3 所示。

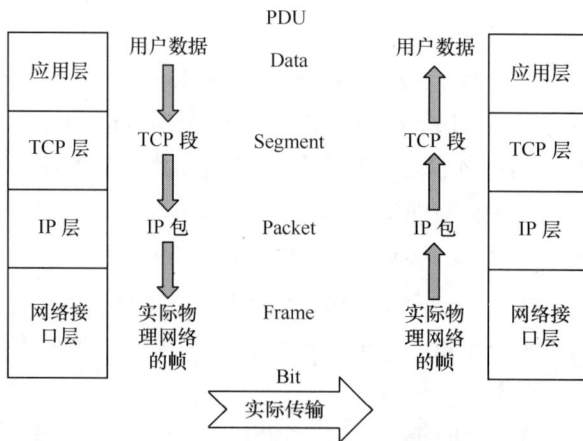

图2-3　TCP/IP封装过程

在发送端，数据由应用产生，被封装在传输层的段中，该段再封装到网络层数据包中，网络层数据包再封装到数据链路帧中，以便在所选的介质上传送，在发送端完成数据的封装过程。当接收端系统接收到数据时，数据沿着协议栈向上传递，首先检查帧的格式，决定网络类型，去掉帧的格式，检查内含的网络层数据包，网络层数据包决定传输协议。数据由传输层协议处理，最后被递交给正确的应用程序，在接收端完成数据的解封装过程。

项目二 传输层协议

项目引入

传输层的作用是建立和应用程序间的端到端连接，为数据传输提供优质的服务。传输层有两个重要协议，分别是 TCP 和 UDP。为什么要配置这两种协议呢？让我们来学习吧！

学习目标

1. 识记：传输层的两个协议 TCP 和 UDP。
2. 领会：传输层的功能、端口号及 TCP 的窗口控制。
3. 熟悉：TCP 和 UDP 的报文封装格式。
4. 掌握：TCP 的头部封装及 TCP 建立过程。

任务一 TCP

1. 传输层

传输层如图 2-4 所示。

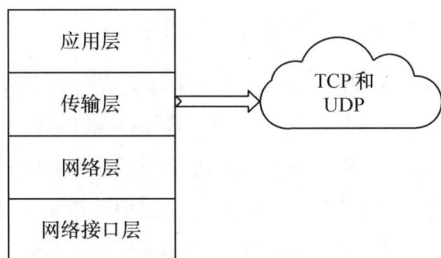

图2-4 传输层

传输层主要包含 TCP 和 UDP 两个协议，其中，TCP 是可靠的、面向连接的协议，利用 TCP 的应用层协议有 Telnet、FTP 等。而 UDP 是不可靠的、无连接的协议，利用 UDP 的应用层协议有 TFTP 和 SNMP 等。

2. 传输层的功能

传输层的功能如图 2-5 所示。

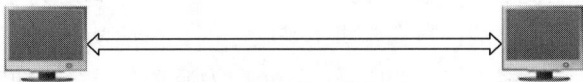

图2-5 传输层的功能

传输层的功能是分割上层应用程序，建立主机应用程序间端到端的连接，将数据段从一台主机传送到另一台主机，以保证数据传输的可靠性。

传输层主要为两台主机上的应用程序提供端到端的通信服务。在 TCP/IP 中，有两个不同的传输协议——TCP 和 UDP。TCP 为两台主机提供高可靠性的数据通信。它所做的工作包括把应用程序分成合适的小数据块（数据段）并交给下面的网络层，确认接收到的分组，设置发送最后确认分组的超时时间等。由于传输层提供了高可靠性的端到端的通信服务，应用层可以忽略掉所有这些细节。UDP 则为应用层提供一种非常简单的服务。它只是把被称为数据包的分组从一台主机发送到另一台主机，但并不保证该数据包能够到达另一端。任何必需的可靠性必须由应用层来提供。

这两种传输层协议在不同的网络环境与应用场合中有不同的用途。

3. 端口号

服务器一般是通过端口号来识别应用程序的，端口号是用来标识互相通信的应用程序。端口号如图 2-6 所示。

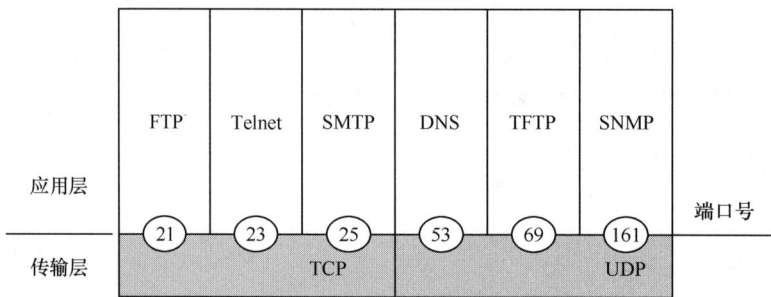

图2-6　端口号

TCP 和 UDP 采用16bit 的端口号来识别不同的应用程序。例如，对于每个 TCP/IP 实现，FTP 服务的 TCP 端口号都是 21，每个 Telnet 服务的 TCP 端口号都是 23，每个 TFTP 服务的 UDP 端口号都是 69。任何 TCP/IP 实现所提供的服务都使用 1 ～ 1023 的端口号，这些端口号由 IANA 来管理。大多数 TCP/IP 给临时端口分配 1024 ～ 5000 的端口号。大于 5000 的端口号是为其他服务（互联网上并不常用的服务）预留的。

如果仔细检查这些标准的简单服务及其他标准的 TCP/IP 服务（例如 Telnet、FTP、SMTP 等）的端口号时，我们发现它们都是奇数，因为这些端口号都是从网络控制协议（Network Control Protocol，NCP，即 ARPA 网的传输层协议，是 TCP 的前身）端口号派生出来的。NCP 是单工的，因此每个应用程序需要两个连接，预留一对奇数和偶数端口号。当 TCP 和 UDP 成为标准的传输层协议时，每个应用程序只需要一个端口号，因此就使用了 NCP 中的奇数。TCP 端口号如图 2-7 所示。

主机 A 远程连接主机 Z，其中，目的端口号为23，源端口号为1028。源端口号没有特殊的要求，只需要保证该端口号在本机上是唯一的。一般从 1023 以上找出空闲端口号进行分配。源端口号又被称为临时端口号，这是因为源端口号存在的时间很短暂。

TCP 多端口号如图 2-8 所示。

源端口	目的端口	数据

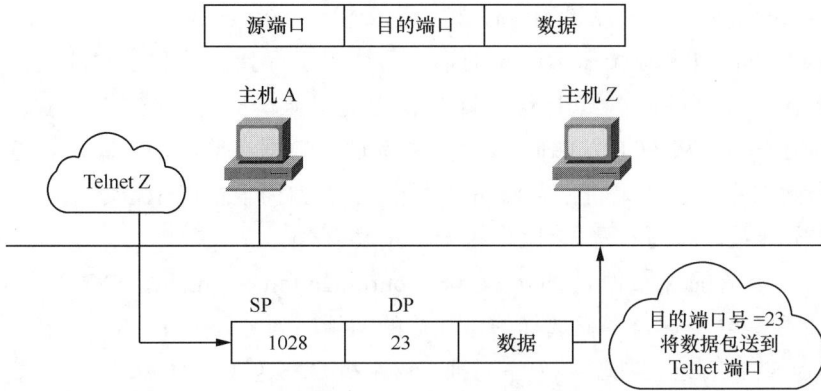

图2-7 TCP端口号

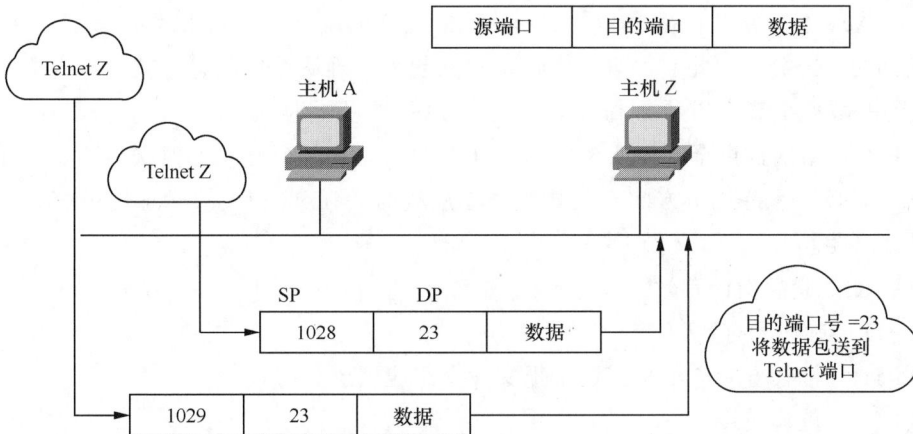

图2-8 TCP多端口号

图 2-8 是同一主机上多个应用进程同时访问一个服务的示例。主机 A 具有两个连接同时访问主机 Z 的 Telnet 服务。主机 A 使用不同的源端口号来区分本机上的不同应用程序进程。IP 地址和端口号用来确定数据通信的连接。

4．TCP 的头部封装

TCP 头部如图 2-9 所示。

源端口		目的端口	
序列号			
确认号			
首部长度	保留	标志位	窗口大小
校验和		紧急指针	
TCP 选项和填充			
数据			

图2-9 TCP头部

TCP 头部的数据格式，如果不计任选字段，通常为 20 字节。

每个 TCP 段都包含源端和目的端的端口号，用于寻找发端和收端的应用进程。这两个值加上 IP 头部中的源端 IP 地址和目的端 IP 地址唯一确定一个 TCP 连接。

序列号用来标识从 TCP 发端向 TCP 收端发送的数据字节流，它表示在这个报文段中的第一个数据字节。如果将字节流看作两个应用程序间的单向流动，则 TCP 用序列号对每个字节计数。序列号是 32 比特的无符号数。

当建立一个新的连接时，同步段（Synchronization Segment，SYN）的标志变为 1。序列号字段包含由这个主机选择的该连接的初始序列号（Initial Sequence Number，ISN）。因为 SYN 标志消耗了一个序列号，该主机要发送数据的第一个字节序列号为该 ISN 加 1。确认号包含发送确认的一端所期望收到的下一个序列号。确认号应当是上次已成功收到的数据字节序列号加 1。只有 Ack 标志为 1 时，确认号字段才有效。

发送 Ack 不需要任何额外代价，因为 32 比特的确认号字段和 Ack 标志一样，是 TCP 头部的一部分。因此，一旦一个连接建立起来，确认号字段总是被设置为上次已经成功收到的数据字节序列号加 1，Ack 标志也总是被设置为 1。

TCP 为应用层提供全双工服务，这意味着数据能在两个方向上独立传输。因此，连接的每一端必须保持每个方向上的传输数据序列号。在 TCP 头部标志位中有 6 个比特位可同时被设置为 1，含义如下。

① URG：紧急指针有效。

② Ack：确认号有效。

③ PSH：接收方应该尽快将这个报文段交给应用层。

④ RST：重建连接。

⑤ SYN：同步序列号用来发起一个连接。

⑥ FIN：发端完成发送任务。

TCP 的流量控制由连接的每一端通过声明的窗口大小来提供。窗口大小为字节数，是一个 16 比特的字段，因此窗口大小最大为 65535 字节。检验和覆盖了整个的 TCP 报文段包括 TCP 头部和 TCP 数据。这是一个强制性的字段，必须由发送端计算和存储，并由接收端验证。只有当 URG 标志设置为 1 时，紧急指针才有效。紧急指针是一个正的偏移量，和序列号字段中的值相加表示紧急数据最后一个字节的序列号。

最常见的可选字段是最长报文大小。每个连接方通常都在通信的第一个报文段（为建立连接而设置 SYN 标志的段）中指明这个选项。它指明本端所能接收的最大长度的报文段。

TCP 报文段中的数据部分是可选的。在一个连接建立和一个连接终止时，双方交换的报文段仅有 TCP 头部。如果一方没有数据要发送，却使用没有任何数据的头部来确认收到的数据，在处理许多超时的情况时，也会发送不带任何数据的报文段。

5. TCP 序列号和确认号

TCP 序列号和确认号如图 2-10 所示。

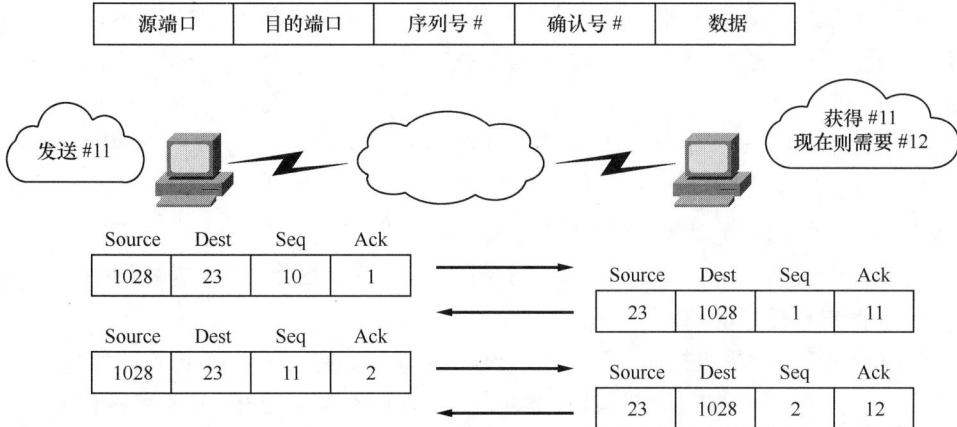

| 源端口 | 目的端口 | 序列号# | 确认号# | 数据 |

图2-10 TCP序列号和确认号

① 序列号的作用：一方面用于标识数据的顺序，以便接收者在将其递交给应用程序前按正确的顺序装配；另一方面用于消除网络中的重复数据包，这种现象在网络拥塞时会出现。

② 确认号的作用：接收者告诉发送者哪个数据段已经成功接收，并告诉发送者接收者希望接收的下一个字节。

6．TCP 三次握手/建立连接

为了建立或初始化一个连接，两个 TCP 通信者必须同步各自的初始序列号。初始序列号是建立一个 TCP 连接时的开始号，用于跟踪通信顺序并确保每个数据包传输时无丢失。TCP 三次握手/建立连接如图 2-11 所示。

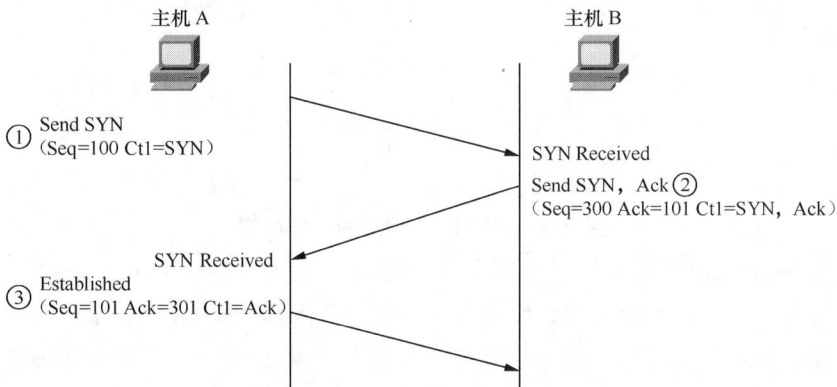

图2-11 TCP三次握手/建立连接

TCP 是面向连接的传输层协议，即在真正的数据传输开始前要完成连接建立的过程，否则不会进入真正的数据传输阶段。

TCP 的连接建立过程通常被称为三次握手，过程如下。

① 请求端（通常称为用户）发送一个 SYN 段指明用户打算连接的服务器的端口和ISN。这个 SYN 段为报文段 1。

② 服务器发回包含服务器的初始序列号的 SYN 报文段（报文段 2）作为应答。同时，将确认号设置为用户的 ISN 加 1，以对用户的 SYN 报文段进行确认。一个 SYN 将占用一个序列号。

③ 用户必须将确认号设置为服务器的 ISN 加 1，以对服务器的 SYN 报文段进行确认（报文段 3）。

这 3 个报文段完成 TCP 三次握手建立连接。

发送第一个 SYN 的一端将执行主动打开动作，接收这个 SYN 并发回下一个 SYN 的另一端执行被动打开动作。

当用户端主机为建立连接而发送它的 SYN 时，它为连接选择一个初始序列号。ISN 随时间而变化，因此，每个连接都将具有不同的 ISN。RFC 793 指出，ISN 可视作一个 32bit 的计数器，每 4ms 加 1。这样，选择序列号的目的在于防止在网络时延的分组又被传送，而导致某个连接的一方对它做出错误的解释。如何进行序列号选择？在 UNIX 系统 4.4 伯克利版本中，系统初始化时序列号被初始化为 1。这个变量每 0.5 s 增加 64000，并每隔 9.5h 又回到 0。另外，每次建立一个连接后，这个变量将增加 64000。

7. TCP 四次握手 / 终止连接

TCP 四次握手 / 终止连接如图 2-12 所示。

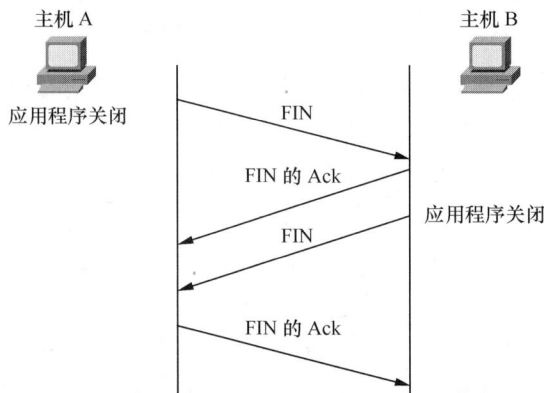

图2-12　TCP四次握手/终止连接

一个 TCP 连接是全双工（即数据在两个方向上能同时传输）的，因此，每个方向必须单独关闭。当一方完成它的数据发送任务后，就发送一个 FIN 来终止这个方向的连接。当一端收到一个 FIN 后，它必须通知应用层另一端已经终止了服务器向用户端方向传送数据。所以，TCP 终止连接需要 4 个过程，称为四次握手过程。

8. 窗口控制

窗口控制如图 2-13 所示。

窗口实际上是一种流量控制的机制。

当窗口大小的值是 1 时，发送一个数据段后必须等待确认才可以发送下一个数据段，优点是在接收端接收的数据段顺序不会出错，缺点是传输速度慢、效率低。

当窗口大小的值大于 1 时，可以同时发送几个数据包。当确认返回时，则发送新数据段。这种方式可以提高传输效率。一个经过仔细调整的滑动窗口协议可以保持网络有较大的吞吐量。其优点是传输速度快、效率高；缺点是由于 TCP 通过 IP 传输数据，而 IP 在传输过程中可能会选择不同的路径而导致接收端接收的数据段顺序混乱。

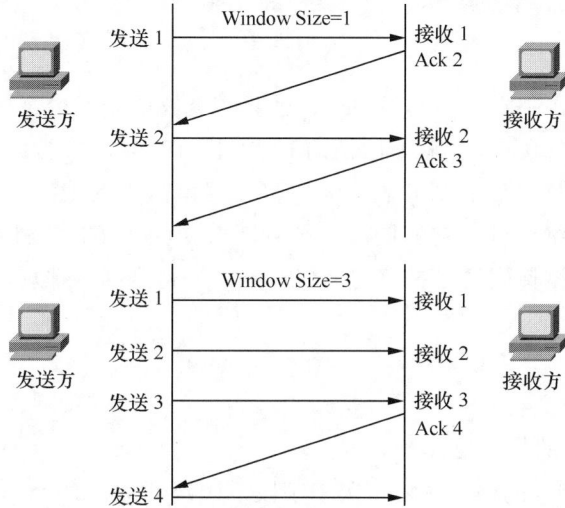

图2-13 窗口控制

任务二 UDP

UDP 是一个简单的面向数据报的传输层协议，不提供可靠性，把应用程序传给 IP 层发送出去，并不保证它们能够到达目的地。UDP 和 TCP 在头部中都有对头部和数据的 16bit 校验和。UDP 的校验和是可选的，而 TCP 的校验和是必需的。

UDP 报文如图 2-14 所示。

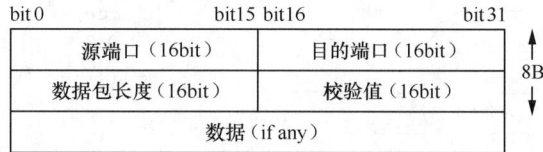

图2-14 UDP报文

TCP 和 UDP 的比较见表 2-1。

表2-1 TCP和UDP的比较

对比项	TCP	UDP
是否面向连接	是	否
是否提供传输可靠性	是	否
是否流量控制	是	否
传输速度	慢	快
协议开销	大	小

TCP 与 UDP 具有不同的特点，适合在不同的网络环境及不同的应用需求中使用。

项目三　网络层协议

项目引入

网络层引入了 IP，制定了一套新地址，使我们能够区分两台主机是否同属于一个网络，这套地址就是网络地址，也就是所谓的 IP 地址。IPv4 将 32 位的地址分为两个部分，前面部分代表网络地址，后面部分表示该主机在局域网中的地址。如果两个 IP 地址在同一个子网内，则网络地址一定相同。为了判断 IP 地址中的网络地址，IP 还引入了子网掩码，IP 地址和子网掩码通过按位与运算后就可以得到网络地址。在本项目中我们一起来学习网络层协议。

学习目标

1. 识记：网络层的相关协议。
2. 领会：IP 数据包的格式及协议类型字段，IPv4 地址、IPv6 地址。
3. 熟悉：ICMP、ARP 及 RARP 工作机制。
4. 掌握：IP、IPv4 地址划分、子网划分。

任务一　IP

1. 网络层

网络层如图 2-15 所示。

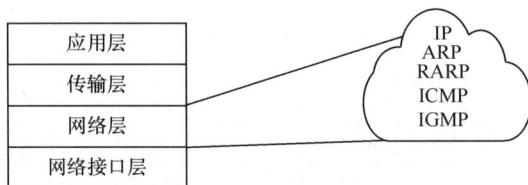

图2-15　网络层

IP 在 RFC 971 中定义，它同时被 TCP 和 UDP 采用，处于 OSI 参考模型的网络层。IP 可以被认为是将数据包从一台主机移动到另一台主机的传递机制。因为它处理传递，所以必须提供寻址功能。IP 提供以下 3 种主要功能。

① 无连接的、不可靠的传递服务。
② 数据包分段和重组。
③ 路由功能。

ICMP 是 IP 的附属协议，主要被用来与其他主机或路由器交换错误报文和其他重要信息。尽管 ICMP 主要被 IP 采用，但应用程序也可以访问它，例如，我们常用的诊断工具 ping 和 traceroute 都使用了 ICMP。

ARP 和 RARP 是某些网络接口（例如，以太网和令牌环网）使用的特殊协议，用来转换 IP 层和网络接口层使用的地址。

2. IP 数据包格式

IP 数据包格式如图 2-16 所示。

<table>
<tr><td colspan="3">bit0　　　　　　　　　　bit15</td><td colspan="2">bit16　　　　　　　　　　bit31</td></tr>
<tr><td>版本（4bit）</td><td>头部长度（4bit）</td><td>服务类型（8bit）</td><td colspan="2">总长度（16bit）</td></tr>
<tr><td colspan="3">标识符（16bit）</td><td>标识符（3bit）</td><td>片偏移（13bit）</td></tr>
<tr><td colspan="2">生存时间（8bit）</td><td>协议（8bit）</td><td colspan="2">报头校验和（16bit）</td></tr>
<tr><td colspan="5">源 IP 地址（32bit）</td></tr>
<tr><td colspan="5">目的 IP 地址（32bit）</td></tr>
<tr><td colspan="5">IP 选项</td></tr>
<tr><td colspan="5">数据</td></tr>
</table>

图2-16 IP数据包格式

IP 数据包中的主要部分如下。

版本：目前的协议版本号是 4，因此 IP 有时也称作 IPv4。它的下一个版本是 IPv6。IPv6 是 IETF 设计的用于替代 IPv4 的下一代 IP，它由 128 位二进制编码表示。

头部长度：指 IP 头部占 32bit 的数目，包括选项（如果有）。首部长度本身为 4bit 字段，能表示的二进制最大数为 1111，换算成十进制为 15，首部最长为 15×32=480（bit），即最大长度为 60 字节。

服务类型（Type of Service，ToS）：包括一个 3bit 的优先权子字段，4bit 的 ToS 子字段和 1bit 未用位但必须置 0 的子字段。4bit 的 ToS 分别代表最小时延、最大吞吐量、最高可靠性和最小费用。4bit 中只能置其中 1bit 为 0。如果所有 4bit 均为 0，那么就意味着是一般服务。现在大多数的 TCP/IP 实现都不支持 ToS 特性，但是 4.3BSD Reno 以后的新版系统都对它进行了设置。另外，新的路由协议 [例如，开放最短通路优先协议（Open Shortest Path First，OSPF）和中间系统到中间系统（Intermediate System-to-Intermediate System，IS-IS）] 都能根据这些字段的值进行路由决策。

总长度：指整个 IP 数据包的长度，以字节为单位。利用头部长度字段和总长度字段，就可以知道 IP 数据包中数据内容的起始位置和长度。由于该字段长为 16bit，所以 IP 数据包最长可达 65535 字节。尽管 IP 数据包可以传送一个长达 65535 字节的 IP 数据包，但是大多数链路层都会对它进行分片。总长度字段是 IP 头部中必要的内容，因为一些数据链路（例如以太网）需要填充一些数据以达到最小长度。尽管以太网的最小帧长为 46 字节，但是 IP 数据可能会更短。如果没有总长度字段，那么 IP 层就不知道 46 字节中有多少是 IP 数据包的内容。

标识符：唯一标识主机发送的每份数据包。通常每发送一份报文，标识符字段的值就会加 1，物理层一般要限制每次发送数据帧的最大长度。IP 把最大传输单元（Maximum

Transmission Unit，MTU）与数据包的长度进行比较，如果需要则进行分片。分片可以发生在原始发送端的主机上，也可以发生在中间路由器上。把一份 IP 数据包分片以后，只有分片数据全部到达目的地才进行重新组装。重新组装由目的端的 IP 层来完成，其目的是使分片和重新组装过程对传输层（TCP 和 UDP）是透明的，即使只丢失一片数据也要重传整个数据包。已经分片的数据包有可能会再次进行分片（可能不止一次）。IP 头部包含的数据为分片和重新组装提供了足够的信息。

对发送端发送的每份 IP 数据包来说，其标识符字段都包含一个唯一值。该值在数据包分片时被复制到每个片中。标识符字段用其中一个 bit 来表示"更多的片"，除最后一片外，其他每片都要把该 bit 置 1。

片偏移：该字段是指该片偏移原始数据包的位置。当数据包被分片后，每个片的总长度值要改为该片的长度值。标识符字段中有一个 bit 称作"不分片"位。如果将该 bit 置 1，则 IP 将不对数据包进行分片，在网络传输过程中如果遇到链路层的 MTU 小于数据包的长度，则将数据包丢弃并发送一个 ICMP 差错报文。

生存时间（Time-To-Live，TTL）：该字段设置了数据包可以经过的最多路由器数。它指定了数据报的生存时间。TTL 的初始值由源主机设置（通常为 32 或 64），一旦经过一个处理它的路由器，它的值就减去 1。当该字段的值为 0 时，数据报就被丢弃，并发送 ICMP 报文通知源主机。

协议：根据其可以识别是哪个协议向 IP 传送数据。

报头校验和：根据 IP 头部计算的校验和码。它不对头部后面的数据进行计算。因为 ICMP、IGMP、UDP 和 TCP 在它们各自的头部中均含有同时覆盖头部和数据校验和码。每一份 IP 数据包都包含 32bit 的源 IP 地址和目的 IP 地址。

IP 选项：这是数据包中的一个可变长的可选信息。这些 IP 选项的定义如下。

① 安全和处理限制。

② 记录路径（让每台路由器都记下它的 IP 地址）。

③ 时间戳（让每台路由器都记下它的 IP 地址和时间）。

④ 宽松的源站选路（为数据报指定一系列必须经过的 IP 地址）。

⑤ 严格的源站选路（与宽松的源站选路类似，但是要求只能经过指定的这些地址，不能经过其他地址）。

这些选项很少被使用，并非所有的主机和路由器都支持这些选项。选项字段一直都是以 32bit 作为界限，在必要的时候插入值为 0 的填充字节。这样就保证了 IP 头部始终是 32bit 的整数倍。

最后是上层的数据，例如 TCP 或 UDP 的数据段。

3. 协议类型字段

协议类型字段如图 2-17 所示。其中，IP 字段值 6 表示上层为 TCP，IP 字段值 17 表示上层为 UDP。

TCP、UDP、ICMP 和 IGMP 及一些其他的协议都要利用 IP 传送数据，因此 IP 必须在生成的 IP 首部中加入某种标识，以表明其承载的数据类型。为此，IP 在头部中存入一个长度为 8bit 的数值，称作协议域。

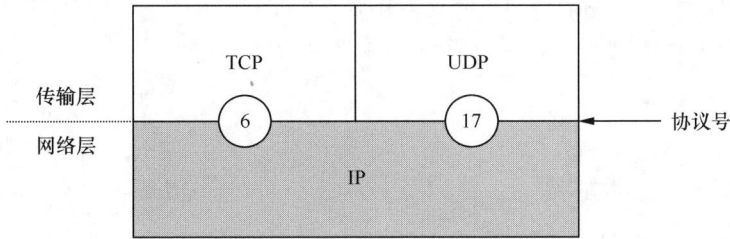

图2-17 协议类型字段

4. ICMP

ICMP 如图 2-18 所示。

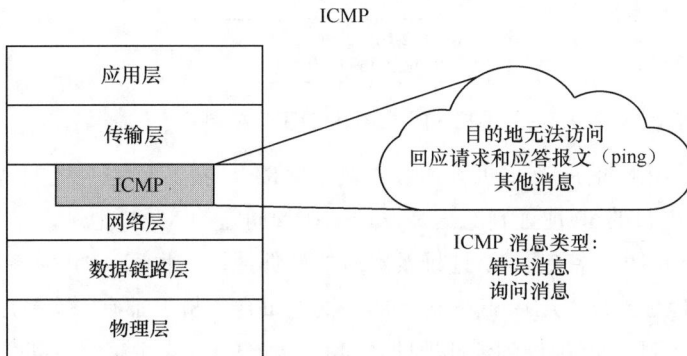

图2-18 ICMP

ICMP 是一种集差错报告与控制于一身的协议。在所有 TCP/IP 主机上都可以实现 ICMP。ICMP 消息被封装在 IP 数据包中，ICMP 经常被认为是网络层的一个组成部分。它传递差错报文及其他需要注意的信息。ICMP 报文通常被网络层或更高层的协议（TCP 或 UDP）使用。一些 ICMP 报文把差错报文返回给用户进程。

常用的"ping"就是使用的 ICMP。"ping"这个名字源于声呐定位操作，是为了测试另一台主机是否可达。该程序发送一份 ICMP 回应请求报文给主机，并等待返回 ICMP 的应答。一般来说，如果不能 ping 到某台主机，那么就不能 Telnet 或者 FTP 到该主机。反过来，如果不能 Telnet 到某台主机，那么通常可以用 ping 命令来确定问题出在哪里。ping 命令还能测出到主机的往返时间，以表明该主机离我们有多远。

5. ARP 工作机制

ARP 的工作机制如图 2-19 所示。

数据链路层协议（例如，以太网或令牌环网）都有自己的寻址机制（常为 48bit 地址），这是使用数据链路的任何网络层都必须遵从的。当一台主机把以太网数据帧发送到位于同一局域网上的另一台主机时，是根据 48bit 的以太网地址来确定目的接口的。设备驱动程序从不检查 IP 数据报中的目的 IP 地址。

ARP 需要为 IP 地址和 MAC 地址这两种不同的地址形式提供对应关系。

ARP 的工作过程如下：ARP 发送一份 ARP 请求的以太网数据帧给以太网上的每台主机，这个过程被称为广播；ARP 请求数据帧中包含目的主机的 IP 地址，其含义是"如果你是这个 IP 地址的拥有者，请回答你的硬件地址"。

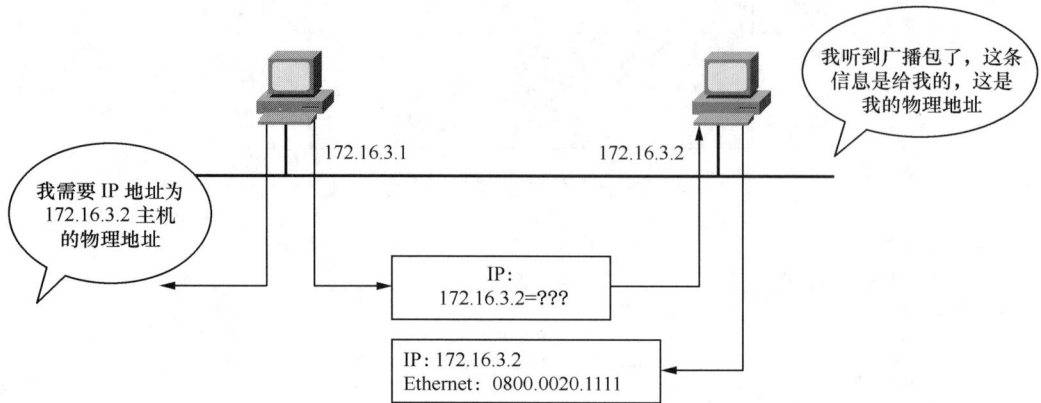

图2-19　ARP的工作机制

连接到同一 LAN 的所有主机都接收并处理 ARP 广播，目的主机的 ARP 层收到这份广播报文后，根据目的 IP 地址判断这是发送端在询问它的 MAC 地址，于是发送一个单播 ARP 应答。这个 ARP 应答包含 IP 地址及对应的硬件地址。收到 ARP 应答后，发送端即可知道接收端的 MAC 地址。ARP 高效运行的关键是每台主机上都有一个 ARP 高速缓存。这个高速缓存存放了最近 IP 地址到硬件地址之间的映射记录。当主机查找某个 IP 地址与 MAC 地址的对应关系时，首先在本机的 ARP 缓存表中查找，只有在找不到时才进行 ARP 广播。

6. RARP 工作机制

RARP 的工作机制如图 2-20 所示。

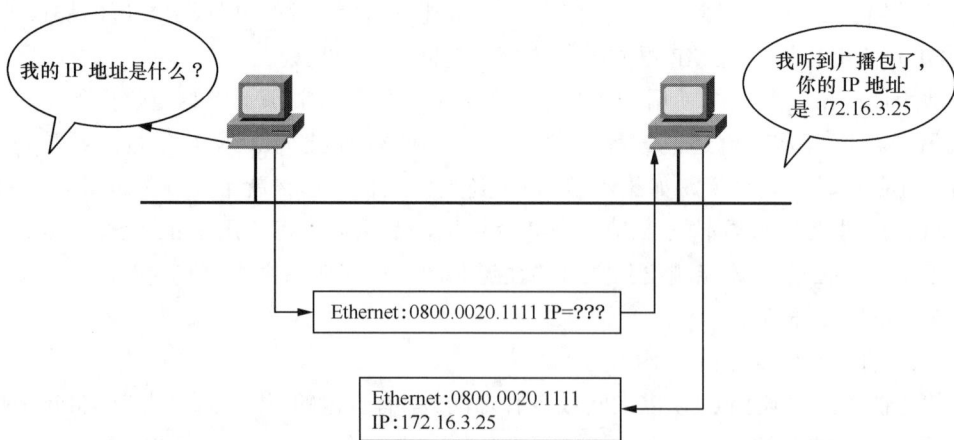

图2-20　RARP的工作机制

当有本地磁盘的系统引导时，一般会从磁盘上的配置文件中读取 IP 地址。但是无盘工作站或被配置为动态获取 IP 地址的主机则需要采用其他方法来获得 IP 地址。

RARP 的实现过程是主机从接口卡上读取唯一的硬件地址，然后发送一份 RARP 请求（一帧在网络上广播的数据），请求某台主机（例如 DHCP[1] 服务器或 BOOTP[2] 服务器）响应该主机系统的 IP 地址。

DHCP 服务器或 BOOTP 服务器接收到 RARP 的请求后，为其分配 IP 地址等配置信息，并通过 RARP 回应发送给源主机。

任务二 IPv4

1. IPv4 地址介绍

IPv4 地址标识设备原理如图 2-21 所示。

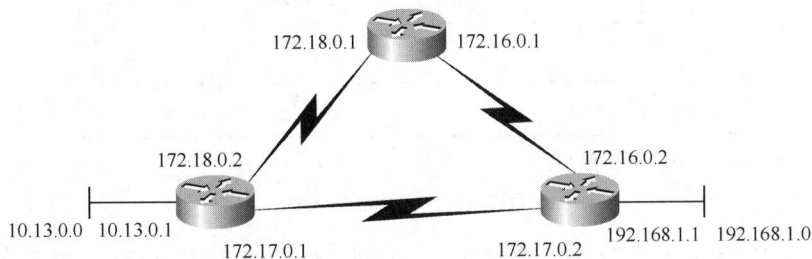

图2-21 IPv4地址标识设备原理

一个通信系统必须有一种方式能够唯一地标识不同的通信者。

在 TCP/IP 网络中，使用 IP 地址标识终端设备，IP 地址为 32bit 的二进制数，其中包括网络部分与主机部分。网络地址在全网中必须是唯一的，而在同一网络中主机地址也必须是唯一的。

互联网由不同的网络组成，IP 用于网络上的数据的端到端的路由，意味着一个 IP 数据包必须在多个网络之间传输，而且在到达目的地之前可能经过多台路由器接口。路由器用来连接不同的网络，并在不同的网络间转发用户的数据，同一台路由器的不同接口必须配置不同网段的 IP 地址，而相邻路由器的相邻接口的 IP 地址必须是在同一网段内的不同地址。

2. IPv4 地址分类

按照原来的定义，IP 寻址标准并没有提供地址类，为了便于管理，后来加入了地址类的定义。地址类的实现将地址空间分解为数量有限的特大型网络（A 类）、数量较多的中型网络（B 类）和数量非常多的小型网络（C 类）。另外，还定义了特殊的地址，包括 D 类（多播地址）和 E 类（保留地址）。IP 地址分类如图 2-22 所示。

A 类：（1.0.0.0 ～ 126.0.0.0）第一个字节为网络号，后三个字节为主机号。该类 IP 地址的第一个字节最前面为"0"，所以地址的网络号取值为 1 ～ 126，一般用于大型网络。

B 类：（128.0.0.0 ～ 191.255.0.0）前两个字节为网络号，后两个字节为主机号。该类 IP 地址的第一个字节最前面为"10"，所以地址的网络号取值为 128 ～ 191，一般用于中型网络。

---

1 DHCP（Dynamic Host Configuration Protocol，动态主机配置协议）。

2 BOOTP（Boot Strap Protocol，引导协议）。

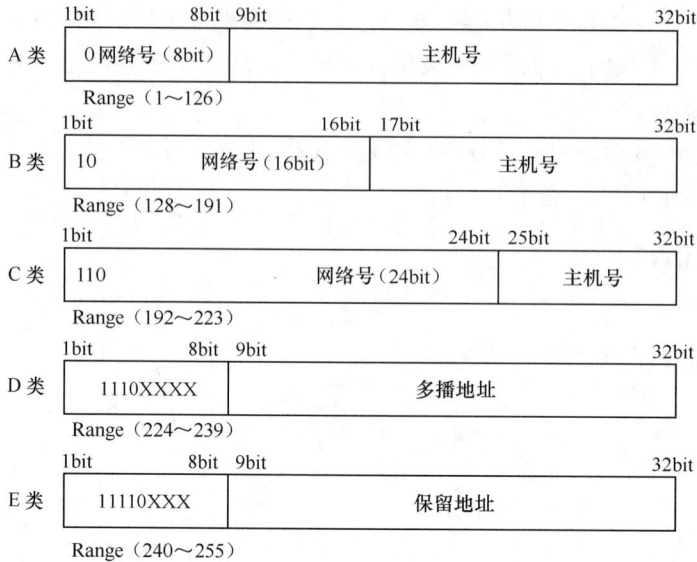

图2-22　IP地址分类

C 类：（192.0.0.0 ～ 223.255.255.0）（子网掩码：255.255.255.0）前三个字节为网络号，最后一个字节为主机号。该类 IP 地址第一个字节最前面为"110"，所以地址的网络号取值为 192 ～ 223，一般用于小型网络。

D 类：多播地址，该类 IP 地址第一个字节最前面为"1110"，所以地址的网络号取值为 224 ～ 239，一般用于多路广播用户。

E 类：保留地址。该类 IP 地址第一个字节最前面为"11110"，所以地址的网络号取值为 240 ～ 255。

3 种主要的 IP 地址各保留了 3 个区域作为私有地址，其地址范围如下。

① A 类地址：10.0.0.0 ～ 10.255.255.255。

② B 类地址：172.16.0.0 ～ 172.31.255.255。

③ C 类地址：192.168.0.0 ～ 192.168.255.255。

回送地址 127.0.0.1 也是本机地址，等效于 localhost 或本机 IP，一般用于测试。例如，用 ping 127.0.0.1 来测试本机 TCP/IP 是否正常。

可用主机地址数量计算如图 2-23 所示。

对于一个特定网络，已知网络中存在多少个主机位，可用图 2-23 中的公式计算可容纳主机的数量。

其中，2^N 得出的是这个网段中 IP 地址的数量，主机号全为 0 和主机号全为 1 的网络地址和广播地址不可以被分配给主机，所以要减去这两个地址，结果即是本网段可容纳的主机数量。

3. 没有子网的编址

没有子网的编址如图 2-24 所示。

在很多情况下，特别是针对 A 类网络与 B 类网络，没有子网划分的网络对地址空间的利用是不经济的，而过多的主机处在一个广播域中会严重影响网络和主机的性能。

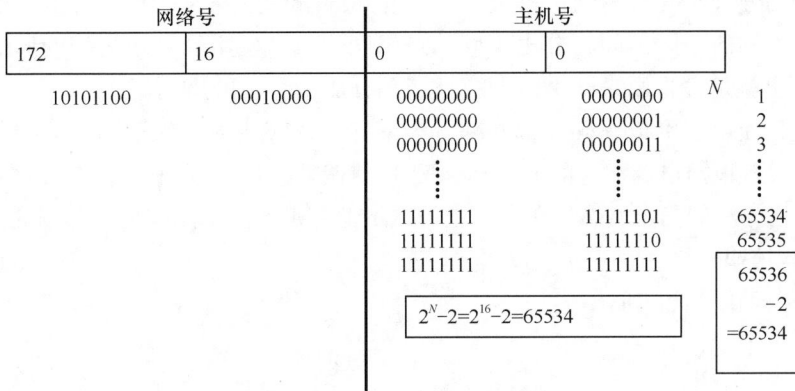

网络号		主机号	
172	16	0	0

				N	
10101100	00010000	00000000	00000000		1
		00000000	00000001		2
		00000000	00000011		3
		⋮	⋮		⋮
		11111111	11111101		65534
		11111111	11111110		65535

$$2^N-2=2^{16}-2=65534$$

65536
−2
=65534

图2-23　可用主机地址数量计算

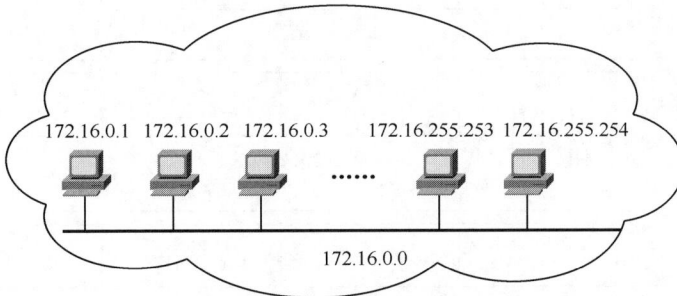

图2-24　没有子网的编址

4. 有子网的编址

有子网的编址如图 2-25 所示。

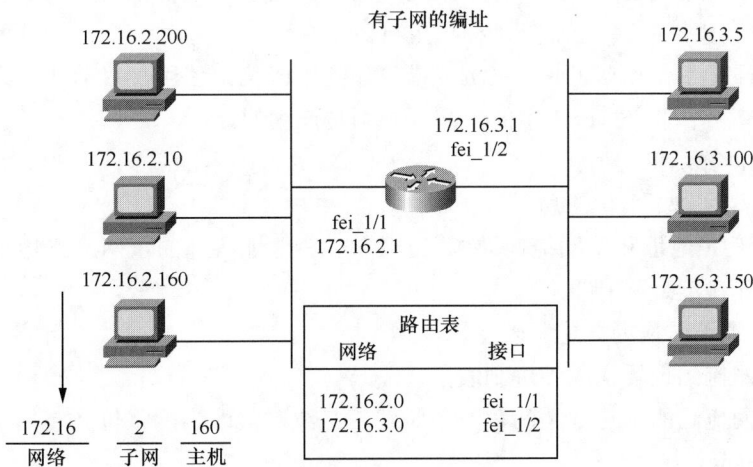

图2-25　有子网的编址

主机号可以被细分为子网位与主机位。

在本例中，子网位占用了整个第 3 段的 8 位，与没有子网的编址的区别是原来一个 B 类网络被划分成 256 个子网，每个子网可容纳的主机数量为 254。

划分出不同的子网，即划分出不同的逻辑网络。这些不同网络之间的通信通过路由器来完成，也就是说将原来一个大的广播域划分成多个小的广播域。

网络设备使用子网掩码确定哪些部分为网络位，哪些部分为子网位，哪些部分为主机位。网络设备根据自身配置的 IP 地址与子网掩码，可以识别出一个 IP 数据包的目的地址是否与自己处在同一子网、处在同一主类网络但处于不同子网或处于不同的主类网络。

5. 子网掩码

子网掩码如图 2-26 所示。

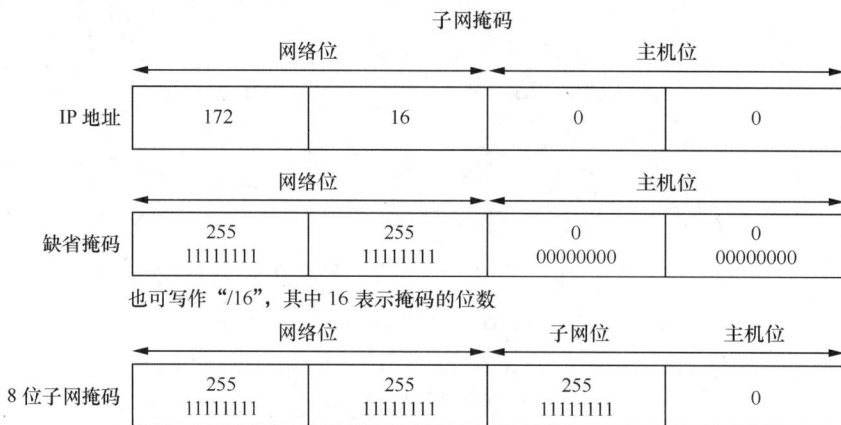

图2-26 子网掩码

IP 地址在没有相关子网掩码的情况下存在是没有意义的。

子网掩码定义了构成 IP 地址的 32 位中的多少位用于网络位及其相关子网位。

子网掩码中的二进制位构成了一个过滤器，它通过"按位求与"的逻辑运算，标识哪一部分是标识网络，哪一部分是标识主机。

划分子网是将原来地址中的主机位借位作为子网位来使用，目前，规定借位必须从左向右连续借位，即子网掩码中的 1 和 0 必须是连续的。

6. 地址计算示例

地址计算示例如图 2-27 所示。

按照给定 IP 地址和子网掩码要求，计算该 IP 地址所处的子网网络地址，子网的广播地址及可用 IP 地址范围。

① 将 IP 地址转换为二进制表示。

② 将子网掩码也转换成二进制表示。

③ 在子网掩码的 1 与 0 之间划一条竖线，竖线左边即为网络位（包括子网位），竖线右边为主机位。

④ 将主机位全部置 0，网络位照写就是子网的网络地址。

⑤ 将主机位全部置 1，网络位照写就是子网的广播地址。

172	16	2	160

172.16.2.160	10101100	00010000	00000010	10100000	Host	①
255.255.255.192	11111111	11111111	11111111	11000000	Mask	②
172.16.2.128	10101100	00010000	00000010	10000000	Subnet	④
172.16.2.191	10101100	00010000	00000010	10111111	Broadcast	⑤
172.16.2.129	10101100	00010000	00000010	10000001	First	⑥
172.16.2.190	10101100	00010000	00000010	10111110	Last	⑦

图2-27 地址计算示例

⑥ 子网的网络地址中第一个可用 IP 地址。

⑦ 子网的网络地址中最后一个可用 IP 地址。

⑧ 将前 3 段网络地址写全。

⑨ 转换成十进制表示形式。

7. 可变长子网掩码[1]

可变长子网掩码如图2-28 所示。

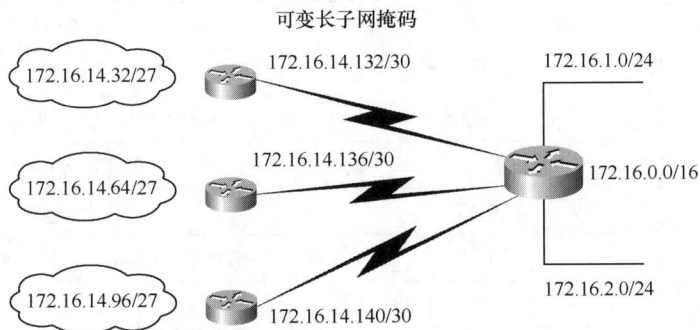

图2-28 可变长子网掩码

定义子网掩码时，我们做出了假设，在整个网络中将一致使用这个掩码。在许多情况下，这会浪费很多主机地址。例如，我们有一个子网，它通过串口连接两台路由器。在这个子网上仅仅有两台主机，每个端口连接一台主机，但是我们已经将整个子网分配给这两个接口。这将浪费很多 IP 地址。

如果我们使用其中的一个子网，并进一步将其划分为第 2 级子网，将有效地"建立子网的子网"，并保留其他的子网，则可以最大限度地利用 IP 地址。"VLSM 是建立子网的子网"想法的基础。

为使用 VLSM，我们通常定义一个基本的子网掩码，它将用于划分第 1 级子网，然后用第 2 级掩码来划分一个或多个第 1 级子网。在使用 VLSM 时，所采用的路由协议

---

1 可变长子网掩码（Variable Length Subnet Mask，VLSM）。

必须能够支持 VLSM，这些路由协议包括 RIP[1]v2、OSPF、IS-IS 和 BGP[2]v4；如果在一个运行 RIPv1 或 IGRP[3] 的网络中混合使用不同长度的子网掩码（即 VLSM），那么这个网络将无法正常工作。

任务三　IPv6

1. IPv6 地址介绍

IPv6 是 IETF 设计的用于替代 IPv4 的下一代 IP，其地址数量可以为每一粒沙子编上一个地址。IPv4 最大的问题在于网络地址资源不足（$2^{32} \approx 42.9$ 亿），这严重制约了互联网的应用和发展。

IPv6 的使用解决了网络地址资源数量不足的问题，而且也解决了多个接入设备连入互联网的障碍。

IPv6 地址数量：2^{128}。

IPv6 的优势：无穷的地址控件、更高的安全性、更优的用户体验和 IT 管理更敏捷。

IPv4/IPv6 的特征对比见表 2-2。

表2-2　IPv4/IPv6的特征对比

对比项	IPv4	IPv6
长度	32位	128位
地址数量	2^{32}	2^{128}
进制	十进制	十六进制
分隔符	点（.）	冒号（:）
广播	支持	不支持
子网掩码	支持	一般默认掩码/64，预留专用子网划分位
按类别分类	A类、B类、C类、D类、E类	不支持

2. IPv6 地址

IPv4 报头格式如图 2-29 所示。

IPv6 报头格式如图 2-30 所示。

版本号：同 IPv4，表示 IP 版本。

流量等级：类似 IPv4 中的 ToS 字段，表示 IPv6 数据流通信类别或优先级。

流标签（独有的）：标记需要特殊处理的数据流，可用于某些对连接的服务质量有特殊要求的通信，例如音频或视频等实时数据传输。

数据长度：包含有效载荷数据的 IPv6 报文总长度。

下一个报头：该字段定义了紧跟在 IPv6 报头后面的第一个扩展报头（如果存在）

1　RIP（Routing Information Protocol，路由信息协议）。

2　BGP（Border Gateway Protocol，边界网关协议）。

3　IGRP（Interior Gateway Routing Protocol，内部网关路由协议）。

的类型，或者上层协议数据单元中的协议类型。

跳限制：类似于 IPv4 中的 TTL 字段，它定义了 IP 数据包所能经过路由器的最大跳数。

源地址：128bit 的 IPv6 地址。

版本号 （4bit）	报头长度 （4bit）	服务类型 （8bit）	数据包长度（16bit）	
标识符（16bit）			标志（3bit）	片偏移（13bit）
生存时间（8bit）		协议（8bit）	报头校验和（16bit）	
源 IP 地址（16bit）				
目的 IP 地址（32bit）				
IP 选项（8bit）		······		填充

图2-29　IPv4报头格式

版本号（4bit）	流量等级（8bit）	流标签（20bit）	
数据长度（16bit）		下一个报头（8bit）	跳限制（8bit）
源地址（128bit）			
目的地址（128bit）			

图2-30　IPv6报头格式

目的地址：128bit 的 IPv6 地址。

填充：IPv4 的选项是预留的，用于处理突发的特殊情况。

IPv6 扩展报头格式如图 2-31 所示。

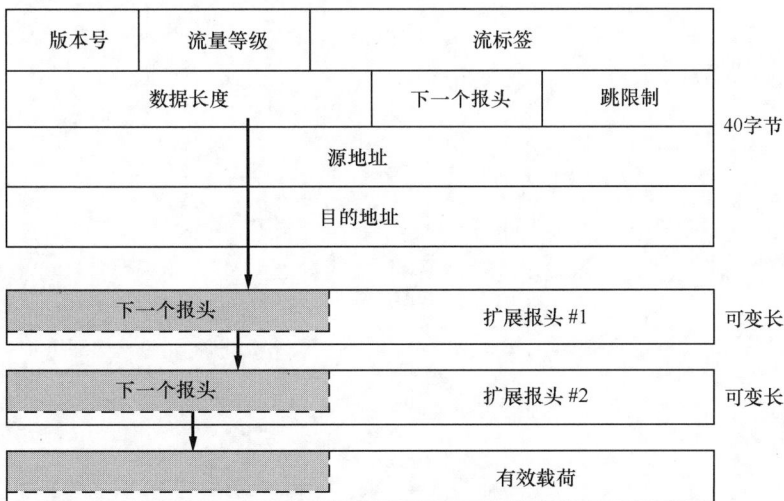

版本号	流量等级	流标签	
数据长度		下一个报头	跳限制
源地址			
目的地址			

40字节

下一个报头	扩展报头 #1

可变长

下一个报头	扩展报头 #2

可变长

	有效载荷

图2-31　IPv6扩展报头格式

IPv4 中的 Option 被移到 IPv6 的扩展报头中。

IPv6 数据包由一个基本报头（40字节）加上 0 个或多个扩展报头和上层协议单元构成。

IPv6 扩展报头的优势如下。

① 扩展报头在 IPv6 报头的外部。

② 路由器可以不考虑这些选项（逐跳选项除外）。

③ 提高了路由器处理数据包的速度和转发性能。

④ 易于通过新的扩展报头进行功能扩展。

IPv6 地址格式：IPv6 地址共有 128 位，使用十六进制进行表示，分为 8 段，中间用 ":" 隔开；IPv6 地址 = 前缀 + 接口 ID。

前缀：相当于 IPv4 地址中的网络位。

接口 ID：相当于 IPv4 地址中的主机位，默认 64bit。

前缀长度：用 "/XX" 来表示，例如，2001:0410:0000:0001/64。

RFC 2373 中详细定义了 IPv6 地址。按照定义，一个完整的 IPv6 地址的表示为：
XXXX:XXXX:XXXX:XXXX:XXXX:XXXX:XXXX:XXXX。

例如：2001:0000: 1F1F :0000:0000:0100: 11A 0:ADDF 为了简化其表示法，RFC 2373 提出每段中前面的 0 可以省略，连续的 0 可省略为 "::"，但只能出现一次。例如，1080:0:0:0:8:800: 200C:417A 可简写为 1080::8:800:200C: 417A，FF01:0:0:0:0:0:0:101 可简写为 FF01::101，0:0:0:0:0:0:0:1 可简写为 ::1，0:0:0:0:0:0:0:0 可简写为 ::。

IPv6 地址分类如下。

① 单播地址，标识一个接口，目的为单播地址的报文会被送到被标识的接口。

② 组播地址，标识多个接口，目的为组播地址的报文会被送到被标识的所有接口。

③ 任播地址，标识多个接口，目的为任播地址的报文会被送到最近的一个被标识接口，最近节点是由路由协议来定义的，IPv6 取消了广播地址。

局域网技术

项目引入

随着时代的发展，计算机的普及程度越来越高，而且有很多家庭拥有了两台甚至两台以上的计算机。对于这些用户来说，把两台计算机连接在一起，就组成了一个最小规模的局域网，可以用来共享文件、联机玩游戏、共享打印机等外设。局域网是封闭型的，是指在某一区域内由多台计算机互联组成的计算机组。"某一区域"是指同一办公室、同一建筑物、同一公司和同一学校等，一般在几千米之内。局域网可以实现文件管理、应用软件共享、打印机共享、工作组内的日程安排、电子邮件和传真通信服务等功能。在本项目中，我们来学习局域网及以太网技术。

学习目标

1. 识记：局域网的概念和分类。
2. 领会：局域网体系结构与 IEEE 802 标准。
3. 熟悉：局域网的组网模式。
4. 掌握：以太网交换机技术。

任务一 局域网的概念

1. 局域网的概念和分类

（1）局域网的概念

局域网是 20 世纪 70 年代迅速发展起来的计算机网络，是将小区域内的各种通信设备互连在一起的通信网络。

① 功能性定义。一组台式计算机和其他设备，在物理地址上彼此相隔不远，允许用户相互通信和共享，例如，将打印机和存储设备等互连在一起的系统。这种定义适用于办公环境下的局域网、工厂和研究机构中使用的局域网（强调的是外界行为和服务）。

② 技术性定义。由特定类型的传输媒体（例如电缆、光缆和无线媒体）和网络适配器（即网卡）互连在一起的计算机，并受网络操作系统监控的网络系统。这种定义强调的是构成局域网所需的物质基础和构成的方法。

（2）局域网类型

一个局域网是什么类型要看采用什么样的分类方法。局域网经常采用以下方法分类：按拓扑结构分类、按传输介质分类、按访问介质分类和按网络操作系统分类等。

① 按拓扑结构分类：局域网经常采用总线型、环形、星形和混合型拓扑结构，因此可以把局域网分为总线型局域网、环形局域网、星形局域网和混合型局域网等类型。

② 按传输介质分类：局域网上常用的传输介质有同轴电缆、双绞线和光纤等，因此可以把局域网分为同轴电缆局域网、双绞线局域网和光纤局域网。若采用无线电波或微波，则可以称为无线局域网。

③ 按访问介质分类：传输介质提供了两台或多台计算机互联并进行信息传输的通道。在局域网上，经常是在一条传输介质上连接多台计算机，例如，总线型和环形局域网共享一条传输介质，而一条传输介质在某一时间内只能被一台计算机使用，那么在某一时刻到底谁能使用或访问传输介质，这就需要有一个共同遵守的原则来控制、协调各计算机对传输介质的同时访问，这种方法就是协议。目前，在局域网中常用的传输介质访问方法有以太网、令牌环（Token Ring）、FDDI、ATM 等，因此可以把局域网分为以太网、令牌环网、FDDI 网、ATM 网等。

④ 按网络操作系统分类：局域网的工作是在局域网操作系统控制之下进行的。正如微型计算机上的 DOS、Unix、Windows、OS/2 等不同操作系统，局域网上也有许多种网络操作系统。网络操作系统决定了网络功能、服务性能等，因此可以把局域网按其所使用的网络操作系统进行分类，例如，Novell 公司的 NetWare 网、3Com 公司的 3+Open 网、Microsoft 公司的 Windows NT 网、IBM 公司的 LAN Manager 网、BANYAN 公司的 VINES 网等。

⑤ 其他分类方法：按数据的传输速率分类，局域网可分为 10Mbit/s 局域网、100Mbit/s 局域网、155Mbit/s 局域网等；按信息的交换方式分类，可分为交换式局域网、共享式局域网等。

2. 局域网体系结构与 IEEE 802 标准

自局域网标准化委员会（IEEE 802 委员会）成立以来，该委员会制定了一系列局域网标准，这些标准被称为 IEEE 802 标准。IEEE 802 标准化工作进展得很快，不但为以太网、令牌环网、FDDI 网等传统局域网技术制定了标准，而且还制定了一系列高速局域网标准，例如，快速以太网、交换以太网、千兆以太网、万兆以太网及无线局域网标准等。局域网的标准化极大地促进了局域网技术的飞速发展，并对局域网的推广起到了巨大的推动作用。

IEEE 802 标准所描述的局域网参考模型只对应 OSI 参考模型的数据链路层与物理层。局域网参考模型与 OSI 参考模型的对应关系如图 3-1 所示。

局域网参考模型将数据链路层划分为逻辑链路控制（Logical Link Control，LLC）子层与 MAC 子层。LLC 子层负责与介质无关的功能，而 MAC 子层负责依赖于介质的数据链路层功能，这两个子层共同完成数据链路层的全部功能。

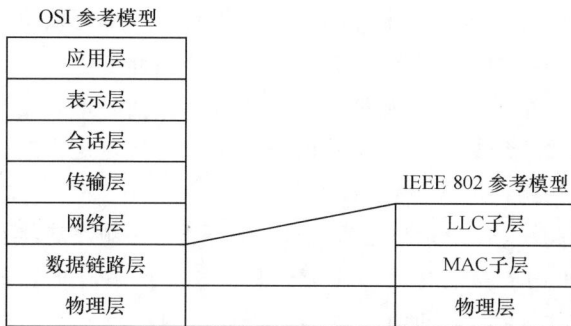

图3-1　局域网参考模型与OSI参考模型的对应关系

① 物理层。物理层的主要作用是在物理介质上实现位（也称比特流）的传输和接收。另外，物理层还规定了信号的编码／解码方式、传输介质，以及相关的网络拓扑结构和数据传输速率等。另外，物理层还具有错误校验功能，以保证正确地发送与接收位信号。

② MAC 子层。MAC 子层是数据链路层的一个功能子层，与物理层相邻。MAC 子层是与传输介质有关的一个功能子层，主要制定和分配信道的协议规范。MAC 子层的主要功能是进行合理的信道分配，解决信道竞争问题，以及管理多链路。MAC 子层为不同的物理介质定义了不同的介质访问标准，其中较为知名的是 CSMA/CD、令牌环和令牌总线等。MAC 子层的另一个主要功能是在发送数据时，将从上一次接收的数据（PDU-LLC 协议数据单元）组装成带 MAC 地址和差错检测字段的数据帧；当接收下一层的数据时，拆帧并完成地址识别和差错检测。

③ LLC 子层。LLC 子层也是数据链路层的一个功能子层，与 MAC 子层相邻。LLC 子层在 MAC 子层的支持下向网络层提供服务。它可以运行在所有 IEEE 802 局域网和城域网的协议上。LLC 子层与传输介质无关，它独立于介质访问控制方法，隐藏了各种局域网技术之间的差别，向网络层提供一个统一的格式与接口。

LLC 子层的主要功能是建立、维持和释放数据链路，提供一个或多个服务访问点，为网络层提供面向连接／无连接的服务。另外，为了保证局域网数据的无差错传输，LLC 子层还提供差错控制和流量控制，以及发送顺序控制等功能。

3. 局域网的组网模式

（1）局域网的拓扑结构

网络中的计算机等设备要实现互联，就需要以一定的结构方式连接，这种连接方式称为拓扑结构。常见的局域网拓扑结构可以划分为总线型、环形和星形，其余的拓扑结构多是从这 3 种结构衍生或组合而来的。

- 总线型。总线型结构采用一条单根的通信线路（总线）作为公共的传输通道，所有的节点都通过相应的接口直接连接到总线上，并通过总线传输数据。例如，在一根电缆上连接了组成网络的计算机和其他共享设备，由于单根电缆仅支持一种信道，因此用电缆连接的计算机和其他设备共享电缆的所有容量。连接在总线上的设备越多，网络发送和接收数据就越慢。

总线型网络使用广播式传输技术，总线上的所有节点都可以将数据发送到总线上，数据沿总线传播。但是，因为所有节点共享同一条公共通道，所以在任何时候只允许一个节点发送数据。当一个节点发送数据，并在总线上传播时，数据可以被总线上的其他节点接收。各节点在接收数据后，分析目的物理地址再决定是否接收该数据。粗、细同轴电缆以太网就是这种结构的典型代表。

- 环形。环形结构中，各个工作站的地位相同，它们按顺序连接，构成一个封闭的环，数据在环中单向或双向传送。环形结构简单，传输时延确定，但是环中的每一个节点与连接节点之间的通信线路都会成为网络可靠性的瓶颈，环中的任意一个节点出现通信故障，都会造成网络瘫痪。

环形结构有两种类型，即单环结构和双环结构。令牌环是单环结构的典型代表，FDDI 是双环结构的典型代表。

- 星形。星形结构的每个节点都由一条点到点的链路与中心节点（公用中心交换设备，例如交换机、集线器等）相连，星形网络中的一个节点如果向另一个节点发送数据，首先将数据发送到中央设备，然后由中央设备将数据转发到目标节点。信息的传输是通过中心节点的存储／转发技术实现的，并且只能通过中心节点与其他节点通信。星形网络是局域网中最常用的结构。

（2）局域网的组成

局域网的基本组成包括网络硬件和网络软件两个部分。

① 网络硬件。网络硬件包括服务器、工作站和网络通信系统等。

- 服务器。服务器用来管理网络并为网络用户提供服务，可分为文件服务器、打印服务器、通信服务器和数据库服务器等。文件服务器是局域网上最基本的服务器，可用来管理局域网内的文件资源。打印服务器则为用户提供网络共享打印服务。通信服务器主要负责本地局域网与其他局域网、主机系统或远程工作站的通信。而数据库服务器则为用户提供数据库检索、更新等服务。

- 工作站。工作站也称为客户机，可以是个人计算机，也可以是专用计算机，例如图形工作站等。工作站可以有自己的操作系统，独立工作。通过运行工作站的网络软件可以访问服务器的共享资源。目前常见的工作站的操作系统有 Windows 和 Linux。

- 网络通信系统。网络通信系统是连接工作站和服务器的硬件设备。这些硬件设备通常包括专用的网络通信设备，例如网卡、集线器、交换机、路由器等，以及传输数据的通信介质，例如双绞线、同轴电缆、光纤等。通信设备通过通信传输介质进行网络互联。

② 网络软件。网络软件也是局域网中不可缺少的重要部分。网络软件主要包括网络操作系统、网络应用软件、协议软件、通信软件和管理软件等。

网络操作系统是网络上各计算机共享网络资源，为网络用户提供所需的各种服务的软件和有关规程的集合。网络操作系统与通用操作系统有所不同，它除了应具有通用操作系统的处理机管理、存储器管理、设备管理和文件管理等功能外，还应具有以下两大功能。

- 提供高效、可靠的网络通信能力。
- 提供多种网络服务功能，例如，远程作业录入和处理的服务功能、文件传输服务功能、电子邮件服务功能和远程打印服务功能。

网络应用软件直接面向用户，是专门为某一个应用领域开发的软件，能为用户提供一些实际的应用服务，例如，远程网络教学、视频会议、远程医疗等。

任务二 以太网技术

1. 以太网

（1）以太网发展历史及现状

以太网是在 20 世纪 70 年代由 Xerox 公司 Palo Alto 研究中心正式推出的。由于介质技术的发展，Xerox 可以将许多机器相互连接，形成巨型打印机，这就是以太网的原型。后来，Xerox 推出了带宽为 2Mbit/s 的以太网，又与 Intel 和 DEC 公司合作推出了带宽为 10Mbit/s 的以太网，这就是通常所说的以太网 II 或以太网 DIX 标准。IEEE 802 委员会制定了一系列局域网标准，其中 IEEE 802.3 与由 Digital、Intel 和 Xerox 推出的以太网 II 非常相似。

随着以太网技术的不断进步与带宽的提升，目前在很多情况下，以太网成为局域网的代名词。传统以太网的基本概念如图 3-2 所示。

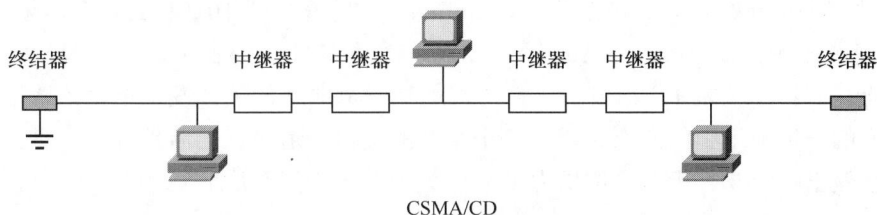

图3-2 传统以太网的基本概念

以太网使用 CSMA/CD，我们可以将其比作一种"文雅的交谈"。在这种交谈方式中，如果有人想阐述观点，他应该先听听是否有其他人在说话（即载波侦听），如果这时有人在说话，他应该耐心等待，直到对方结束说话，他才可以发表意见。如果两个人在同一时间都想说话，那会出现什么样的情况呢？显然，如果两个人同时说话，这时很难辨别每个人在说什么。但是，在"文雅的交谈"方式中，当两个人同时开始说话，双方都会发现他们在同一时间开始讲话（即冲突检测），这时说话立即终止，随机地等待一段时间后，说话才开始。说话时，由第一个开始说话的人来对交谈进行控制，而第二个开始说话的人将需要等待，直到第一个人说完，他才能开始说话。

以太网的工作方式与上面的方式相同。首先，以太网网段上需要进行数据传送的节点对导线进行监听。如果这时有其他节点正在传送数据，则监听节点将需要等待，直到传送节点的传送任务结束。如果某时刻恰好有两个工作站同时准备传送数据，则以太网网段将发出冲突信号。这时，节点上所有的工作站都将检测到冲突信号，因为这时导线上的电压超出了标准电压。冲突产生后，这两个节点都将立即发出拥塞信号，确保每个工作站都检测到以太网上产生的冲突；然后，网络进行恢复，在恢复的过程中，导线上将不传输数据。当两个节点将拥塞信号传送完，并过了一段时间后，这两个节点就开始启动随机计时器。第一个随机计时器到期的工作站将先对导线进行监听，当它监听到没有任何信息在传输时，就开始传输数据。当第二个工作站随机计时器到期后，也对导线进行监听，当监听到第一个工作站已经开始传输数据后，就只好等待了。

在 CSMA/CD 方式下，一个时间段只能有一个节点能够在导线上传输数据。如果其他节点想传输数据，必须等到正在传输的节点传输结束后才能开始传输数据。以太网之所以被称为共享介质就是因为节点共享同一传输介质。

（2）以太网相关标准

IEEE 802.3 协议族制定了以太网的标准。其中，IEEE 802.3 为以太网标准，IEEE 802.2 为 LLC 标准，IEEE 802.3u 为 100Mbit/s 以太网标准，IEEE 802.3z 为 1000Mbit/s 以太网标准，IEEE 802.3ab 为 1000Mbit/s 以太网运行在双绞线上的标准。

IEEE 除定义了 IEEE 802.3 以太网 MAC 标准外，还定义了多种局域网 MAC 标准，例如，IEEE 802.4 令牌总线网、IEEE 802.5 令牌环网等。IEEE 802.2 向网络层提供了统一的格式和接口，屏蔽了各种 IEEE 802 网络之间的差别。

① 前导（Preamble）：一个交替由 0 和 1 组成的 7 个 8 位位组，被用作同步。

② 帧定界符开始（Start of Frame Delimiter）：特殊模式 10101011，表示帧的开始。

③ 目的地址（Destination Address）：若第一位是 0，则表示这个字段指定了一个特定站点；若第一位是 1，则表示该目的地址是一组地址，帧被发送至由该地址规定的预先定义的一组地址中的所有站点。每个站点的接口知道自己的组地址，当见到这个组地址时会做出响应。若所有的位均为 1，则该帧将被广播至所有的站点。

④ 源地址（Source Address）：说明一个帧来自哪里。

⑤ 数据长度字段（Data Length Field）：说明在数据和填充字段里的字节的数量。

⑥ 数据字段（Data Field）：上层数据。

⑦ 填充字段（Pad Field）：数据字段必须至少是 46 字节（或许更多）。若没有足够的数据，额外的 8 位位组被添加（填充）到数据中以补足差额。

⑧ 帧校验序列（Frame Check Sequence）：使用 32 位循环冗余校验码的错误检验。

2．交换式以太网

交换式以太网是指以数据链路层的帧为数据交换单位，以以太网交换机为基础构成的网络。交换式以太网允许多对节点同时通信，每个节点可以独占传输通道和带宽。它从根本上解决了共享以太网所带来的问题。

以太网交换机是工作在 OSI 参考模型数据链路层的设备，外表和集线器相似。它通过判断数据帧的目的 MAC 地址，从而将帧从合适的端口发送出去。以太网交换机的冲突域仅局限于交换机的一个端口上。例如，一个站点向网络发送数据，集线器将会向所有端口转发，而以太网交换机将通过对帧的识别，只将帧单点转发到目的地址对应的端口，而不是向所有端口转发，从而有效提高了网络的可利用带宽。以太网交换机实现数据帧的单点转发是通过 MAC 地址的学习和维护更新机制来实现的。以太网交换机的主要功能包括 MAC 地址学习、帧的转发和过滤以及避免回路。

以太网交换机可以有多个端口，每个端口可以单独与一个节点连接，也可以与一个共享介质式的以太网集线器连接。如果一个端口只连接一个节点，那么这个节点就可以独占整个带宽，这类端口通常被称为"专用端口"；如果一个端口连接一个与端口带宽相同的以太网，那么这个端口将被以太网中的所有节点共享，这类端口被称为"共享端口"。例如，一台带宽为 100Mbit/s 的交换机有 10 个端口，每个端口的带宽为 100Mbit/s。而集线器的所有端口共享带宽，同样，一个带宽 100Mbit/s 的集线器，如果有 10 个端口，则每个端口的平均带宽为 10Mbit/s。交换以太网结构示意如图 3-3 所示。以太网交换机工作原理如图 3-4 所示。

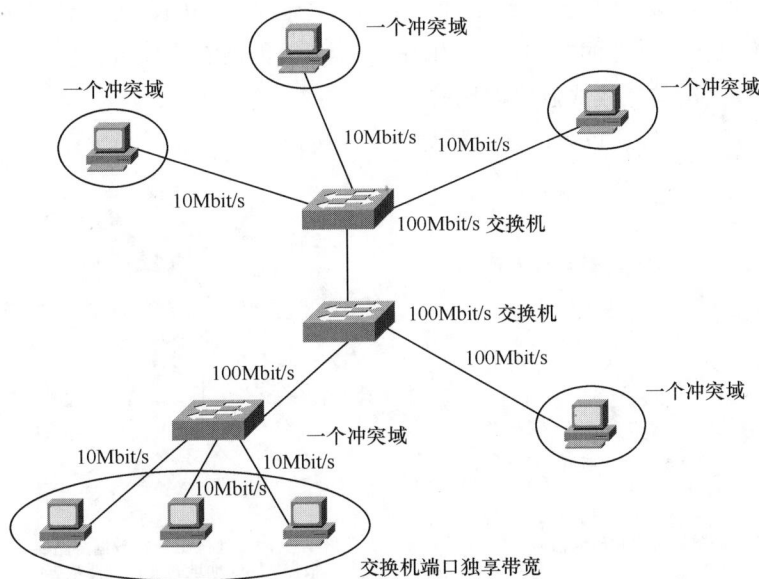

图3-3　交换以太网结构示意

以太网交换机的主要功能是对收到的帧进行转发。在以太网中，转发的过程称为透明桥接。之所以称为透明，是因为终端设备并不知道所连接的是共享媒介还是交换设备，即设备对终端用户来说是透明的。透明桥接的基本要求是对其转发的帧结构不做任何改动与处理（VLAN[1] 的 Trunk 线路除外）。

以太网交换机基于目标 MAC 地址做出转发决定。在以太网交换机中必须有一张MAC 地址和端口对应关系的表，这张表就是 MAC 地址表。

1　VLAN（Virtual Local Area Network，虚拟局域网）。

MAC 地址表

```
E0:0260.8C01.1111
E3:0260.8C01.4444
```

0260.8C01.1111　　　E0　E1　　　0260.8C01.3333

0260.8C01.2222　　　E2　E3　　　0260.8C01.4444

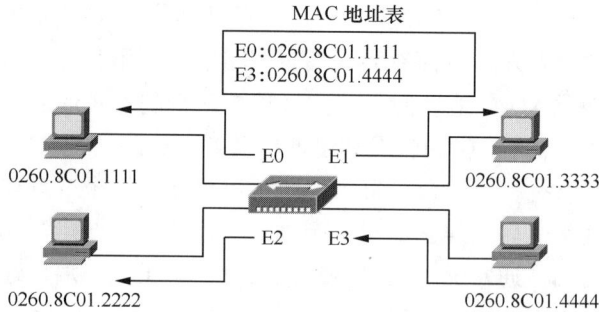

图3-4　以太网交换机工作原理

以太网交换机与终端设备相连，交换机的端口收到帧后，会读取帧的源 MAC 地址字段，并与接收端口关联后记录到 MAC 地址表中。因为 MAC 地址表是保存在交换机内存中的，所以当交换机启动时，MAC 地址表是空的。

需要指出的是，对于广播、组播和目的 MAC 地址未知帧，为了让这个帧能够到达目的地，交换机执行洪泛的操作，即向除进入端口外的所有其他端口转发。

3. 传统以太网与交换式以太网比较

传统以太网与交换式以太网的比较如图 3-5 所示。

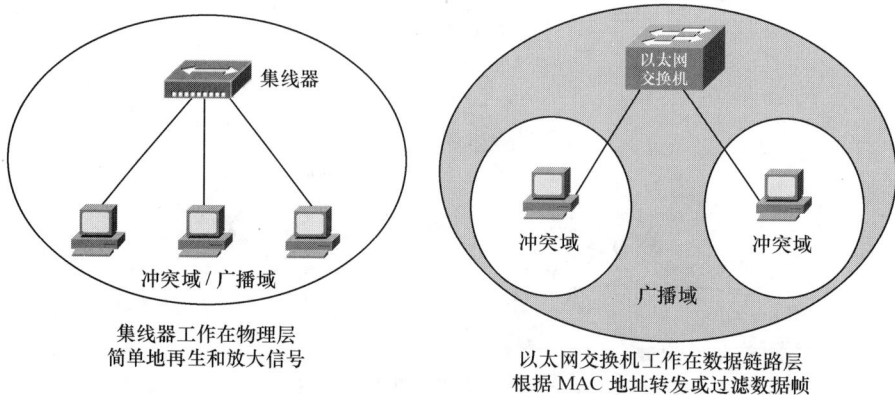

集线器

冲突域 / 广播域

集线器工作在物理层
简单地再生和放大信号

以太网交换机

冲突域　　　　冲突域

广播域

以太网交换机工作在数据链路层
根据 MAC 地址转发或过滤数据帧

图3-5　传统以太网与交换式以太网的比较

集线器只对信号做简单的再生和放大，所有设备共享一个传输介质，设备必须遵循 CSMA/CD 方式进行通信。使用集线器连接的传统以太网中的所有工作站处于同一个冲突域和同一个广播域中。

以太网交换机根据 MAC 地址转发或过滤数据帧，隔离了冲突域，工作在数据链路层。以太网交换机每个端口都是单独的冲突域。如果工作站直接连接到交换机的端口，则此工作站独享带宽。但是，交换机对目的地址为广播的数据帧做洪泛操作，广播帧会被转发到所有端口，所以所有通过交换机连接的工作站都处于同一个广播域中。

以太网交换机的数据交换与转发方式可以分为直接交换、存储转发交换和改进的直接交换。

① 直接交换。在直接交换方式下，以太网交换机边接收边检测。一旦检测到目的地址字段，就将数据帧传送到相应的端口上，而不管这一数据是否出错，出错检测任务由节点主机完成。这种交换方式的交换时延短，但缺乏差错检测能力，不支持不同输入 / 输出速率的端口之间的数据转发。

② 存储转发交换。在存储转发交换方式中，交换机首先要完整地接收站点发送的数据，并对数据进行差错检测。如果接收数据是正确的，则根据目的地址确定输出端口号，将数据转发出去。这种交换方式具有差错检测能力，并能支持不同输入 / 输出速率端口之间的数据转发，但交换时延较长。

③ 改进的直接交换。改进的直接交换方式是将直接交换与存储转发交换相结合，在接收到数据的前 64 字节之后，判断数据的头部字段是否正确，如果正确则转发出去。这种方式对短数据来说，交换时延与直接交换方式比较接近；而对长数据来说，由于它只对数据前部的主要字段进行差错检测，交换时延将会降低。

项目二　虚拟局域网

项目引入

某校园网络在初建时规模较小，但随着学校的发展，学校的面积变大，建筑逐渐增多，网络终端设备也越来越多，网络规模也越来越大，随之而来的是网速变慢。产生这个问题的原因是网络中存在大量的广播包，只要能够隔离网络中的广播包，就能从根本上解决问题。通常要想隔离广播包就要使用三层路由器设备，但增加路由器就会增加学校的网络投资成本，最好的方法就是利用 VLAN 技术来解决校园网内的广播，从而解决网络问题。在本项目中，我们就一起来学习 VLAN 技术及 QinQ 技术。

学习目标

1. 识记：VLAN 和 QinQ 的基本概念。
2. 领会：VALN 和 QinQ 的技术原理。
3. 熟悉：VLAN 的数据封装结构。
4. 掌握：交换机 3 种 VLAN 接口类型及转发规则。

任务一　VLAN 技术

1. VLAN 技术简介

VLAN 是一种通过将局域网内的设备有逻辑地划分成一个个网段，从而实现虚拟工作组的技术。局域网中任一站点发出的广播报文会被整个局域网内的其他站点接收。这些广播报文对多数站点来说不是必需的，而且会浪费大量的带宽资源，影响网络性能。解决这个问题的方法是使用 VLAN 技术，把网络分成多个网段，每个网段就是一个广播域。每个 VLAN 的广播包只能在本 VLAN 中广播，不会泄露到其他 VLAN 中，因此

VLAN 技术控制了广播包的传递范围，提高了网络性能。

我们先复习一下广播域的概念。广播域是指广播帧（目标 MAC 地址全部为 1）所能传递到的范围，即能够直接通信的范围。严格地说，并不仅仅是广播帧，多播帧和目标不明的单播帧也能在同一个广播域中畅行无阻。

原本二层交换机只能构建单一的广播域，不过使用 VLAN 功能后，它能够将网络分割成多个广播域。

未分割广播域时将会发生什么？为什么要分割广播域？那是因为如果仅有一个广播域，有可能会影响到网络整体的传输性能。广播域结构示意如图 3-6 所示。

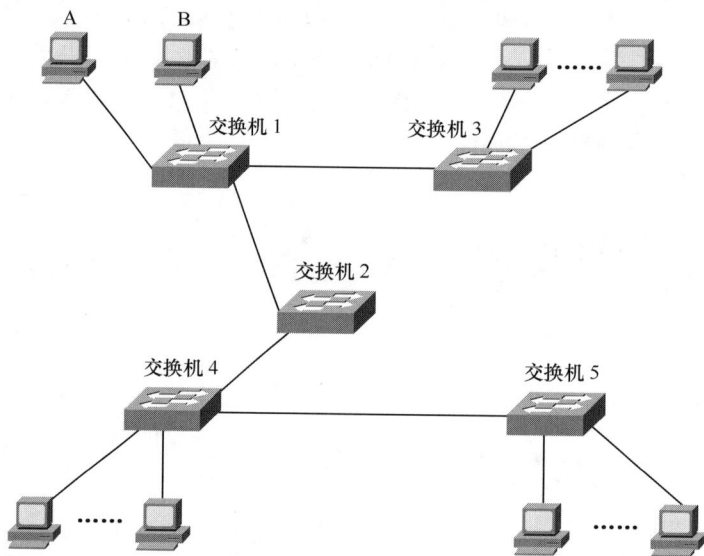

图3-6　广播域结构示意

图 3-6 是一个由 5 台二层交换机（交换机 1 ～ 5）连接了大量客户机构成的网络。假设这时计算机 A 需要与计算机 B 通信。在基于以太网的通信中，必须在数据帧中指定目标 MAC 地址才能正常通信，因此计算机 A 必须先广播"ARP 请求（ARP Request）信息"，来尝试获取计算机 B 的 MAC 地址。交换机 1 收到广播帧（ARP 请求）后，会将它转发给除了接收端口的其他所有端口，这个过程也就是洪泛；接下来，交换机 2、3、4、5 收到广播帧后也会洪泛；最终，ARP 请求会被转发到同一网络中的所有客户机上。

请大家注意，这个 ARP 请求原本是为了获得计算机 B 的 MAC 地址而发出的。也就是说，只要计算机 B 能收到，任务就完成了。可事实上，数据帧却传遍整个网络，导致所有的计算机都能收到请求。如此一来，一方面，广播信息消耗了网络的整体带宽；另一方面，收到广播信息的计算机还要消耗一部分 CPU 来对它进行处理，这会造成网络带宽和 CPU 运算能力的大量消耗。

如果整个网络只有一个广播域，那么一旦发出广播信息，就会传遍整个网络，并且对网络中的主机带来额外的负担。因此，在设计 LAN 时，需要注意如何有效分割广播域。

（1）VLAN 的优点

① 广播风暴防范。限制网络上的广播，将网络划分为多个 VLAN 可以减少参与广播风暴的设备数量。LAN 分段可以防止广播风暴波及整个网络。VLAN 可以提供建立防火墙机制，防止交换网络的过量广播。使用 VLAN 可以将某个交换端口或用户赋予某一个特定的 VLAN 组，该 VLAN 组可以在一个交换网中跨接多台交换机，在一个 VLAN 中的广播不会送到 VLAN 外。同样，相邻的端口不会收到其他 VLAN 产生的广播，从而减少广播流量，释放带宽给用户使用。

② 安全。增强局域网的安全性，含有敏感数据的用户组可以与网络的其余部分隔离，从而降低泄露机密信息的可能性。不同 VLAN 内的报文在传输时是相互隔离的，即一个 VLAN 内的用户不能和其他 VLAN 内的用户直接通信，如果不同 VLAN 内的用户要进行通信，则需要通过路由器或三层交换机等三层设备实现。

③ 成本降低。成本高昂的网络升级需求减少，现有带宽和上行链路的利用率更高，因此可以节约成本。

④ 性能提高。将第二层平面网络划分为多个逻辑工作组（广播域），可以减少网络上不必要的流量并提高性能。

（2）VLAN 的划分

① 基于端口的 VLAN。基于端口的 VLAN 是最简单、最有效的 VLAN 划分方法，它按照设备端口来定义 VLAN 成员，将指定端口加入指定 VLAN 后，该端口就可以转发指定 VLAN 的数据帧。基于端口的 VLAN 如图 3-7 所示。

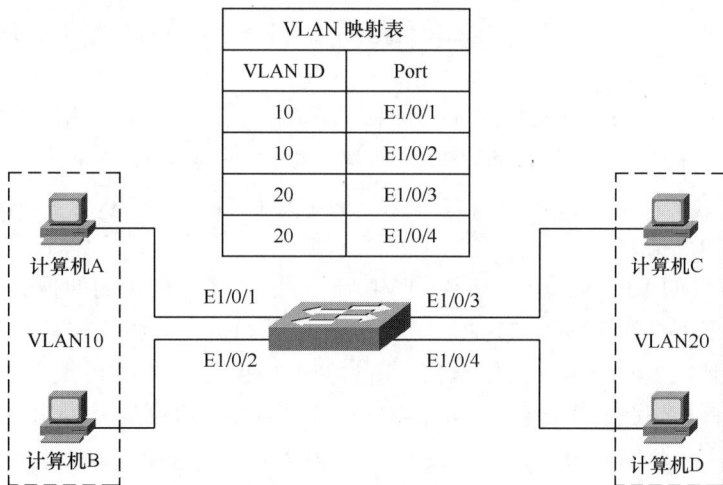

图3-7　基于端口的VLAN

在图 3-7 中，交换机端口 E1/0/1 和 E1/0/2 被划分到 VLAN10 中，端口 E1/0/3 和 E1/0/4 被划分到 VLAN20 中，则计算机 A 和计算机 B 处于 VLAN10 中，可以直接通信；计算机 C 和计算机 D 处于 VLAN20 中，可以直接通信。计算机 A 和计算机 C 处于不同

VLAN，它们之间不能直接互通。

② 基于 MAC 的 VLAN。基于 MAC 的 VLAN 是根据每台主机的 MAC 地址来划分的。交换机维护一张 VLAN 映射表，这张 VLAN 映射表记录 MAC 地址和 VLAN 的对应关系。基于 MAC 的 VLAN 如图 3-8 所示。

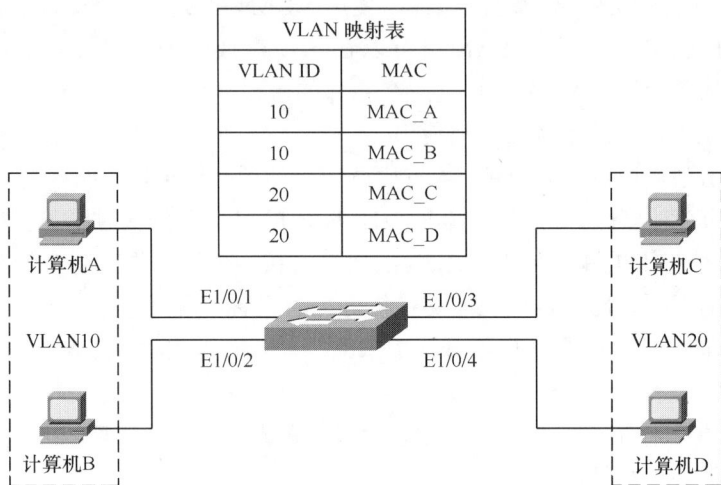

图3-8　基于MAC的VLAN

这样，计算机 A 和计算机 B 就处于同一个 VLAN，实现本地通信；而计算机 C 和计算机 D 处于另一个 VLAN，也可以实现本地通信。

这种划分 VLAN 的方法的最大优点就是当用户物理位置移动时，即从一台交换机换到其他交换机时，VLAN 不用重新配置，所以这种根据 MAC 地址的划分方法可以被认为是基于用户的 VLAN。

这种划分 VLAN 的方法的缺点是初始化配置时，需要收集所有用户的 MAC 地址，并逐个配置，如果用户很多，则配置的工作量是很大的。此外，这种划分方法也导致了交换机的执行效率低，因为在每一台交换机的端口都可能存在多个 VLAN 组的成员，这样就无法限制广播帧。

③ 基于协议的 VLAN。基于协议的 VLAN 是根据端口接收到的报文所属的协议类型来给报文分配不同的 VLAN ID 的，可以用来划分 VLAN 的协议族有 IP 和 IPX。交换机从端口接收到以太网帧后，会根据帧中所封装的协议类型来确定报文所属的 VLAN，然后将数据帧自动划分到指定的 VLAN 中进行传输。基于协议的 VLAN 如图 3-9 所示。此特性主要应用于将网络中提供的协议类型与 VLAN 绑定，便于管理和维护。

④ 基于子网的 VLAN。基于 IP 子网的 VLAN 是根据报文源 IP 地址及子网掩码作为依据来进行划分的。设备从端口接收到报文后，根据报文中的源 IP 地址，找到与现有 VLAN 的对应关系，然后自动划分到指定的 VLAN 中进行转发。基于子网的 VLAN 如图 3-10 所示。

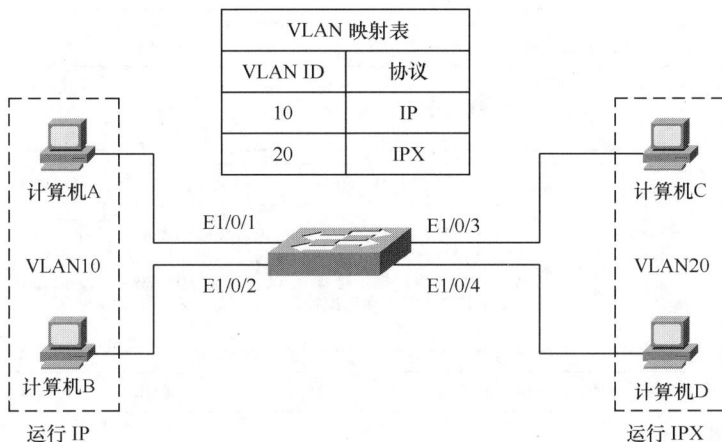

图3-9 基于协议的VLAN

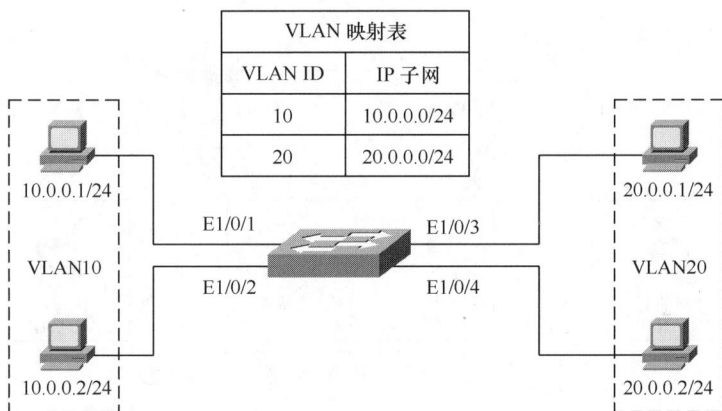

图3-10 基于子网的VLAN

2. VLAN 技术原理

（1）VLAN 标签

想要了解 VLAN 的技术原理，其中必不可少的就是 VLAN 标签（VLAN Tag），因为 VLAN 是基于标签进行识别是否属于同一个 VLAN 的。

要使交换机能够分辨不同 VLAN 的报文，需要在报文中添加标识 VLAN 信息的字段。IEEE 802.1Q 协议规定，在以太网数据帧中加入 4 字节的 VLAN 标签（又称为 VLAN Tag，简称 Tag）。VLAN 标签如图 3-11 所示。

VLAN 示例 1 如图 3-12 所示。LSW1 下分别接入两台计算机（计算机 1 和计算机 2），LSW2 下分别接入两台计算机（计算机 3 和计算机 4），但是计算机 1 与计算机 4 为同一 VLAN，计算机 2 与计算机 3 为同一 VLAN。假如计算机 1 向计算机 4 发消息，计算机 1 的原始数据帧在 LSW1 处会被打上 VLAN10 的标签，打了 VLAN10 标签的数据帧在 LSW2 处会被分发给同是 VLAN10 的计算机 4。

原始以太网数据帧 （无标记帧，Untagged 帧）	目的 MAC 地址	源 MAC 地址	类型	数据	FCS

在此处插入 802.1Q
Tag

802.1Q Tag		TPID（0X8100）	PRI	CFI	VLAN ID	

TPID（标签协议标识符）：标识数据帧的类型，值为 0X8100 时标识 802.1Q 帧
PRI（优先级）：标识帧的优先级，主要用于 QoS
CFI（标准格式指示符）：在以太网环境中，该字段的值为 0
VLAN ID（VLAN 标识符）：标识该帧所属的 VLAN

802.1Q 帧 （标记帧，Tagged 帧）	目的 MAC 地址	源 MAC 地址	Tag	类型	数据	FCS

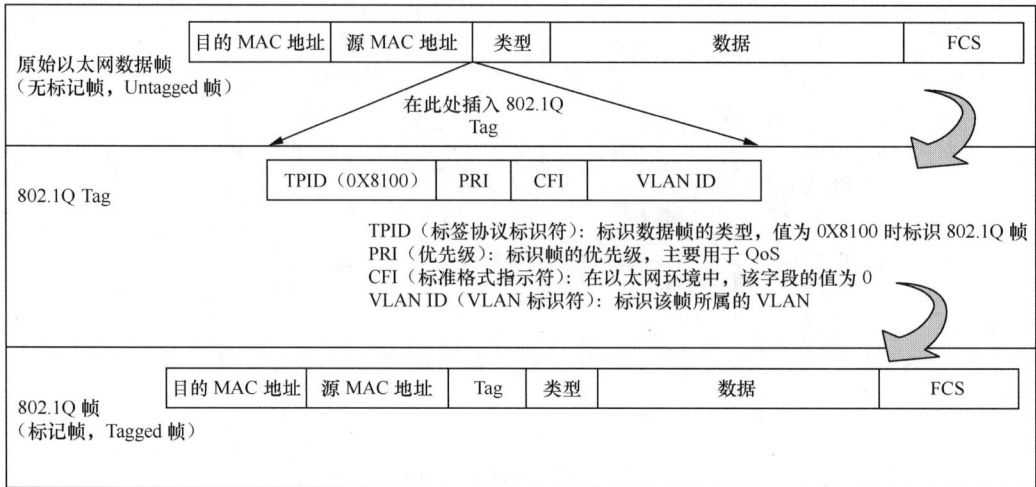

图3-11　VLAN标签

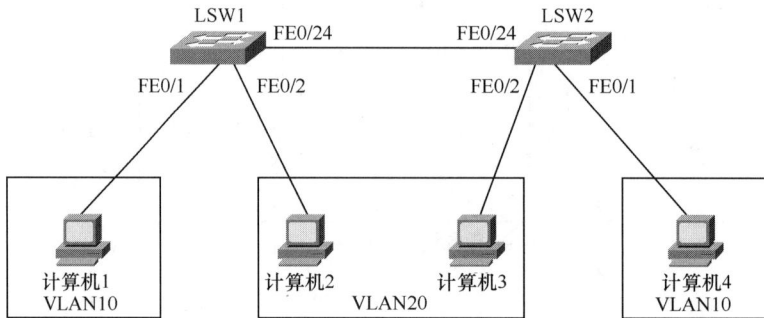

图3-12　VLAN示例1

（2）以太网交换机接口类型

VLAN 示例 2 如图 3-13 所示。

接口类型
Access 接口 交换机上常用来连接用户计算机、服务器等终端设备的接口。Access 接口所连接的这些设备的网卡往往只收发无标记帧。Access 接口只能加入一个 VLAN
Trunk 接口 Trunk 接口允许多个 VLAN 的数据帧通过，这些数据帧通过 802.1Q Tag 实现区分。Trunk 接口常用于交换机之间的互联，也用于连接路由器、防火墙等设备的子接口
Hybrid 接口 Hybrid 接口与 Trunk 接口类似，也允许多个 VLAN 的数据帧通过，这些数据帧通过 802.1Q Tag 实现区分。用户可以灵活指定 Hybrid 接口在发送某个（或某些）VLAN 的数据帧时是否携带 Tag

● Access 接口　　▲ Trunk 接口　　◆ Hybrid 接口

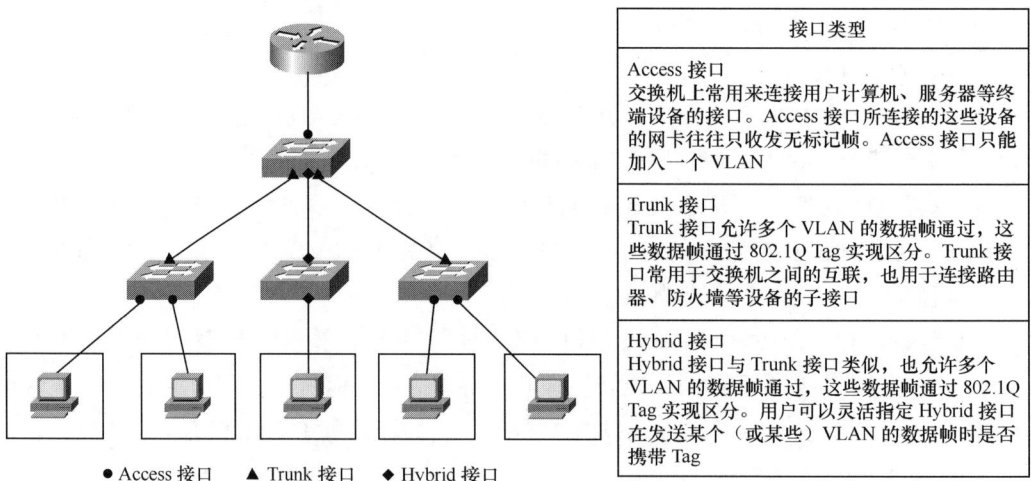

图3-13　VLAN示例2

① Access 接口。Access 接口具有打标签和剥标签的功能，一般会连接终端（计算机和服务器等）或者连接没有添加标签功能的一些设备。Access 接口如图 3-14 所示。

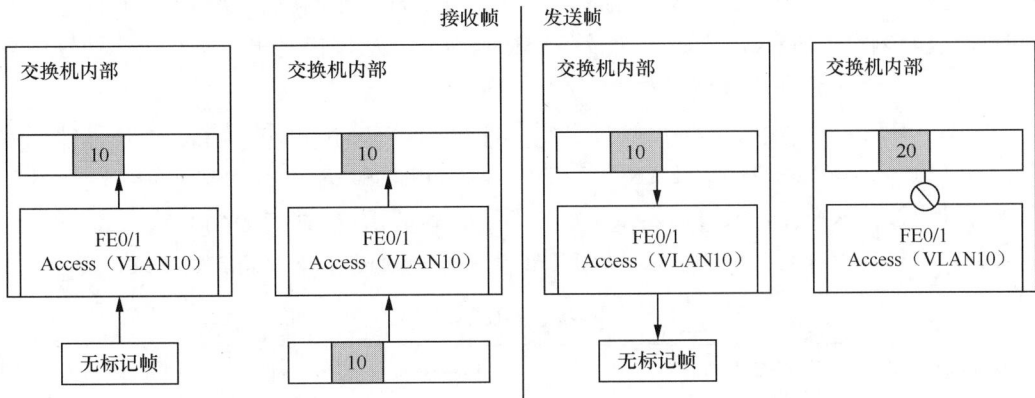

接收帧 | 发送帧

图3-14 Access接口

Access 接口主要用于接入数据链路层，如果数据链路层上通过的帧为不带 Tag 的以太网帧，该接口就会给该 Untagged 打上该 PVID[1] 的 VLAN ID；如果通过的是有 Tag 的数据帧，那接口就会与自己的 PVID 进行比对，相同则接收，不同就拒绝并丢弃该帧。发送时要先检查该帧的 VLAN ID 与发送端的 PVID 接口是否一致，一致的话剥除 Tag（因为主机设备无法识别）并发送，不一致的话不允许该帧从此接口发出。

② Trunk 接口。Trunk 接口如图 3-15 所示。

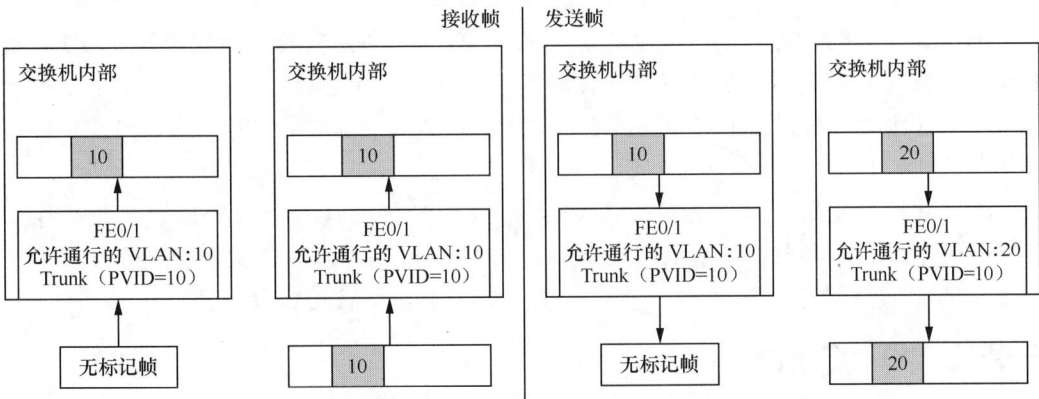

接收帧 | 发送帧

图3-15 Trunk接口

Trunk 接口用来连接其他交换机设备，它主要连接干道（主路）链路。

Trunk 接口允许多个 VLAN 的帧通过，只允许 VLAN ID 与发送端端口 PVID 相同时才可以不带标签通过。

Trunk 接口接收帧在收到 Untagged 帧时，先打上端口 PVID，然后再对比该 PVID 是否在允许通过的列表中，在列表中就允许通过，不在列表中就丢弃；收到 Tagged 帧

---

1 PVID（Port-base VLAN ID，基于端口的 VLAN ID）。

时就会直接比对是否在允许通过的列表内，在列表中就传输，不在列表中就丢弃。

Trunk 接口在发送帧时会对比帧的 VLAN ID 是否在允许通过的列表里，在列表里的话再进行下一项比对，如果该帧的 VLAN ID 与 PVID 相同就剥除标签进行传输，不同时就保留该帧的 Tag（用于下一个设备进行判断）并从接口发出；不在允许通过的列表里面就丢弃，不允许从该接口发出。

③ Hybrid 接口。Hybrid 接口既可以用来连接用户主机，也可以用来连接其他交换机设备（因为具备允许多个 VLAN 的帧的特性和打标签、剥标签的功能），Hybrid 接口既可以连接接入链路，又可以连接干道链路。Hybrid 接口允许多个 VLAN 的帧通过，并可以在出接口方向将某些 VLAN 帧的 Tag 剥除。Hybrid 接口如图 3-16 所示。

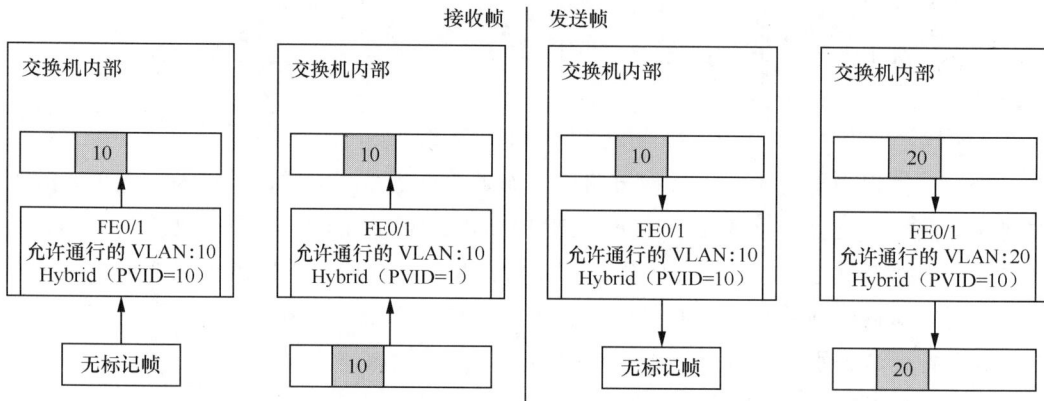

图3-16　Hybrid接口

Hybrid 接口接收到 Untagged 帧时，先打上 PVID，再进行比对，判断该 PVID 是否在允许通过的列表里面，在列表里就传输，不在列表里就丢弃；接收的是 Tagged 帧就会直接进行比对，在列表里就传输，不在列表里就丢弃（和 Trunk 接口接收过程一样，只是发送过程不同）。

Hybrid 接口发送帧时，会对照该 VLAN ID 是否在该 Hybrid 允许通过的列表中，不在列表中就丢弃该帧，不允许从该帧进行传输，允许传输的话就会检查管理员对该 VLAN ID 的设置（是否剥除该 Tag），按照管理员设置从该接口发送。

任务二　QinQ 技术

QinQ 是对基于 IEEE 802.1Q 封装的隧道协议的形象称呼，又称 VLAN 堆叠。QinQ 技术是在原有 VLAN 标签（内层标签）之外再增加一个 VLAN 标签（外层标签），外层标签可以将内层标签屏蔽起来。

QinQ 不需要协议的支持，通过它可以实现简单的 L2VPN（二层虚拟专用网），特别适合以三层交换机为骨干的小型局域网。

QinQ 技术的典型组网如图 3-17 所示。连接用户网络的端口称为 Customer 端口，连接服务提供商网络的端口称为 Uplink 端口，服务提供商网络边缘接入设备称为 PE（Provider Edge）。

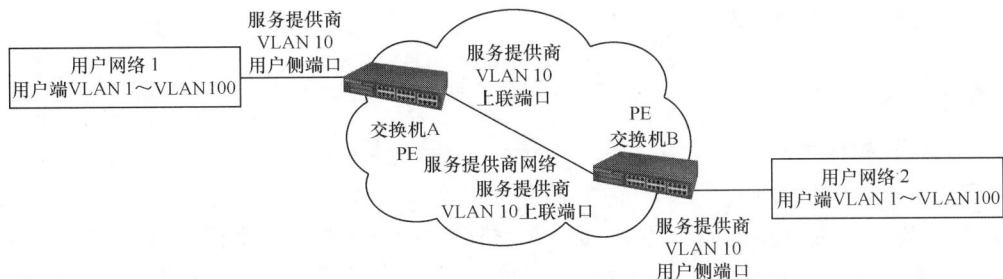

图3-17　QinQ技术的典型组网

用户网络一般通过 Trunk VLAN 方式接入 PE，服务提供商网络内部的 Uplink 端口通过 Trunk VLAN 方式对称连接。

当报文从用户网络 1 到达交换机 A 的用户侧端口时，无论报文是 Tagged 还是 Untagged，交换机 A 都强行插入外层标签（VLAN ID 为 10）。在服务提供商网络内部，报文沿着 VLAN10 的端口传播，直至到达交换机 B。交换机 B 发现与用户网络 2 相连的端口为用户侧端口，于是按照 IEEE 802.1Q 协议剥除外层标签，恢复成用户的原始报文，并发送到用户网络 2。

这样，用户网络 1 和用户网络 2 之间的数据可以通过服务提供商网络进行透明传输，用户网络可以自由规划自己的私网 VLAN ID，而不会导致与服务提供商网络中的 VLAN ID 发生冲突。

项目三　生成树协议

项目引入

有一个规模较大的企业，总部和各个分部之间需要进行通信和数据传输。为了保证通信的可靠性和安全性，每个分部都建立了多个交换机，这些交换机通过不同的链路连接不同的主机和服务器。然而，由于链路的冗余和网络的复杂性，可能会出现链路环路的情况，也就是说，某些交换机之间会存在多条路径，而这些路径上又连接了多个交换机，形成了一个环路，这样，数据包就可能在环路上不停地循环，无法到达目的地，从而导致通信故障。

为了解决这个问题，公司决定使用生成树协议（Spanning Tree Protocol，STP）来避免环路的出现。通过在交换机之间建立逻辑上的拓扑结构，STP 可以选择一条最佳路径，同时屏蔽其他路径，从而避免数据包在环路上不停地循环，并且在必要时将冗余链路自动切换为转发状态，恢复网络的连通性，保证数据的可靠传输。如此，公司的通信和数据传输就更加可靠和高效了。在本项目中，我们就一起来学习 STP。

学习目标

1. 识记：STP 的基本概念。
2. 领会：STP 的作用。
3. 熟悉：STP 的基本原理。

4．掌握：STP 的基本配置。

任务一　STP

1．STP 的作用

STP 是 IEEE 802.1D 中定义的数据链路层协议，用于解决在网络的核心层构建冗余链路里产生的网络环路问题，通过在交换机之间传递网桥协议数据单元（Bridge Protocol Data Unit，BPDU），通过采用生成树算法（Spanning Tree Algorithm，STA）选举根桥、根端口和指定端口的方式，最终将网络形成一个树形结构，其中，根端口、指定端口都处于转发状态，其他端口处于禁用状态。如果网络拓扑发生改变，将重新计算生成树拓扑。STP 的存在，既解决了核心层网络需要冗余链路的网络健壮性要求，又解决了因为冗余链路形成的物理环路导致"广播风暴"问题。

通过阻断冗余链路来消除桥接网络中的环路。当检测到活动链路发生故障时，激活冗余链路来恢复网络的连通性。STP 的结构如图 3-18 所示。

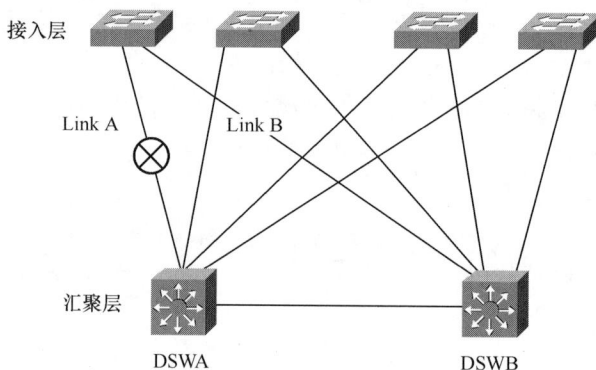

图3-18　STP的结构

2．STP 基本原理

STP 可以在有物理环路的网络中阻止二层环路的产生。STP 能够自动发现冗余网络拓扑中的环路，保留一条最佳链路做转发链路，阻塞其他冗余链路，并且在网络拓扑结构发生变化的情况下重新计算，保证所有网段的可达且无环路。STP 基本原理如图 3-19 所示。

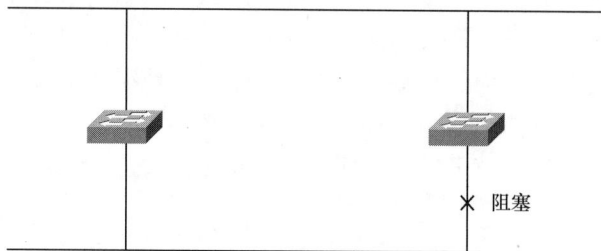

图3-19　STP基本原理

（1）STP 的运作

STP 运作如图 3-20 所示。

100BaseT

指定端口（F）　　　　　　　根端口（F）

根桥　SW X　　　　　　　SW Y　非根桥

指定端口（F）　　　　　　　非指定端口（B）

10BaseT

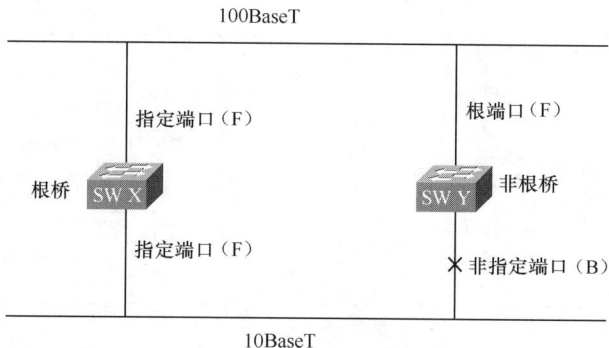

图3-20　STP运作

STP 的运作很简单。大家知道，自然界中生长的树一般情况下是不会出现环路的，如果网络也能够像树一样生长就不会出现环路。于是，STP 中定义了根桥（Root Bridge），生成树的参考点、根端口（Root Port），非根桥到达根桥的最近端口、指定端口（Designated Port），连接各网段的转发端口、路径开销（Path Cost），整个路径上端口开销之和等概念，目的就在于通过构造一棵自然树的方法达到裁剪冗余环路的目的，同时实现链路备份和路径最优化。

在第二层网络中，STP 通过在物理环路拓扑结构的网络上构建一个无环路的二层网络结构，提供了冗余连接，消除了环路威胁。

（2）STP 根的选择

STP 根的选择如图 3-21 所示。

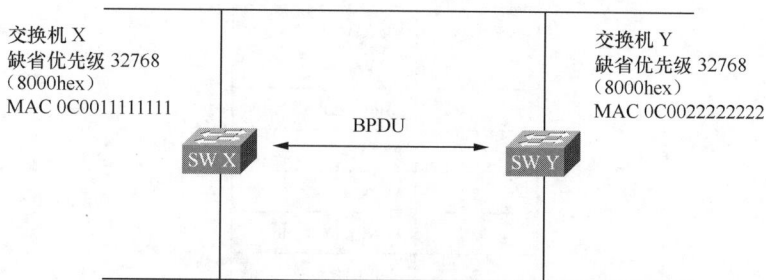

交换机 X
缺省优先级 32768
（8000hex）
MAC 0C0011111111

BPDU

交换机 Y
缺省优先级 32768
（8000hex）
MAC 0C0022222222

SW X　　　　SW Y

图3-21　STP根的选择

网桥之间必须进行一些信息的交流，所有支持 STP 的网桥都会接收并处理收到的BPDU 报文。该报文的数据区携带了用于生成树计算的所有有用信息。根桥的选择依据是网桥优先级和网桥 MAC 地址组合成的桥 ID（Bridge ID），桥 ID 最小的网桥将成为网络中的根桥。各网桥都以默认配置启动，在网桥优先级都一样（默认优先级是32768）的情况下，MAC 地址最小的网桥成为根桥，它的所有端口的角色都成为指定端口，进入转发状态。

（3）STP 的端口状态

STP 的端口状态如图 3-22 所示。

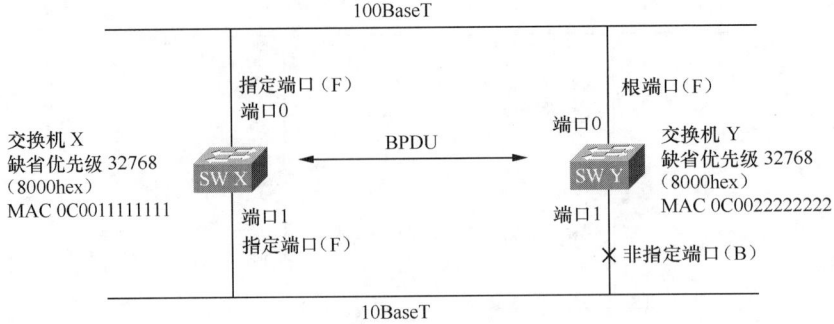

图3-22　STP的端口状态

在根桥上，所有端口都是指定端口，处于转发状态，用于为所有网段转发数据；在非根桥上，到达根桥最近的转发端口为根端口，由于检测到环路而被阻塞掉的端口为非指定端口（不为相连网段转发数据）。

（4）BPDU

BPDU 的作用除了在 STP 刚开始运行时选举根桥，其他的作用还包括检测发生环路的位置、通告网络状态的改变、监控生成树的状态等。BPDU 如图 3-23 所示。

Bytes	Field
2	Protocol ID
1	Version
1	Message Type
1	Flags
8	Root ID
4	Cost of Path
8	Bridge ID
2	Port ID
2	Message Age
2	Maximum Time
2	Hello Time
2	Forward Delay

图3-23　BPDU

（5）根的选择过程

根的选择过程如图 3-24 所示。

开始启动 STP 时，所有交换机将根桥 ID 设置为与自己的桥 ID 相同，即认为自己是根桥。

当收到其他交换机发出的 BPDU 并且其中包含比自己的桥 ID 小的根桥 ID 时，交换机会将学习到的具有最小桥 ID 的交换机作为 STP 的根桥。

当所有交换机都发出 BPDU 后，具有最小桥 ID 的交换机被选择作为整个网络的根桥。选举出根桥以后，在正常情况下，只有根桥可以每隔 2s 从指定端口发出 BPDU。

Bytes	Field
2	Protocol ID
1	Version
1	Message Type
1	Flags
8	Root ID
4	Cost of Path
8	Bridge ID
2	Port ID
2	Message Age
2	Maximum Time
2	Hello Time
2	Forward Delay

开始启动时：
桥 ID=根 ID

图3-24 根的选择过程

（6）根路径的选择

根路径的选择如图 3-25 所示。

Bytes	Field
2	Protocol ID
1	Version
1	Message Type
1	Flags
8	Root ID
4	Cost of Path
8	Bridge ID
2	Port ID
2	Message Age
2	Maximum Time
2	Hello Time
2	Forward Delay

到根桥的距离

图3-25 根路径的选择

根路径是根据 BPDU 中根路径开销、传输桥 ID 和端口 ID 选择的。其中，端口 ID 由 1 字节端口优先级与 1 字节端口号组成。根路径开销为到达根桥所经过的所有端口开销的总和。

根选择如图 3-26 所示。

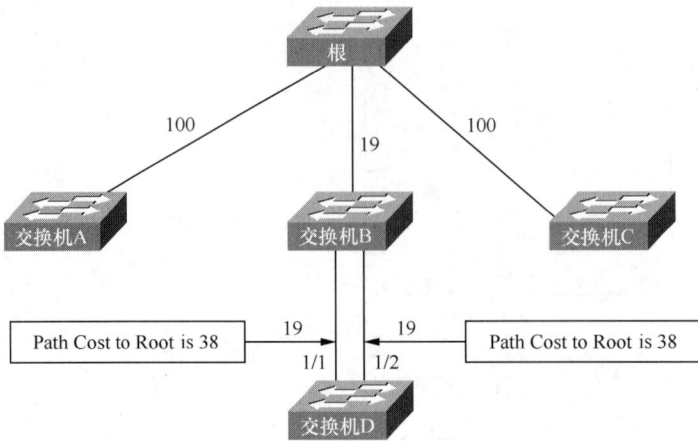

图3-26　根选择

当非根桥检测到环路的存在后，必须保留一条链路做转发链路，阻塞掉其他冗余链路，选择转发链路的方式为：首先选择开销最小的链路做转发链路；如果存在多条链路开销相等且具有最小开销的链路，则选择有最小转发桥 ID 的链路；如果存在多条桥 ID 相同的有最小链路开销的链路，则选择有最小转发端口 ID 的链路。

（7）STP 的端口状态

STP 的端口状态如图 3-27 所示。

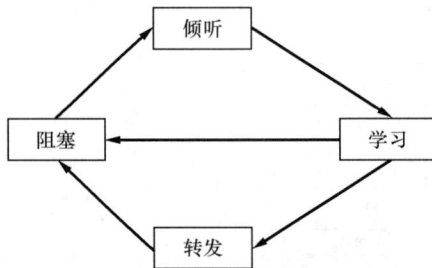

图3-27　STP的端口状态

交换机的端口在 STP 环境中共有阻塞、倾听、学习、转发和关闭 5 种状态。

交换机上一个被阻塞掉的端口由于在最大老化时间内没有收到 BPDU；从阻塞状态转为倾听状态；倾听状态经过一个转发时延（15s）到达学习状态；经过一个转发时延的 MAC 地址学习过程后进入转发状态。

如果到达倾听状态后发现本端口在新的生成树中不应该由此端口转发数据则直接回到阻塞状态。

（8）STP 时间

STP 时间如图 3-28 所示。

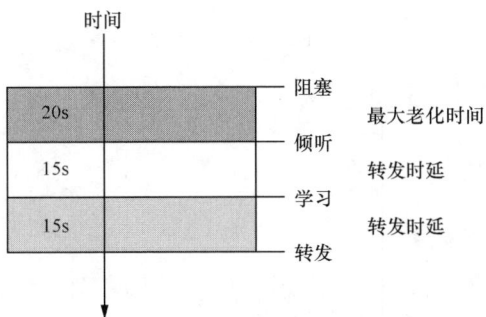

图3-28　STP时间

最大老化时间的数值范围为 6 ～ 40s，缺省为 20s。

如果在超出最大的老化时间范围后，还没有从原来的转发端口收到根桥发出的 BPDU，那么交换机认为链路或端口发生了故障，需要重新计算生成树，打开一个原来阻塞掉的端口。

如果交换机在超出最大老化时间后没有在任何端口收到 BPDU，说明此交换机与根桥失去了联系，此交换机将充当根桥向其他交换机发出 BPDU 数据包。如果该交换机确实具有最小的桥 ID，那么它将成为根桥。

当拓扑发生变化，新的配置消息要经过一定的时延才能传播到整个网络，这个时延被称为转发时延，协议默认值是 15s。

在所有网桥收到这个变化的消息之前，如果旧拓扑结构中处于转发的端口还没有发现自己应该在新的拓扑中停止转发，则可能存在临时环路。为了解决临时环路的问题，生成树使用了一种定时器策略，即在端口从阻塞状态到转发状态中间加上一个只学习 MAC 地址但不参与转发的中间状态，两次状态切换的时间长度都是转发时延，这样就可以保证在拓扑变化时不会产生临时环路。但因此会导致 STP 的切换时间较长，典型的切换时间为最大老化时间加 2 次转发时延，约为 50s。

任务二　STP 配置

通过前文的阐述，我们了解到生成树在交换式架构网络中的作用和工作原理。针对生成树中的每个参数，交换机都有一个默认的数值，所以，我们只要启动 STP，交换机就会根据默认的参数，在网络中生成转发树。但在实际操作中，我们必须特别注意根交换机的选举，因为生成树是在选择根交换机的基础上建立的。根交换机的性能直接影响生成树的稳定。STP 的配置如图 3-29 所示。

运行 STP 的交换机会按照默认参数在网络中形成转发树。根据默认参数，会选举出一台根交换机，其余交换机会找到去往根交换机的最短路径来形成这棵树。启动生成树以后，可以通过配置相关参数来指定根桥、每个网桥的根端口以及为每个 LAN 的指定网桥。

生成树的可配置参数主要有网桥优先级（Bridge Priority）、端口优先级（Port Priority）、端口连接链路的路径开销（Port Path Cost）。

3 个定时器的初值：hello time，max age，forward delay。

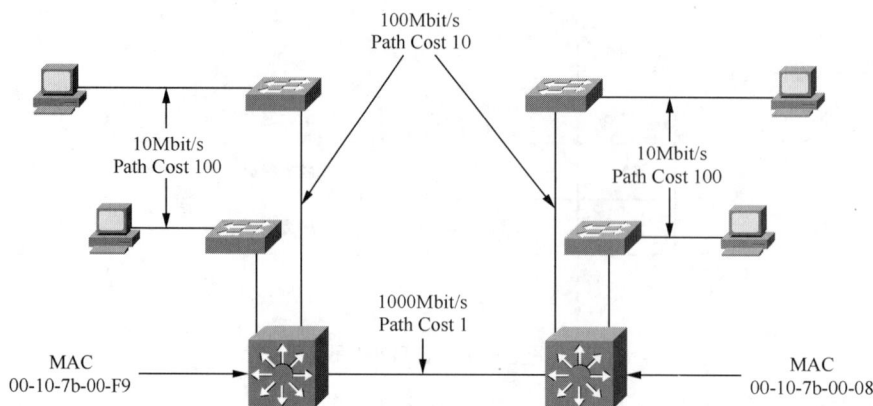

图3-29　STP的配置

STP 配置命令见表 3-1。表 3-1 中所描述的参数在系统启动时均有默认的数值，如果用户不进行任何修改，则系统会采用默认值计算。

表3-1　STP配置命令

命令格式	命令模式	命令功能
spanning-tree {enable|disable}	全局	启用或关闭STP
spanning-tree mode {stp|rstp|mstp}	全局	设置STP的模式
spanning-tree hello-time <time>	全局	设置STP的Hello间隔
spanning-tree forward-delay <time>	全局	设置STP的转发时延时间
spanning-tree max-age <time>	全局	设置BPDU包的最大有效时间
spanning-tree mst instance 0 priority <priority>	全局	设置网桥的优先级
spanning-tree mst instance 0 path-cost <cost>	接口	配置端口的路径花费
spanning-tree mst instance 0 priority <priority>	接口	设置端口的优先级

项目四　链路聚合

项目引入

随着网络规模的不断扩大，人们对骨干链路的带宽需求越来越大。在现网中，网络设备间如果通过一条链路连接，假设这条链路发生故障，那么两端的设备就不能通信了。有什么办法解决该问题呢？那就是链路聚合。链路聚合技术可以将多个物理存在的接口变成一个逻辑存在的接口，可以增加带宽；在加大带宽的同时，还可以实现备份链路，更可以提高网络的健壮性和可靠性。在本项目中，我们就来学习链路聚合技术吧。

学习目标

1．识记：链路聚合的基本知识。
2．领会：链路聚合负载分配机制。
3．熟悉：链路聚合的优点。
4．掌握：交换机链路聚合的配置。

任务一 交换链路聚合

1．链路聚合简介

链路聚合将两台交换机之间的多条平行物理链路捆绑为一条大带宽的逻辑链路。如果两台交换机之间有 4 条 100Mbit/s 的链路，捆绑后认为两台交换机之间存在一条单向 400Mbit/s、双向 800Mbit/s 带宽的逻辑链路。并且聚合链路在生成树环境中被认为是一条逻辑链路。链路聚合要求被捆绑的物理链路具有相同的特性，例如带宽、双工方式等，如果是接入端口，应属于相同的 VLAN。链路聚合如图 3-30 所示。

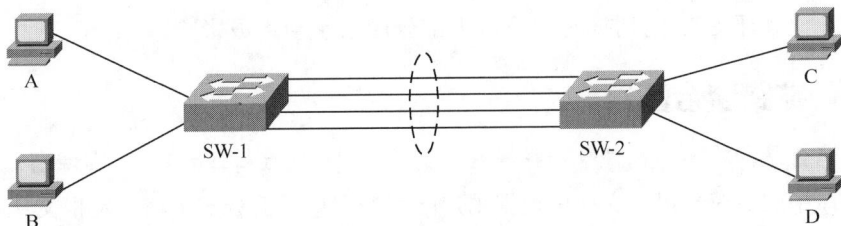

图3-30 链路聚合

2．负载分配机制

链路聚合使用负载分担机制，均衡使用多条平行的物理链路。可以基于源 Port、源 MAC 地址与目的 MAC 流等算法在多条物理链路上进行负载均衡。链路聚合负载分配机制如图 3-31 所示。

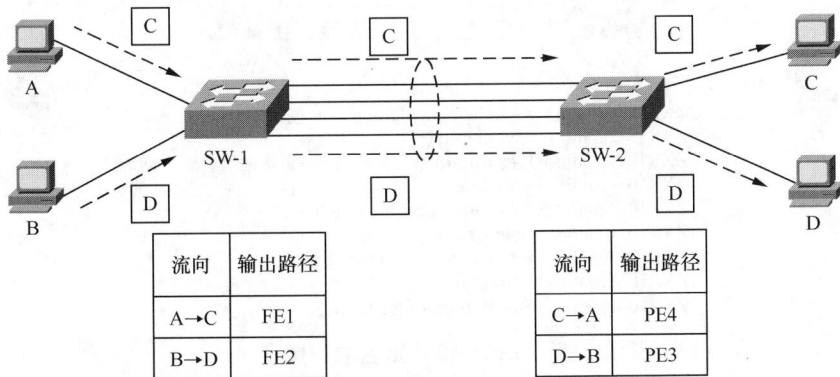

流向	输出路径
A→C	FE1
B→D	FE2

流向	输出路径
C→A	PE4
D→B	PE3

图3-31 链路聚合负载分配机制

3．链路聚合的优点

链路聚合通过将多个物理链路捆绑为一个逻辑链路，不仅加大了带宽，而且增加了可靠性。链路聚合的优点如图 3-32 所示。

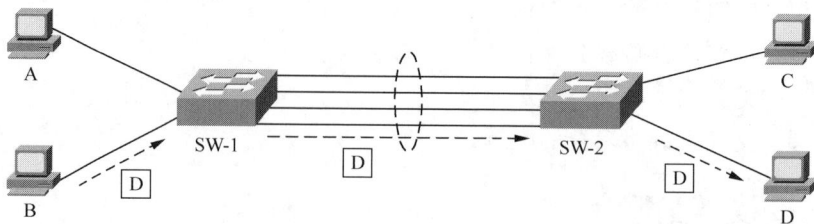

图3-32　链路聚合的优点

对于两台交换机之间的多条平行链路，不使用链路聚合，STP 将保留一条链路而阻塞其余链路，从而不能充分利用设备的端口处理能力与物理链路；如果使用链路聚合技术，STP 看到的是交换机之间一条大带宽的逻辑链路。使用链路聚合可以充分利用所有设备的端口处理能力与物理链路，流量在多条平行物理链路间进行负载均衡。当有一条链路出现故障，流量会自动在剩下的链路间重新分配。并且这种故障切换所用的时间是毫秒级的，远快于 STP 的切换时间，对大部分应用不会造成影响。

任务二　链路聚合配置

链路聚合是指将多个物理端口捆绑在一起，成为一个逻辑端口，以实现出 / 入流量在各成员端口中的负荷分担，交换机根据用户配置的端口负荷分担策略决定报文从哪一个成员端口发送到对端的交换机。当交换机检测到其中一个成员端口的链路中断时，就停止在此端口上发送报文，直到这个端口的链路恢复正常。链路聚合在增加链路带宽、实现链路传输弹性和冗余等方面是一项很重要的技术。链路聚合的配置如图 3-33 所示。

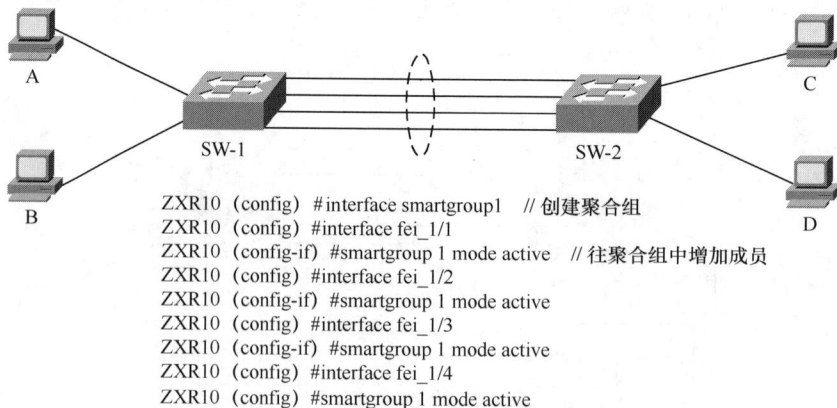

```
ZXR10 (config) #interface smartgroup1      // 创建聚合组
ZXR10 (config) #interface fei_1/1
ZXR10 (config-if) #smartgroup 1 mode active   // 往聚合组中增加成员
ZXR10 (config) #interface fei_1/2
ZXR10 (config-if) #smartgroup 1 mode active
ZXR10 (config) #interface fei_1/3
ZXR10 (config-if) #smartgroup 1 mode active
ZXR10 (config) #interface fei_1/4
ZXR10 (config) #smartgroup 1 mode active
```

图3-33　链路聚合的配置

ZXR10 3950 支持静态和动态两种链路聚合方式：静态链路聚合的双方没有链路聚合控制协议（Link Aggregation Control Protocol，LACP）报文的交互，只需要在交换机上人工加入聚合组即可；动态链路聚合的双方会交互 LACP 报文，判断端口是否应该加入聚合组。

聚合模式有 active、passive 和 on 共 3 种，设置为 on 时端口运行静态链路聚合方式，参与聚合的两端都需要设置为 on 模式。聚合模式设置为 active 或 passive 时，端口运行动态链路聚合方式，active 是端口运行主动协商模式，passive 是端口运行被动协商模式。配置动态链路聚合时，应当将一端端口的聚合模式设置为 active，另一端设置为 passive，或者两端都设置为 active。ZXR10 3950 端口链路聚合支持 3 种负荷分担方式，分别基于源和目的 IP、源和目的 MAC、源和目的端口。默认情况下是基于源和目的 MAC。

项目五　DHCP

项目引入

终端设备要访问网络需要配置 IP 地址，在终端规模较大的网络中手工配置 IP 地址时，为避免 IP 地址重复，需要事先规划每个终端的 IP 地址，否则会导致工作量大且容易出错。当终端（例如企业出差人员的个人计算机）位置经常变更时，每次变更都需要重新手工配置 IP 地址。如果有了 DHCP，那么就可以解决上述问题了。DHCP 能够动态为主机分配 IP 地址，这是目前应用很广的一个技术。例如，办公室、咖啡厅、机场等提供 Wi-Fi 接入的地方，都会用到 DHCP。在本项目中，我们就一起来学习 DHCP 技术。

学习目标

1．识记：DHCP 的概念和特点。
2．领会：DHCP 的工作原理。
3．熟悉：DHCP 的组网方式。
4．掌握：DHCP 服务器和 DHCP 中继配置。

任务一　DHCP 工作原理

1．DHCP 概念和特点

（1）DHCP 概念

DHCP 基于 UDP 之上，分为两个部分：一个是服务器端，另一个是客户端。所有的 IP 网络设定资料都由 DHCP 服务器集中管理，并负责处理客户端的 DHCP 要求，而客户端则会使用从服务器分配的 IP 信息。

（2）DHCP 特点

DHCP 的特点如下所述。

① 整个 IP 分配过程自动实现，在客户端，除了将 DHCP 选项打"√"，不需要设定任何 IP 环境。

② 所有的 IP 网络设定资料都由 DHCP 服务器统一管理，还可以帮客户端指定 netmask、DNS 服务器、缺省网关等参数。

③ 通过 IP 地址租期管理（到达期限时，可能会延长"租约"或重新分配地址），实现 IP 地址分时复用。

④ DHCP 采用广播方式交互报文，由于默认情况下路由器不会将收到的广播包从一个子网发送到另一个子网，因此当 DHCP 服务器与客户主机不在同一个子网时，必须使用 DHCP 中继（DHCP Relay）。

⑤ DHCP 的安全性较差，服务器容易受到攻击。

2. DHCP 的组网方式

DHCP 的组网方式分为以下两种。

第一种是 DHCP 服务器与客户端在同一子网，如图 3-34 所示。

图3-34　DHCP 服务器与客户端在同一子网

第二种是 DHCP 服务器与客户端不在同一子网，如图 3-35 所示。

图3-35　DHCP服务器与客户端不在同一子网

DHCP 采用客户端/服务器体系结构，客户端靠发送广播的方式来寻找 DHCP 服务器，即向地址 255.255.255.255 发送特定的广播信息，服务器收到请求后进行响应。而路由器默认情况下是隔离广播域的，对此类报文不予处理，因此 DHCP 的组网方式分为同网段和不同网段两种方式。当 DHCP 服务器和客户端主机不在同一个子网时，充当客户端主机默认网关的路由器必须将广播包发送到 DHCP 服务器所在的子网，这一功能称为 DHCP 中继。

标准的 DHCP 中继功能也比较简单，只是重新封装、续传 DHCP 报文。

3. DHCP 服务器工作方式

DHCP 服务器需要提供给 DHCP 客户端分配 IP 地址和配置相关初始配置信息的功能，即通常所说的地址池管理功能。

除了地址池管理功能外，DHCP 服务器的行为完全由 DHCP 客户端来驱使，因此其行为相对简单，只需要根据收到的 DHCP 客户端的各种请求报文响应不同的 DHCP 响应报文即可。

当 DHCP 服务器收到 DHCP Discover 报文后，就会从地址池中分配一个空闲 IP，并获得 DHCP 客户端请求的参数，构造 DHCP Offer 报文响应 DHCP 客户端；当 DHCP 服务器收到 DHCP Request 报文时，就会根据报文中记录的 DHCP 客户端的硬件地址查找其地址分配表，若找到则响应 DHCP Ack 报文，DHCP 客户端成功获得 IP 地址和配置信息，否则响应 DHCP Nak 报文，DHCP 客户端会自动重新开始 DHCP 过程；当 DHCP 服务器收到 DHCP Release 报文后，会解除这个 IP 地址与某个 DHCP 客户端的绑定，回收这个 IP 地址重新分配；当 DHCP 服务器收到 DHCP Decline 报文后，会禁用报文中"客户机 IP 地址"字段的 IP 地址，不再分配这个 IP 地址。

DHCP 服务器为 DHCP 客户端分配具体网段的 IP 地址的方法如下。DHCP 服务器收到 DHCP 请求报文后，会首先查看"giaddr"字段是否为 0：如果不为 0，则根据此 IP 地址所在网段从相应的地址池中为客户端分配 IP 地址，并且把响应报文直接单播给这个"中继代理 IP 地址"指定的 IP 地址，即 DHCP 中继，而且 UDP 的目的端口号填 67，而不是 68；如果为 0，则 DHCP 服务器认为客户端与自己在同一子网中，会根据自己的 IP 地址所在网段从相应的地址池中为客户端分配 IP 地址。

（1）同网段的工作方式

DHCP 客户端与 DHCP 服务器处于同网段的工作过程如下所述。

① DHCP 客户端获取 IP 地址。DHCP 客户端与 DHCP 服务器在同一子网获取 IP 地址如图 3-36 所示。

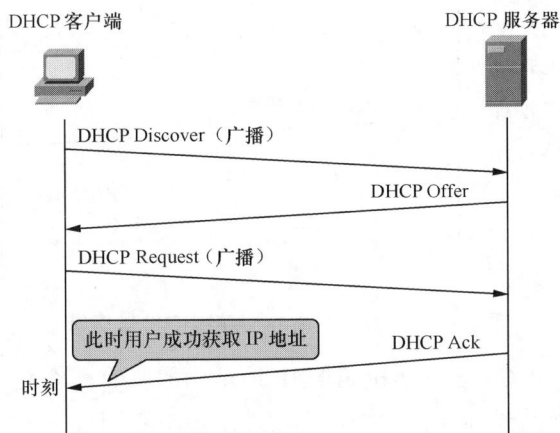

图3-36　DHCP客户端与DHCP 服务器在同一子网获取IP地址

- 发现阶段，即 DHCP 客户端寻找 DHCP 服务器的阶段。DHCP 客户端以广播方式（因为 DHCP 服务器的 IP 地址对于 DHCP 客户端来说是未知的）发送 DHCP Discover 信息来寻找 DHCP 服务器，即向地址 255.255.255.255 发送特定的广播信息。网络上每一台安装了 TCP/IP 的主机都会接收到这种广播信息，但只有 DHCP 服务器才会做出响应。
- 提供阶段，即 DHCP 服务器提供 IP 地址的阶段。在网络中接收到 DHCP Discover 信息的 DHCP 服务器都会做出响应，它从尚未出租的 IP 地址中挑选一个分配给 DHCP 客户端，向 DHCP 客户端发送一个包含出租的 IP 地址和其他设置的 DHCP Offer 信息。
- 选择阶段，即 DHCP 客户端选择某台 DHCP 服务器提供的 IP 地址的阶段。如果有多台 DHCP 服务器向 DHCP 客户端发来的 DHCP Offer 信息，则 DHCP

客户端只接收第一个收到的 DHCP Offer 信息，然后它就以广播方式回答一个 DHCP Request 信息，该信息中包含向它所选定的 DHCP 服务器请求 IP 地址的内容。之所以要以广播方式回答，是为了通知所有的 DHCP 服务器，它将选择某台 DHCP 服务器所提供的 IP 地址。

- 确认阶段，即 DHCP 服务器确认所提供的 IP 地址的阶段。当 DHCP 服务器收到 DHCP 客户端回答的 DHCP Request 信息后，它就向 DHCP 客户端发送一个包含它所提供的 IP 地址和其他设置的 DHCP Ack 信息，告诉 DHCP 客户端可以使用它所提供的 IP 地址。然后，DHCP 客户端就将其 TCP/IP 与网卡绑定，另外，除 DHCP 客户端选中的服务器外，其他的 DHCP 服务器都将收回曾提供的 IP 地址。

② 获取 IP 地址后延续过程。DHCP 客户端获取 IP 地址后续如图 3-37 所示。

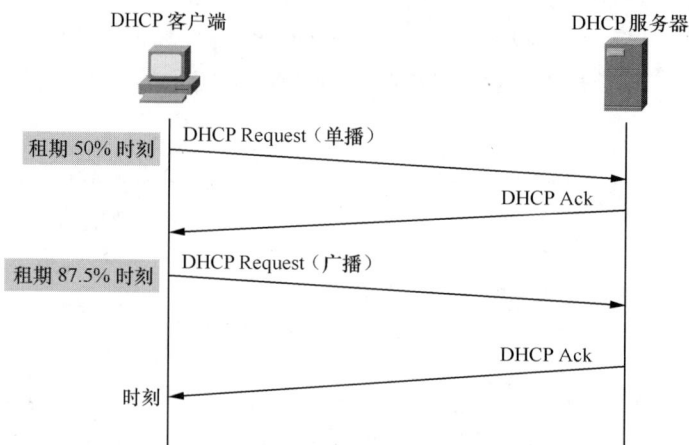

图3-37　DHCP客户端获取IP地址后续

DHCP 服务器向 DHCP 客户端出租的 IP 地址一般都有一个租借期限，租借期限到期后，DHCP 服务器就会收回出租的 IP 地址。在使用租期过去 50% 时刻处，DHCP 客户端向 DHCP 服务器发送单播 DHCP Request 报文续延租期：如果成功，DHCP 客户端收到 DHCP 服务器的 DHCP Ack 报文，则租期相应延长；如果失败，DHCP 客户端没有收到 DHCP Ack 报文，则 DHCP 客户端继续使用这个 IP 地址。在使用租期过去 87.5% 时刻处，DHCP 客户端向 DHCP 服务器发送广播 DHCP Request 报文续延租期：如果成功，DHCP 客户端收到 DHCP 服务器的 DHCP Ack 报文，则租期向前延长；如果失败，DHCP 客户端没有收到 DHCP Ack 报文，则 DHCP 客户端继续使用这个 IP 地址。在使用租期到期时，DHCP 客户端应自动放弃使用这个 IP 地址，并开始新的 DHCP 过程。

（2）跨网段的工作方式

① DHCP 客户端获得 IP 地址。跨网段 DHCP 客户端获取 IP 地址如图 3-38 所示。

由于 DHCP 报文都采用广播方式，是无法穿越多个子网的，当 DHCP 报文要穿越多个子网时，就要有 DHCP 中继。当存在 DHCP 中继时，所有的 DHCP 报文都会经过 DHCP 中继转发，整个 DHCP 交互过程与上面类似，只是在报文封装时稍有不同。

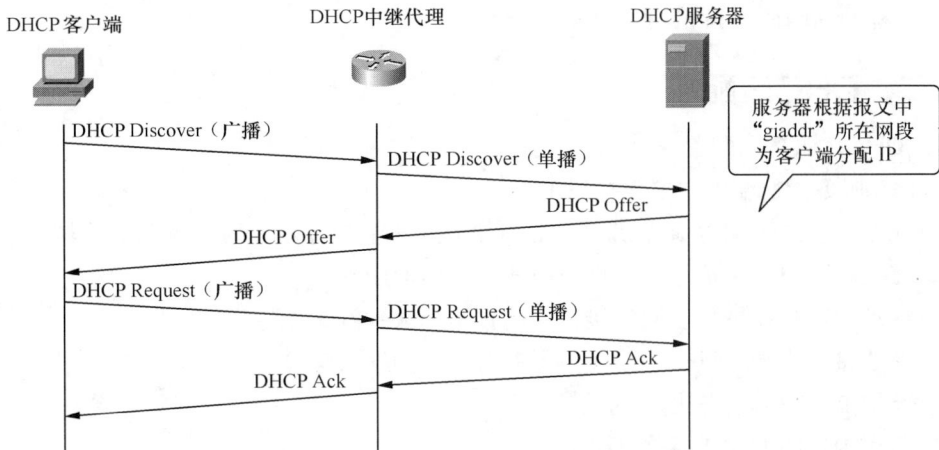

图3-38　跨网段DHCP客户端获取IP地址

　　DHCP 中继可以是路由器，也可以是一台主机。DHCP 中继的作用是要监听 UDP 目的端口号为 67 的所有报文。当 DHCP 中继收到请求报文后就将广播报文根据事先指定的 DHCP 服务器地址转换成单播报文发送给 DHCP 服务器。

　　DHCP 服务器收到请求后确定从具体的地址池中分配地址的方法如下。当 DHCP 中继收到目的端口号为 67 的报文时，会首先判断是否为用户的请求报文，若其中的"giaddr"字段为 0，则把自己的 IP 地址填入此字段，并把此报文单播给真正的 DHCP 服务器，以实现 DHCP 报文穿越多个子网的目的；当 DHCP 中继发现这是 DHCP 服务器的响应报文时，会根据"flag"字段中的广播标志位广播或单播，封装好报文后，传送给 DHCP 客户端。DHCP 服务器收到 DHCP 请求报文后，首先会查看"giaddr"字段是否为 0：若不为 0，则会根据此 IP 地址所在网段从相应的地址池中为 DHCP 客户端分配 IP 地址；若为 0，则 DHCP 服务器认为 DHCP 客户端与自己在同一子网中，将会根据自己的 IP 地址所在网段从相应的地址池中为 DHCP 客户端分配 IP 地址。

　　② 在获得 IP 地址之后更新租约。获取 IP 地址之后更新租约如图 3-39 所示。

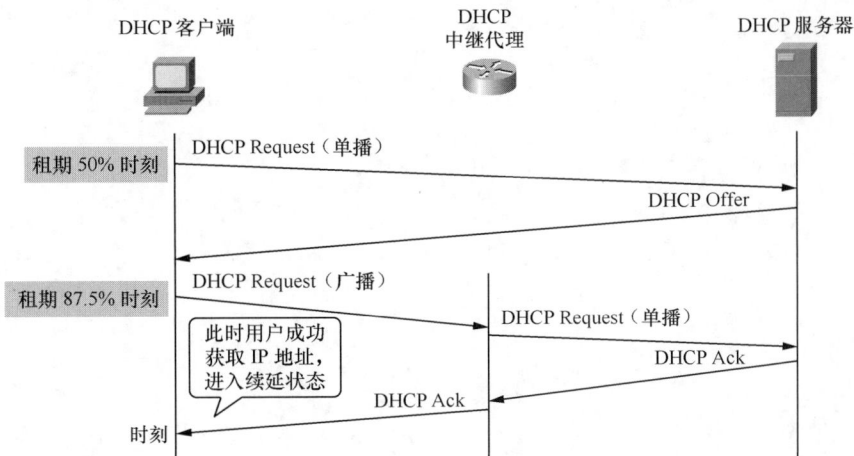

图3-39　获取IP地址之后更新租约

此过程和同网段更新租约类似。

任务二　DHCP 配置

1. DHCP 服务器配置

DHCP 服务器的配置主要包括以下 6 步。

① 在全局模式下配置 IP 地址池，DHCP 服务器将其中的地址分配给客户端主机。

② 在连接客户端主机子网的接口模式下启用 DHCP。

③ 在连接客户端主机子网的接口上配置用户缺省网关地址。

④ 在连接客户端主机子网的接口上配置用户的地址池。

⑤ 配置 DHCP 服务器相关的其他参数。

⑥ 启用内置的 DHCP 服务器进程。

2. DHCP 中继配置

DHCP 中继的配置主要包括以下 4 步。

① 全局模式下启动中继设备内置的 DHCP 中继进程。

② 在连接客户端主机子网的接口上启用 DHCP 属性。

③ 在连接客户端主机子网的接口上配置用户缺省网关地址。

④ 在连接客户端主机子网的接口上配置外部 DHCP 服务器的 IP 地址。

路由技术

项目一　IP 路由

项目引入

IP 地址可以标识网络中的一个节点，并且每个 IP 地址都有自己的网段，各个网段并不相同，并且有可能分布在不同的网络区域。我们之前学习了 ARP，了解到同一网段之间通信可以通过 ARP 获取目的主机的 MAC 地址，实现数据通信的目的，那么问题来了，跨网段该如何进行通信呢？跨网段通信这个需求催生了 IP 路由技术。在本项目中，我们一起学习 IP 路由技术。

学习目标

1. 识记：IP 路由的基本概念。
2. 领会：路由器的工作原理。
3. 熟悉：IP 路由过程。
4. 掌握：直连路由、静态路由和 VLAN 间路由。

任务一　IP 路由原理

1. 路由的概念

路由器提供了异构网络互联的机制，实现了把一个数据包从一个网络发送到另一个网络。路由是指导 IP 数据包发送的路径信息。IP 路由如图 4-1 所示。

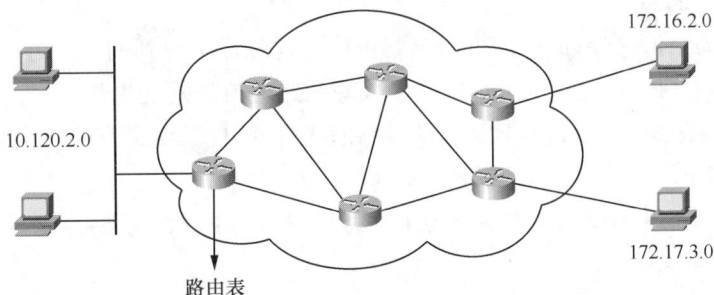

图4-1　IP路由

在互联网中进行路由选择要使用路由器，路由器只是根据收到的数据包的目的地址选择一个合适的路径（通过某一个网络），将数据包传送到下一台路由器，路径上最后的路由器负责将数据包送交目的主机。

数据包在网络上的传输好比跑步接力赛，每一台路由器只负责自己本站数据包通过最优的路径转发，经由多台路由器一站一站地接力，将数据包通过最优的路径转发到目的地，但是有时候，由于实施一些路由策略，数据包通过的路径并不一定是最佳的路径。

2．路由表

在通常情况下，路由器根据 IP 数据包的目的网段地址查找路由表决定转发路径，路由表记载着路由器所知道的所有网段的路由信息。路由表形式如图 4-2 所示。

```
GAR#show ip route
IPv4 Routing Table：
    Dest         Mask              Gw             Interface    Owner     Pri   Metric

10.26.32.0       255.255.255.0     10.26.245.5    fei_1/1      bgp       200   0
10.26.33.253     255.255.255.255   10.26.245.5    fei_1/1      ospf      110   14
10.26.33.254     255.255.255.255   10.26.245.5    fei_1/1      ospf      110   13
10.26.36.0       255.255.255.248   10.26.36.2     gei_5/2.1    direct    0     0
10.26.36.2       255.255.255.255   10.26.36.2     fei_5/2.1    address   0     0
10.26.36.24      255.255.255.248   10.26.36.26    fei_5/2.4    direct    0     0
10.26.245.4      255.255.255.252   10.26.245.6    fei_1/1      direct    0     0
10.26.245.6      255.255.255.255   10.26.245.6    fei_1/1      address   0     0
```

图4-2　路由表形式

路由信息中包含要到达此目的网段需要 IP 数据包转发至下一跳相邻设备的地址。

路由表被存放在路由器的随机存储器（Random Access Memory，RAM）中，这意味着如果路由器需要维护的路由信息较多时，必须有足够的 RAM，并且在路由器重新启动后，原来的路由信息都会消失。

路由表中通常包含以下信息。

目的网络地址（Dest）：目的逻辑网络或子网地址。

掩码（Mask）：目的逻辑网络或子网的掩码。

下一跳地址（Gw）：与当前路由器相邻的路由器的端口地址。

发送的物理端口（Interface）：学习到该路由条目的接口，也是数据包离开路由器去往目的地将经过的接口。

路由信息的来源（Owner）：表示该路由信息是怎样学习到的。

路由优先级（Pri）：决定了不同路由来源的路由信息的优先权。

度量值（Metric）：表示设备到达目的网络的代价值，度量值最小的路由就是最佳路由。

以图 4-2 路由表中的第 2 条路由信息为例，其中：

- 10.26.33.253 为目的逻辑网络地址或子网地址，255.255.255.255 为目的逻辑网络或子网的掩码；
- 10.26.245.5 为下一跳逻辑地址；
- fei_1/1 为学习到这条路由的接口和将要进行数据转发的接口；
- ospf 为路由器学习到这条路由的方式，本例中，本条路由信息是通过 ospf 学习到的，110 为此路由管理距离，14 为此路由的 Metric 值。

路由的来源有以下 3 类，分别如下所述。

- 直连路由：接口上配置的网段地址自动出现在路由表中，与接口关联，并由链路层发现。缺点是只能发现本接口所属网段。
- 静态路由：由系统管理员手工设置的路由称为静态路由，它不随网络拓扑结构的改变而改变。缺点是网络管理员的工作压力较大。
- 动态路由：由动态路由协议生成，能够根据网络的拓扑变化调整相应的路由信息，可以适应大规模和复杂的网络。

到相同的目的地，不同的路由协议（包括静态路由）可能会发现不同的路径，但这些路径并非都是最优的。事实上，在某一时刻，到某一目的地的当前路由仅能由唯一的路由协议来决定。这样，各路由协议（包括静态路由）都被赋予了一个管理距离。当存在多个路由信息源时，具有较小管理距离数值的路由协议发现的路由将成为最优路由，并被加入路由表。某路由器规定的不同路由协议的管理距离默认值如表 4-1 所示。

表4-1 某路由器规定的不同路由协议的管理距离默认值

路由来源	默认距离
已连接的接口	0
静态路由出接口	0
静态路由到下一跳	1
外部边界网关协议	20
ospf	110
IS-IS	115
RIP v1，v2	120
外部网关协议	140
内部边界网关协议	200
未知	255

不同厂商的路由器对于各种路由协议管理距离的规定各不相同。

度量值（Metric）表示到达这条路由所指目的地址的代价，在通常情况下，路由的花费会受到跳数、带宽、时延、负荷、可靠性和最大传输单元等因素的影响。

- 跳数（Hop Count）：数据包到达目的地必须通过的路由器个数。跳数越少，表示该路由越好。路径长度用到达目的地的跳数来描述。
- 带宽（Bandwidth）：链路传输数据的能力。
- 时延（Delay）：把数据包从源送到目的地所需的时间。
- 负荷（Load）：网络资源（例如路由器和链路上）的活动数量。
- 可靠性（Reliability）：指每条网络链路能无故障持续稳定传送数据包的可能性。
- 最大传输单元（MTU）：指端口可以传送的最大数据单元。

不同的动态路由协议会选择其中的一种或几种因素来计算度量值，例如，RIP 用跳数来计算度量值。该度量值只在同一种路由协议内比较有意义，不同的路由协议之间的路由度量值没有可比性，也不存在换算关系。

3. 路由匹配原则

某路由匹配实例如图 4-3 所示。

```
ZXR10#show ip route
IPv4 Routing Table：
    Dest          Mask               Gw          Interface    Owner    Pri   Metric

    1.0.0.0       255.0.0.0          1.1.1.1     fei_0/1.1    direct    0      0
    1.1.1.1       255.255.255.255    1.1.1.1     fei_0/1.1    address   0      0
    2.0.0.0       255.0.0.0          2.1.1.1     fei_0/1.2    direct    0      0
    2.1.1.1       255.255.255.255    2.1.1.1     fei_0/1.2    address   0      0
    3.0.0.0       255.0.0.0          3.1.1.1     fei_0/1.3    direct    0      0
    3.1.1.1       255.255.255.255    3.1.1.1     fei_0/1.3    address   0      0
    10.0.0.0      255.0.0.0          1.1.1.1     fei_0/1.1    ospf      110    10
    10.1.0.0      255.255.0.0        2.1.1.1     fei_0/1.2    static    1      0
    10.1.1.0      255.255.255.0      3.1.1.1     fei_0/1.3    rip       120    5
    0.0.0.0       0.0.0.0            1.1.1.1     fei_0/1.1    static    0      0
```

图4-3　某路由匹配实例

在路由器中，路由查找采用的是最长匹配原则。所谓的最长匹配是指路由查找时，使用路由表中到达同一目的地的子网掩码最长的路由。在上述路由表实例中，去往 10.1.1.1 的数据包同时有 3 条路由（不考虑缺省路由 0.0.0.0）显示可以为其进行转发，分别是 10.0.0.0、10.1.0.0 和 10.1.1.0。根据最长匹配原则，10.1.1.0 这个条目匹配到 24 位，因此，去往 10.1.1.1 的数据包用 10.1.1.0 的路由条目提供的信息进行转发，也就是从 fei_0/1.3 进行转发。

4. 路由器的工作原理

路由器是一种用于网络互联的专用计算机设备，在网络建设中有着重要的地位。路由器工作在 OSI 参考模型的第三层（网络层），主要的作用是为收到的报文寻找正确的路径，并把它们转发出去。在这个过程中，路由器执行了两个最重要的功能，即路由功能与交换转出功能。

路由功能是指路由器通过运行动态路由协议或其他方法来学习和维护网络拓扑结构知识的机制，产生和维护路由表。

为了完成路由功能，路由器需要学习与维护以下 3 个基本信息。

① 知道什么是路由协议。一旦在接口上配置了 IP 地址、子网掩码，即在接口上启动了 IP（缺省情况下 IP 路由是打开的），而且路由器接口状态正常，则可以利用这个接口转发数据包。

② 目的网络地址是否存在。在通常情况下，IP 数据包的转发依据是目的网络地址，路由表中必须有能够匹配得上的路由条目才能够转发此数据包，否则此 IP 数据包将被路由器丢弃。

③ 路由表中还包括将数据包转发至目的网络需要将此数据包从哪个端口发出和应转发到哪一个下一跳地址等信息。

路由器的交换 / 转发功能与以太网交换机所执行的交换功能概念不同，路由器的交换 / 转发功能是指数据在路由器内部移动与处理的过程：从路由器一个接口接收，然后选择合适的接口转发，其间做帧的解封装与封装，并对包做相应处理。数据转发处理流程如图 4-4 所示。

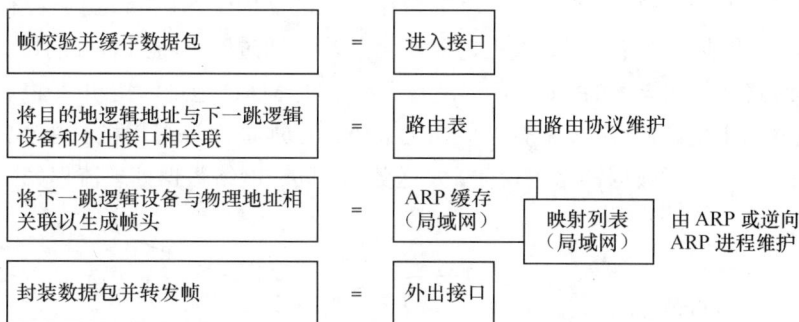

图4-4　数据转发处理流程

当一个数据帧到达某一端口，端口对帧进行循环冗余校验（Cyclic Redundancy Check，CRC）并检查其目的数据链路层地址是否与本端口符合。如果通过检查，则去掉帧的封装并读出 IP 数据包中的目的地址信息，查询路由表，决定转发接口与下一跳地址。

在获得转发接口与下一跳地址信息后，路由器将查找缓存中是否已经有了在外出接口上进行数据链路层封装所需的信息，如果没有这些信息，路由器将通过适当的进程获得这些信息：如果外出接口是以太网，则将通过 ARP 获得下一跳 IP 地址所对应的 MAC 地址；而如果外出接口是广域网接口，则将通过手工配置或自动实现的映射过程获得相应的二层地址信息。然后做新的数据链路层封装，并依据外出接口上所做的服务质量（Quality of Service，QoS）策略进入相应的队列，等待端口空闲进行数据转发。

通过以上内容的学习，我们对路由器的工作过程总结如下，对于一个特定的路由协议，可以发现到达目的网络的所有路径，根据选路算法赋予每一条路径度量值，并比较度量值，度量值最小的路径为最佳路径。

一台路由器上可以同时运行多个不同的路由协议，每个路由协议都会根据自己的选路算法计算出到达目的网络的最佳路径，但是由于选路算法不同，不同的路由协议对某一个特定的目的网络可能选择的最佳路径不同。此时路由器根据路由优先级选择将具有最高路由优先级（值最小）的路由协议计算出的最佳路径放置在路由表中，作为到达这个目的网络的转发路径。

而在路由器的交换过程中，在查找路由时可能会发现能匹配上多条路由条目。此时，路由器将根据最长匹配原则进行数据的转发。路由器会选择匹配最深的，即可以匹配的掩码长度最长的一条路由进行转发。

5. IP 路由过程

（1）同一网络内部的通信

这部分主要讲解 IP 路由的通信过程，我们从简单的问题开始学起：在同一网络内部的通信。同一网络内部通信如图 4-5 所示，网络 A 是一个以太网，内部有两台主机想要互相通信。

　　主机 A 通过本机的 Hosts 表、WINS[1] 系统或 DNS 先将主机 B 的计算机名转换为 IP 地址，然后用自己的 IP 地址与子网掩码计算出自己所处的网段，比较目的主机 B 的 IP 地址，发现其与自己处于相同的网段，于是在自己的 ARP 缓存中查找是否有主机 B 的 MAC 地址，如果能找到就直接做数据链路层封装，并通过网卡将封装好的以太网数据帧发送到物理线路上；如果 ARP 缓存表中没有主机 B 的 MAC 地址，主机 A 将启动 ARP，通过在本地网络上的 ARP 广播来查询主机 B 的 MAC 地址，获得主机 B 的 MAC 地址后写入 ARP 缓存表，进行数据链路层封装、发送数据。同一网络数据处理流程如图 4-6 所示。

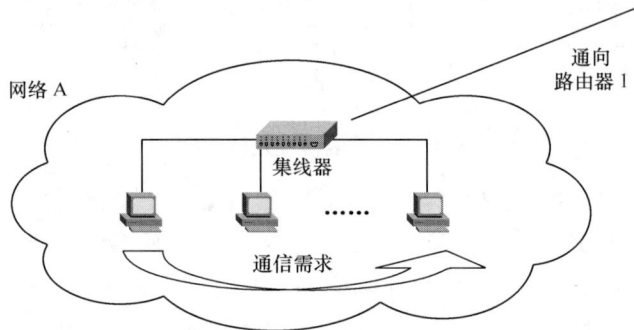

图4-5　同一网络内部通信

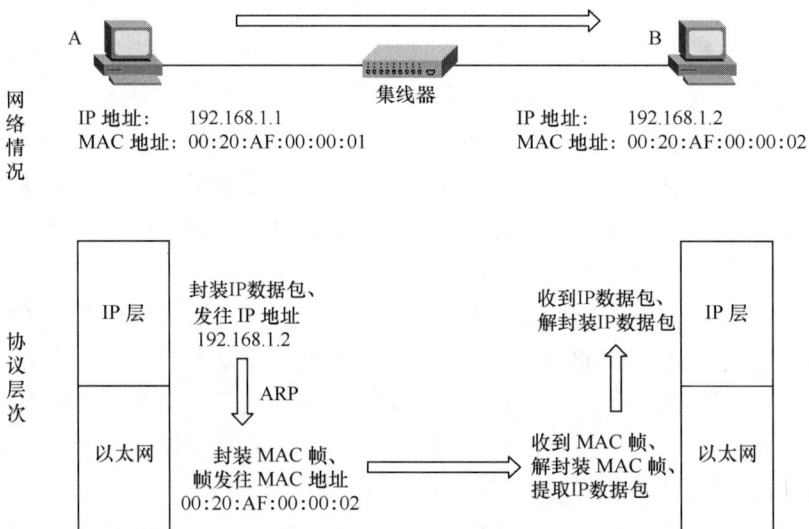

图4-6　同一网络数据处理流程

（2）不同网络之间的通信

　　了解了同一网络内部的通信之后，我们再来学习不同网络之间的通信。异构网络互联如图 4-7 所示，网络 A 中有一台主机想要和网络 B 中一台主机通信，而网络 A 是一个以太网，网络 B 是一个 X.25 网络。

1　WINS（Windows Internet Name Service，Windows 网络名称服务）。

不同的数据链路层网络必须分配不同网段的 IP 地址并且由路由器将其连接。

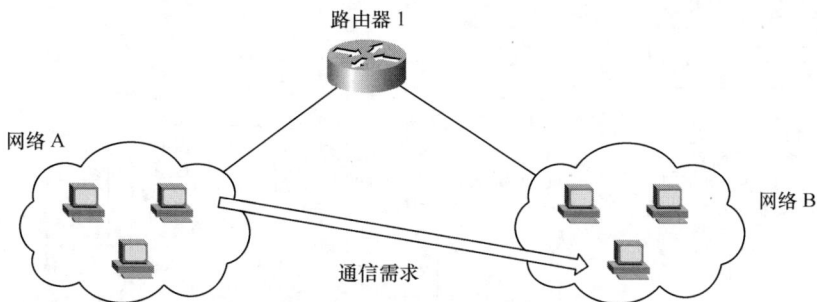

图4-7 异构网络互联

主机 A 通过本机的 Hosts 表、WINS 系统或 DNS 先将主机 B 的计算机名转换为 IP 地址，然后用自己的 IP 地址与子网掩码计算出自己所处的网段，比较目的主机 B 的 IP 地址，发现其与自己处于不同的网段。随后，主机 A 将此数据包发送给自己的缺省网关，即路由器的本地接口。主机 A 在自己的 ARP 缓存中查找是否有缺省网关的 MAC 地址，如果能找到直接做数据链路层封装，并通过网卡将封装好的以太数据帧发送到物理线路上；如果 ARP 缓存表中没有缺省网关的 MAC 地址，主机 A 将启动 ARP 通过在本地网络上的 ARP 广播来查询缺省网关的 MAC 地址，获得缺省网关的 MAC 地址后写入 ARP 缓存表，进行数据链路层封装、发送数据。数据帧到达路由器的接收接口后首先解封装，变成 IP 数据包，对 IP 数据包进行处理，根据目的 IP 地址查找路由表，决定转发接口后做适应转发接口数据链路层协议的帧的封装，并发送到下一跳路由器，此过程持续，直至到达目的网络与目的主机。

在整个通信过程中，数据报文的源 IP、目的 IP 及 IP 层向上的内容不会改变。异构网络数据转发如图 4-8 所示。

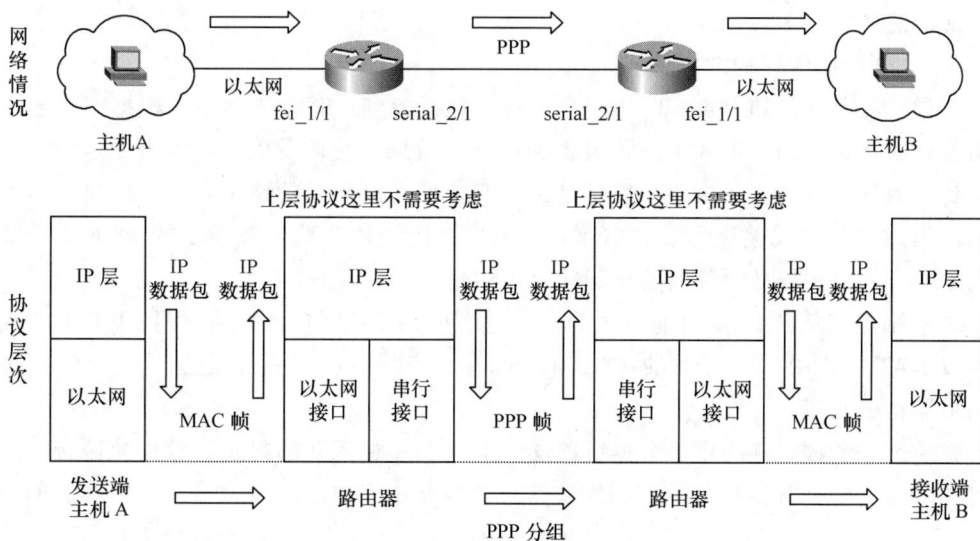

图4-8 异构网络数据转发

（3）IP 通信流程

IP 通信流程如图 4-9 所示。

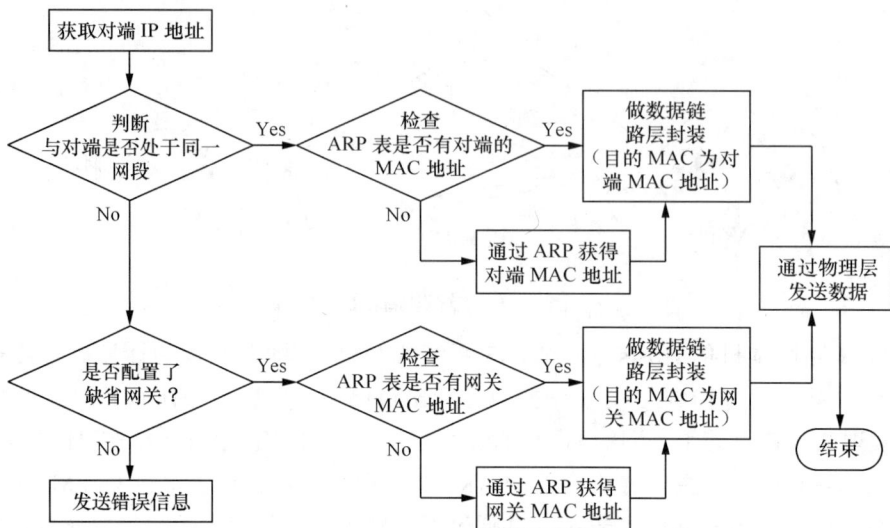

图4-9　IP通信流程

源主机有以下网络通信数据流程。首先，通过某种方法将对端主机的主机名转换为 IP 地址。然后，判断与对端是否处于同一网段，判断的方法是用自己的 IP 地址与子网掩码计算出自己所处的网段，比较对端主机的 IP 地址，判断是否与自己处于同一网段。如果对端主机与自己处于同一网段，则检查 ARP 表是否有对端主机的 MAC 地址：若有就直接做数据链路层封装（目的 MAC 为对端 MAC 地址）；若没有则通过 ARP 获得对端主机 MAC 地址并封装。最后，通过物理层发送数据。

如果对端主机与自己处于不同网段，并且本主机没有配置缺省网关，则通信终止，返回错误信息。

（4）IP 通信流程基本概念

IP 通信是基于逐跳（hop by hop）方式，数据包到达某路由器后，根据路由表中的路由信息决定转发的出口和下一跳设备的地址，数据包被转发以后就不再受这台路由器的控制。数据包每到达一台路由器都是依靠当前所在路由器的路由表中的信息做转发决定的，因此这种方式被称为 hop by hop。数据包能否被正确转发至目的 IP 取决于整条路径上所有的路由器是否都具备正确的路由信息。

IP 数据包在从源 IP 到目的 IP 的转发过程中，源地址与目的地址保持不变（假设没有设置 NAT[1]），IP 数据包中的 TTL 值与包头的校验位及某些 IP 数据包选项每经过一台路由器将被改变。

每经过一个数据链路层，数据链路层封装都要做相应新的封装。数据帧被接收后被解封装，然后根据数据包里的目的地址信息查找路由表决定转发出口，被转发之前还要

1　NAT（Network Address Translation，网络地址转换）。

基于转发接口的数据链路层协议类型做相应的重新封装。数据帧每经过一个数据链路层网络，其数据链路层封装都要被改变一次。

返回的数据包选路与到达的数据包选路无关。在一般情况下，数据通信的过程都是双向的过程，假设数据通信是从网络 A 中的一台主机发起，到达网络 B 中的一台主机，然后返回并回应。数据包从网络 A 到网络 B 的转发过程是根据网络 B 所在的网络地址决定转发路径的，而返回的数据包的选路则是根据网络 A 所在的网络地址决定转发路径的。数据包能够被成功地从网络 A 转发至网络 B 说明整条链路中所有的路由器都具有网络 B 的正确的路由信息，但这并不意味所有路由器上都有正确的网络 A 的路由信息。因此，能从网络 A 转发至网络 B 并不表示一定能从网络 B 转发至网络 A，两个方向的数据转发可能选择不同的路径。

不同网段主机间通信首先由源主机将数据发送至其缺省网关路由器，路由器从物理层接收到信号成帧送数据链路层处理，解封装后将 IP 数据包送三层处理，根据目的 IP 地址查找路由表决定转发接口，将新的数据链路层封装后通过物理层发送出去，每台路由器都进行同样的操作，按照 hop by hop 的原则最终将数据发送至目的地。IP 地址路由转发过程如图 4-10 所示。

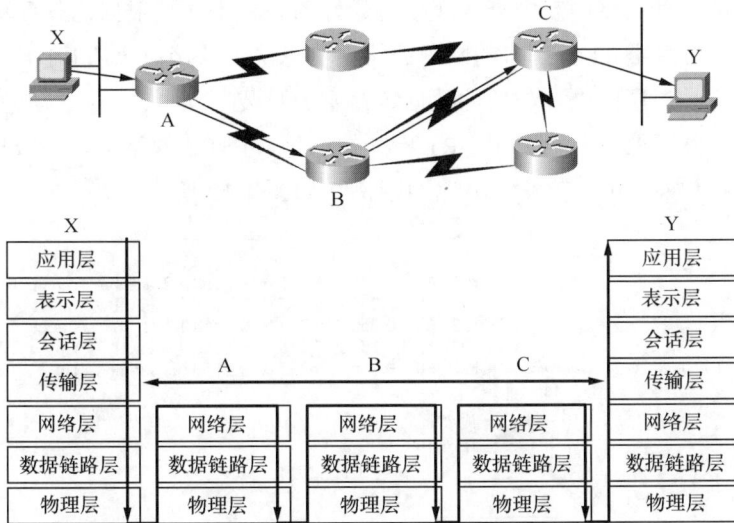

图4-10　IP地址路由转发过程

（5）路由过程示例

IP 路由示例 1 如图 4-11 所示，以两台处于不同网段主机间的通信为例说明数据包路由的过程。

主机 A 有数据发往主机 B，主机 A 根据自己的 IP 地址与子网掩码计算出自己所在的网络地址，比较主机 B 的地址，发现 B 与自己不在同一网段。主机 A 将数据发送给缺省网关——路由器的本地接口：R1 的 fei_1/1 接口的 IP 地址。

路由器 R1 在接口 fei_1/1 上接收到一个以太网数据帧，检查其目的 MAC 地址是否为本接口的 MAC 地址，通过检查后去掉数据链路层的封装，解封装成 IP 数据包，送高层处理。

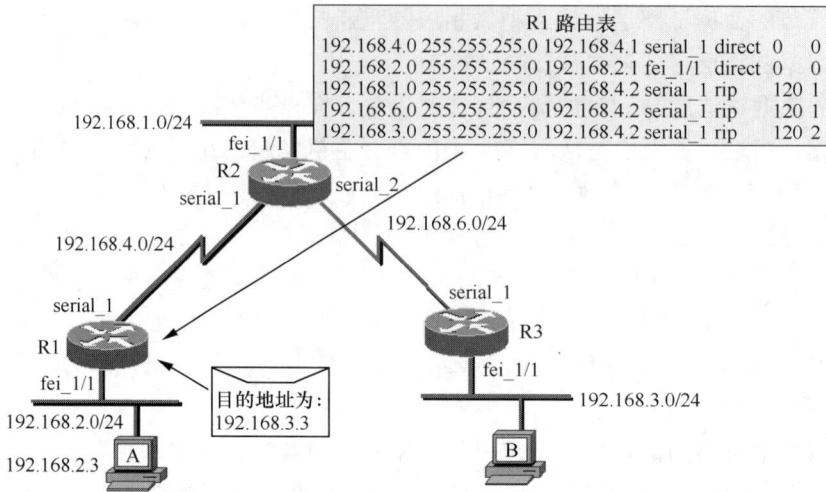

图4-11　IP路由示例1

路由器 R1 检查 IP 数据包中的目的 IP 地址，发现此地址不是路由器任何一个接口的 IP 地址，因此路由器知道此数据包不是发送给路由器本身而是需要被转发的，故而路由器根据目的地址在路由表中查找匹配得最好的条目，并且根据此条目转发数据包。

在本例中，路由器 R1 找到目的网段的路由信息决定从接口 serial_1 转发此数据包，转发前要做相应的三层的处理与新的数据链路层的封装。

数据包被转发至 R2 后会经历与 R1 相同的过程，在 R2 的路由表中查找目的网段的条目，决定从接口 serial_1 转发。IP 路由示例 2 如图 4-12 所示。

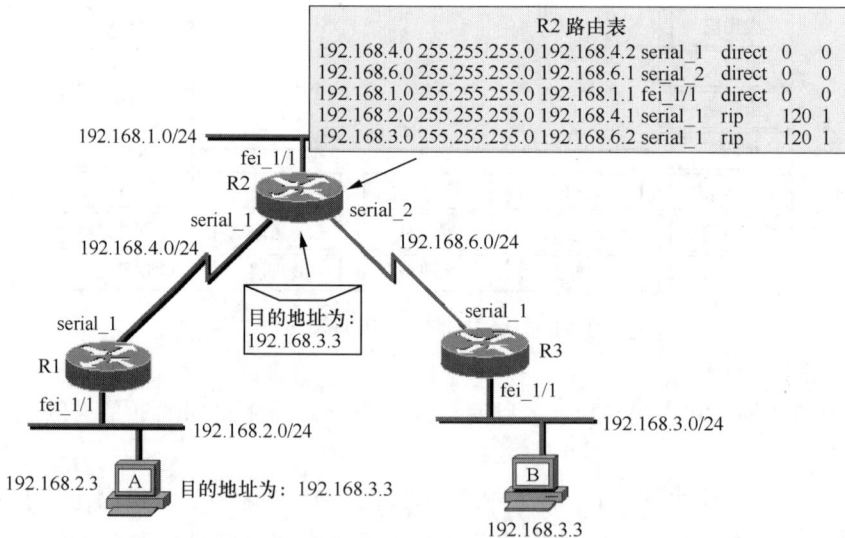

图4-12　IP路由示例2

同理，当数据包被转发至 R3 后会进行与 R1、R2 相同的处理过程，在 R3 的路由表中查找目的网段的条目，发现目的网段为其直连网段，最终数据包被转发至目的主机 B。

IP 路由示例 3 如图 4-13 所示。

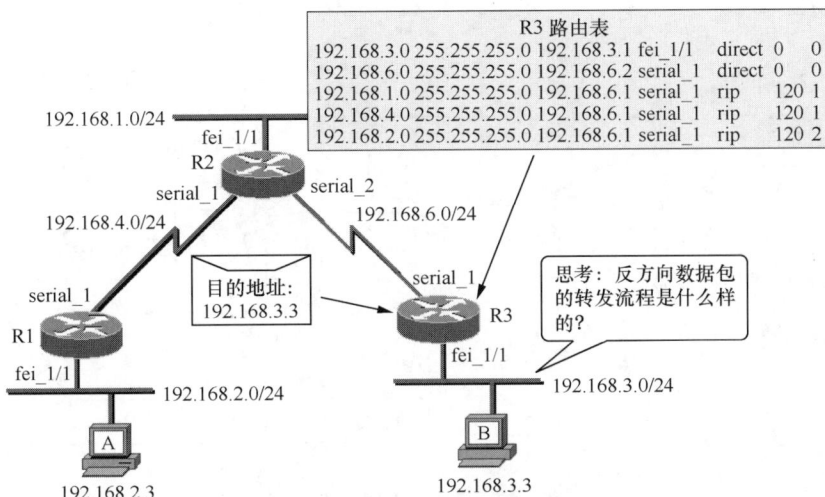

图4-13 IP路由示例3

任务二 直连路由和静态路由

1. 直连路由

当接口配置了网络协议地址并状态正常时，即表示物理连接正常，并且在正常检测数据链路层协议的 Keepalive 消息时，接口上配置的网段地址自动出现在路由表中并与接口关联。其中，产生方式（Owner）为直连（direct），路由优先级为 0，拥有最高路由优先级。其 Metric 值为 0，表示拥有最小 Metric 值。直连路由配置示例如图 4-14 所示。

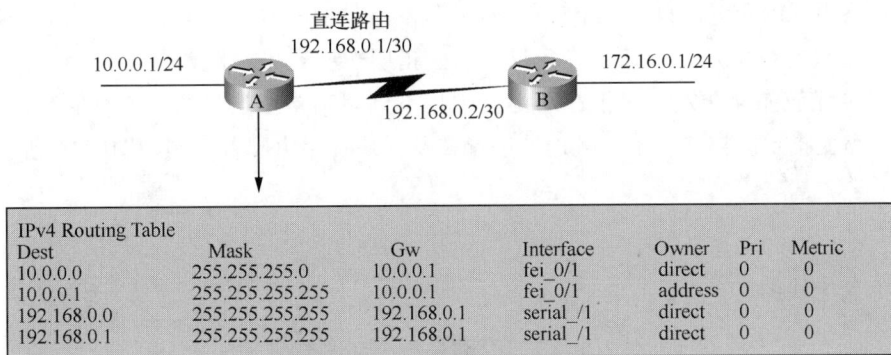

图4-14 直连路由配置示例

直连路由会随着接口的状态变化在路由表中自动变化，当接口的物理层与数据链路层状态正常时，此直连路由会自动出现在路由表中，当路由器检测到此接口关闭后，直连路由会自动在路由表中消失。

2. 静态路由

系统管理员手工设置的路由称为静态路由，一般是在安装系统时就根据网络的配置情况预先设定的，它不会随未来网络拓扑结构的改变而自动改变。静态路由配置示例如图 4-15 所示。

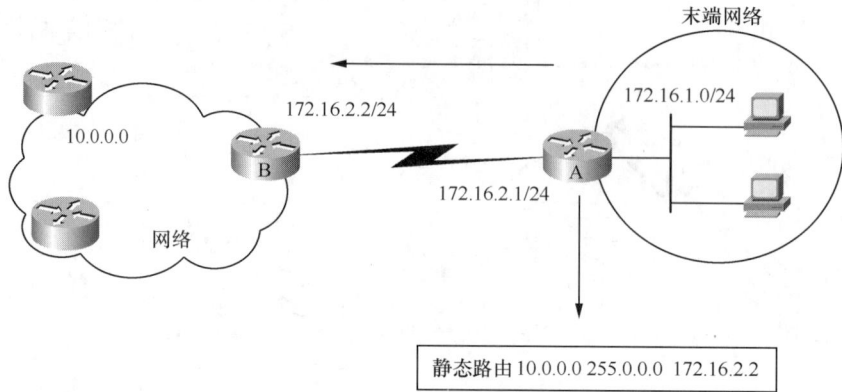

图4-15　静态路由配置示例

静态路由的优点是不占用网络和系统的资源，并且安全；静态路由的缺点是需要网络管理员手工逐条配置，不能自动对网络状态变化做出相应的调整。

在无冗余连接的网络中，静态路由可能是最佳选择。

静态路由是否出现在路由表中取决于下一跳是否可达，即此路由的下一跳地址所处网段对本路由器是否可达。

静态路由在路由表中产生方式（Owner）为静态（static），路由优先级为 1，其 Metric 值为 0。

3. 缺省路由

缺省路由可以配置在只有一个出口的"根状网络"的出口路由器上，可以访问"未知的"目的网络。缺省路由是一个路由表条目，用来指明一些在下一跳没有明确地列于路由表中的数据单元应如何转发。对于在路由表中找不到明确路由条目的，所有的数据包都将按照缺省路由指定的接口和下一跳地址进行转发。缺省路由配置示例如图 4-16 所示。

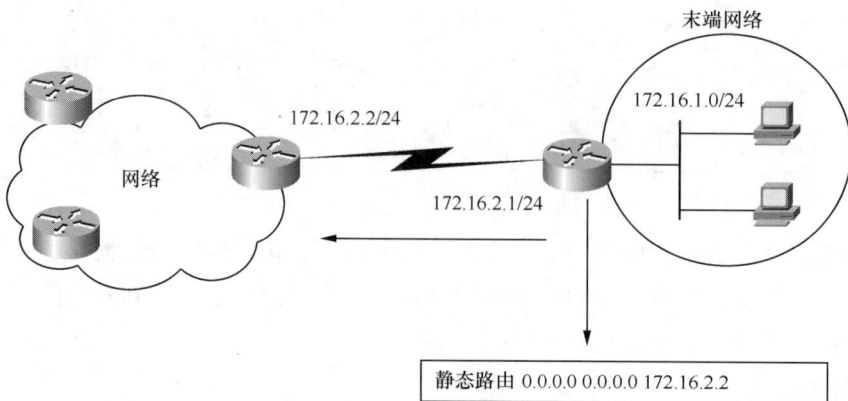

图4-16　缺省路由配置示例

　　缺省路由可以是管理员设定的静态路由，也可以是某些动态路由协议自动产生的结果。缺省路由的优点是极大地减少路由表条目；缺省路由的缺点是不正确的配置可能会导致路由环路，导致非最佳路由。

　　在末端网络出口路由器上，缺省路由是最佳选择，静态路由是否出现在路由表中取决于本地出口的状态。

任务三　VLAN 间路由

　　VLAN 是基于二层的技术，但是如果 VLAN 之间的信息还需要互通，就需要通过 VLAN 的三层路由功能来实现。在本任务中我们将学习如何实现 VLAN 的三层路由功能。

　　一个网络在使用 VLAN 隔离成多个广播域后，各个 VLAN 之间是不能互相访问的，因为各个 VLAN 的流量实际上已经在物理上隔离了。在交换部分，我们有关于 VLAN 技术的详细讲解。但是，隔离网络并不是建网的最终目的，选择 VLAN 隔离只是为了优化网络，我们最终的目的还是要让整个网络能够通畅。

　　实现 VLAN 之间通信的方法是在 VLAN 之间配置路由器，这样，VLAN 内部的通信是仍然通过原来的 VLAN 内部的二层网络进行的，从一个 VLAN 到另外一个 VLAN 的通信，通过路由在三层上进行转发，转发到目的网络后，再通过二层交换网络把报文最终发送给目的主机。因为路由器对以太网上的广播报文采取不转发的策略，所以中间配置的路由器仍然不会改变划分 VLAN 所达到的广播隔离的目的。

　　在 VLAN 之间做互联使用的路由器上，我们可以通过各种对访问控制的配置等形成对 VLAN 之间互相访问的控制策略，使网络处于受控的状态。

　　在划分了 VLAN 并且使用路由器将 VLAN 连接起来的网络中，网络的主机是怎么相互通信的呢？

　　处于相同 VLAN 内部的主机称为本地主机，与本地主机之间的通信称为本地通信。处于不同 VLAN 的主机称为非本地主机，与非本地主机之间的通信称为非本地通信。

　　对于本地通信，通信两端的主机同处于一个相同的广播域，两台主机之间的通信可以直接到达，通信的过程与扁平二层网络中的情况相同，这里不做描述了。

　　对于非本地通信，通信两端的主机位于不同的广播域内，两台主机的通信不能互相到达，主机通过 ARP 广播请求也不能获得到对方的地址，此时的通信必须借助于中间的路由器来完成。

　　路由器在各个 VLAN 之间，实际上是作为各个 VLAN 的网关起作用的。因此要通过路由器来互相通信的主机必须知道这台路由器的存在，并且知道它的地址。

　　在配置好路由器后，就要在主机上配置默认网关为路由器在本 VLAN 上的接口地址。VLAN 之间的路由如图 4-17 所示，主机 1.1.1.10 要与 2.2.2.20 通信。

　　首先，主机 1.1.1.10 根据本地的子网掩码比较，发现目的主机不是本地主机，不能直接访问目的主机。

　　根据 IP 通信的规则，主机 1.1.1.10 将要查找本机路由表，寻找相应的网关，在实际网络中，主机通常只配置了默认网关，因此这里的主机 1.1.1.10 找到了默认网关。

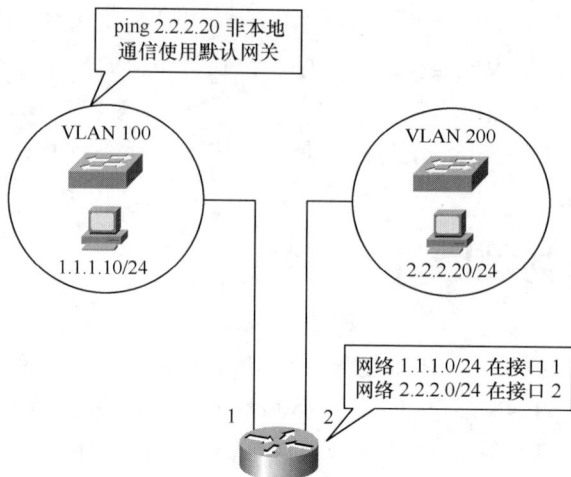

图4-17　VLAN之间的路由

其次，主机 1.1.1.10 在本机的 ARP Cache 中查找默认网关的 MAC 地址，如果没有则启动一个 ARP 请求的过程去发现。得到默认网关的 MAC 地址后，主机将帧转发给默认网关，由路由器转发。

路由器通过查找路由表将报文转发到相应的接口上，然后查找到目的主机的 MAC 地址，将报文发送给目的主机。

目的主机收到报文后，回应的报文经历类似的过程又转发回主机 1.1.1.10。

在经历了以上的过程后，可以了解到，VLAN 之间的互通和其他的网络配置相同，要根据网络的实际设计情况，同步配置网络的各个部分。如果单独配置了路由器的地址，而没有在主机上配置网关，VLAN 之间的通信依然无法运行。

目前，实现 VLAN 之间路由可以采用普通路由、单臂路由和三层交换机 3 种方式。

1. 普通路由

按照传统的建网原则，我们应该从每一个需要进行互通的 VLAN 单独建立一个物理连接到路由器，每一个 VLAN 都要独占一个交换机端口和一个路由器的端口。

在这样的配置下，路由器上的路由接口和物理接口是一对一的对应关系，路由器在进行 VLAN 之间路由时，要把报文从一个路由接口上转发到另一个路由接口上，同时，从一个物理接口上转发到其他的物理接口上去。VLAN 之间的普通路由方式如图 4-18 所示。

应用这种方式，当需要增加 VLAN 时，可以在交换机上轻松实现，但在路由器上需要为此 VLAN 增加新的物理接口，所以这种方式的最大缺点是不具备良好的可扩展性。其优点是路由器上普通的以太网接口可用于 VLAN 之间的路由。

2. 单臂路由

单臂路由可以使多个 VLAN 的业务流量共享相同的物理连接，通过在单臂路由的物理连接上传递打标记的帧，将各个 VLAN 的流量区分开来。

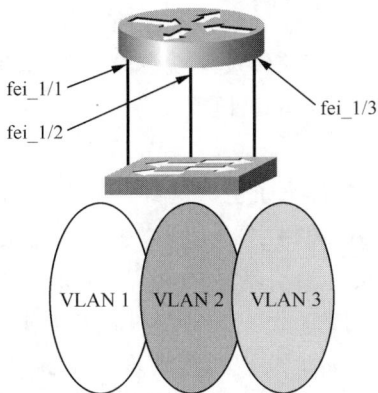

图4-18　VLAN之间的普通路由方式

路由器以太网接口能支持802.1Q封装，可以实现单臂路由的方式。在实现VLAN之间互通时，对于网络中多个VLAN，只需要共享一条物理链路即可。在交换机上配置连接到路由器的端口，并设置为Trunk端口，在路由器上支持802.1Q封装的以太网接口设置多个子接口，将路由器的以太网子接口设置封装类型为dot1Q，指定此子接口与哪个VLAN关联，即此子接口处于哪个VLAN的广播域之中，然后将子接口的IP地址设置为此VLAN成员的缺省网关地址。单臂路由如图4-19所示。

```
ZXR10（config）#interface fei_1/1.1
ZXR10（config-subif）#encapsulation dot1Q 1
ZXR10（config-subif）#ip add 1.1.1.1 255.0.0.0
ZXR10（config）#interface fei_1/1.2
ZXR10（config-subif）#encapsulation dot1Q 2
ZXR10（config-subif）#ip add 2.1.1.1 255.0.0.0
ZXR10（config）#interface fei_1/1.3
ZXR10（config-subif）#encapsulation dot1Q 3
ZXR10（config-subif）#ip add 3.1.1.1 255.0.0.0
```

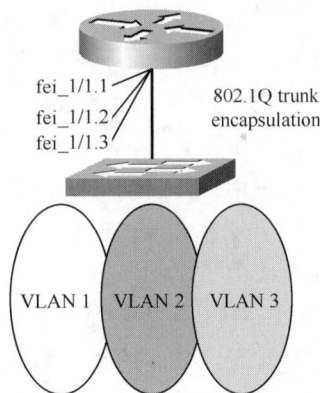

图4-19　单臂路由

在这样的配置下，路由器上的路由接口和物理接口是多对一的对应关系，路由器在进行VLAN之间路由的时候，把报文从一个路由子接口上转发到另一个路由子接口上，但从物理接口上看是从一个物理接口转发回同一个物理接口，但是VLAN标记在转发后被替换为目标网络的标记。

在通常情况下，VLAN之间路由的流量不足以达到链路的线速度，使用VLAN Trunking的配置，可以提高链路的带宽利用率、节省端口资源与简化管理（例如，当网络需要增加一个VLAN时，只要维护设备的配置即可，不需要修改网络布线）。

使用VLAN Trunking后，用传统的路由器进行VLAN之间的路由在性能上还有一些不足：由于路由器利用通用的CPU，转发完全依靠软件进行，同时支持各种通信接口，给软件带来的负担也比较大。软件要处理报文接收、校验、查找路由、选项处理、报文分片等，导致性能不高，要实现高的转发率就会带来高昂的成本。由此诞生了三层交换机，利用三层交换技术来进一步改善其性能。

3. 三层交换机方式

三层交换机的产生，给网络带来了巨大的经济效益。三层交换机使用硬件技术，采用巧妙的处理方法把二层交换机和路由器在网络中的功能集成到一个盒子里。所有三层交换机上可见的物理接口都具有二层功能的端口（Port），其三层接口（Interface）可以通过配置创建。创建的三层接口是基于 VLAN 的，是此 VLAN 的所有成员都可以直接访问到的一个逻辑接口，其 IP 地址被配置为这个 VLAN 中其他所有主机的缺省网关地址。而对于三层交换机而言，在本交换机上基于 VLAN 创建的这些三层接口被视为直连路由。这样提高了网络的集成度，增强了转发性能。

为了实现各种异构网络互联，IP 提供了丰富的内容，标准的 IP 路由需要在转发每一个 IP 报文的时候做很多处理，经过很多流程，这会给软件带来巨大的负担。但这样的工作在处理每一个报文时并不都是必需的，绝大多数的报文只需要经过很少一部分的过程就能传到，IP 路由的方法还有很大的改进余地。

三层交换机的设计基于对 IP 路由的分析，把 IP 路由中每一个报文都必须经历的过程提取出来，这个过程是一个简化的过程：IP 路由中绝大多数报文是不包含 IP 选项的报文，因此处理报文 IP 选项的工作在大多数情况下是多余的。

不同网络的报文长度是不同的，为了适应不同的网络，IP 实现了报文分片的功能，但是在全以太网的环境中，网络的帧（报文）长度是固定的，因此报文分片的功能也是一个可以被裁减的工作。

三层交换机采用了与路由器的最长地址掩码匹配不同的方法，使用精确地址匹配的方式处理，有利于硬件实现快速查找。

三层交换机采用了 Cache 的方法，把最近经常使用的主机路由放到硬件的查找表中，只有在这个 Cache 中无法匹配到的项目才会通过软件去转发。只有每个流的第一个报文会通过软件进行转发，其后的大量数据流则可以在硬件中完成。

三层交换机在 IP 路由的处理上做了以上改进，实现了简化的 IP 转发流程，利用专用的芯片实现了硬件的转发，这样绝大多数的报文处理可以在硬件中实现，只有极少数报文才需要使用软件转发，整个系统的转发性能成百上千倍地提升，相同性能的设备在成本上大幅下降。

项目二　动态路由协议

项目引入

前面我们了解了 IP 路由的静态路由，一般来说，当网络环境很简单时，在可控范围内，自己动手调整配置还是可行的。但是，网络环境复杂多变，如果总是使用静态路由，一旦网络结构发生变化，让网络管理员手工修改静态路由过于复杂，因而需要动态修改路由。

使用动态路由的路由器，可以根据路由协议算法生成动态路由表，随着网络运行状况的变化而变化。

IP 数据包在网络中需要找到最短最优的路径。如何经过路由算法找到合适的路径，这是本项目中我们将要学习的动态路由协议——RIP 和 OSPF。

学习目标

1．识记：RIP 和 OSPF 的概念。
2．领会：RIP 和 OSPF 的基本原理。
3．熟悉：RIP 路由环路及解决方法，OSPF 区域划分。
4．掌握：RIP 和 OSPF 的网络配置。

任务一　RIP 配置

1．RIP 概述

RIP 是一种比较简单的内部网关协议，主要应用于规模较小的网络中，例如，校园网及结构比较简单的地区性网络。

RIP 是一种基于距离—矢量算法的协议，它通过 UDP 报文进行路由信息的交换，使用的端口号为 520。RIP 使用跳数来衡量到达目的地址的距离，换句话说，即 RIP 采用跳数作为度量值。在 RIP 中，默认情况下，设备到与它直接相连的网络的跳数为 0，通过一个设备可达的网络跳数为 1，以此类推。也就是说，度量值等于从本网络到达目的网络间的设备数量。为了限制收敛时间，RIP 规定度量值取 0 ~ 15 的整数，大于或等于 16 的跳数被定义为无穷大，即目的网络或主机不可达。这个限制使 RIP 不可能在大型网络中得到应用。

RIP 包括 RIPv1、RIPv2 和 RIPng3 个版本，RIPv1 和 RIPv2 应用于 IPv4，RIPv2 是 RIPv1 的增强版。RIPv1 是有类别的路由协议，协议报文中不携带掩码信息，不支持 VLSM、手工汇总，只支持以广播方式发布协议报文。RIPv2 支持 VLSM，协议报文中携带掩码信息，支持明文验证和 MD5 密文验证，支持手工汇总，支持以广播或者多播的形式发送报文。RIPng 应用于 IPv6，是一种基于 IPv6 网络和算法的协议。

2．RIP 的基本概念

基于距离—矢量的路由算法具有以下特点：路由器之间周期性交换路由表，交换的是整张路由表的内容，每台路由器和它直连的邻居之间交换内容。网络拓扑发生变化之后，路由器之间会通过定期交换更新包来获得网络的变化信息。RIP 如图 4-20 所示，路由器 B 从路由器 A 收到信息，再加上距离—矢量度量值后，把自己的路由表发送给路由器 C，把路由信息传播出去。

通过这种方式，该算法形成了自己的路由信息数据库。但是，距离—矢量算法没有办法让路由器对网络的拓扑结构有更深刻的了解。

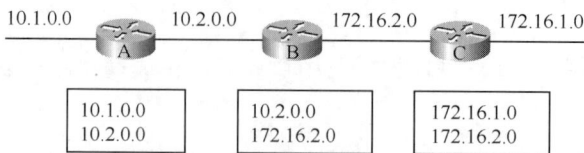

图4-20　RIP

3. 距离—矢量算法及路由环路问题

在距离—矢量路由协议初始化过程或路由更新过程中，网络中的路由器首先会生成自己的直连路由。路由器会定期地把路由表传送给相邻的路由器，让其他路由器知道自己的网络情况。例如，路由器 A 会告诉路由器 B"从我这里通过 E0 接口能到达10.1.0.0 网络，花费为 0，通过 S0 能到达 10.2.0.0 网络，花费为 0"。路由器 B 原来并不知道如何到达 10.1.0.0 网络，现在可以通过"学习"动态路由协议，把它添加到路由器 B 的路由表中，是从 S0 口学到的，在路由器 A 的基础上跳数加一。注意，路由器 A 被用来作为下一跳的地址，路由器 B 认为从路由器 A 可以到达的目标网络，至于路由器 A 从何得来的路由信息，路由器 B 不关心。路由器 B 原来就有 10.2.0.0 的路由，跳数为 0，路由器 A 传来的路由在跳数加一后变为 1，所以不会加入路由表中。3 台路由器相互更新，经过多个周期的更新之后，生成现在的路由表。路由回路 1 如图 4-21 所示。通过这样周期性的传递，网络中的每台路由器都知道了不与它直接相连的网络，有了关于它们的路由记录，就实现了全网的连通。而这些工作都不需要管理员手工干预，减少了配置的复杂度，这正是动态路由协议给我们带来的一个好处。

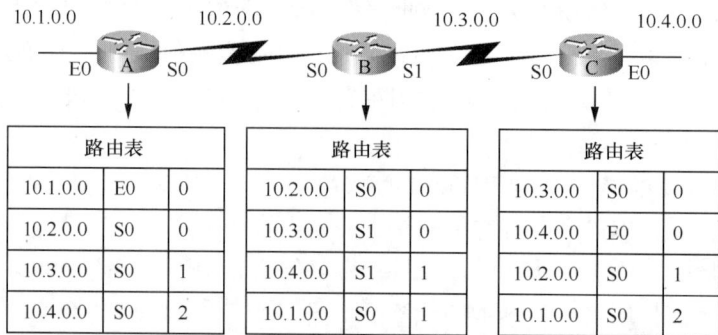

图4-21　路由回路1

但我们也看到，在经过了若干个更新周期后，路由信息才被传递到每台路由器上，网络达到平衡，也就是说，距离—矢量算法的收敛速度相对较慢，如果网络路径很长，路由从一端传到另外一端所要花费的时间会很长。距离—矢量算法的一个重要的问题就是会产生路由环路。正如前面所讲的，每台路由器根据它从其他路由器接收到的信息来建立自己的路由表。如果某台路由器出现"故障"或者因为其他原因而无法在网上使用时，就会造成路由环路。路由回路 2 如图 4-22 所示。

当网络 10.4.0.0 发生故障时，路由器 C 最先收到故障信息，路由器 C 把网络10.4.0.0 设为不可达，并等待更新周期到来，通告这一路由变化给相邻路由器。因为实际上会存在各台路由器更新时间的不同步，路由器 B 的路由更新周期会在路由器 C 之前到来，所以路由器 C 就会从路由器 B 那里学习到去往 10.4.0.0 的新路由（实际上，这一路由已经是错误路由了）。这时，路由器 C 的路由表中会记录一条错误路由（经过路由器 B，可去往网络 10.4.0.0，跳数增加到 2）。

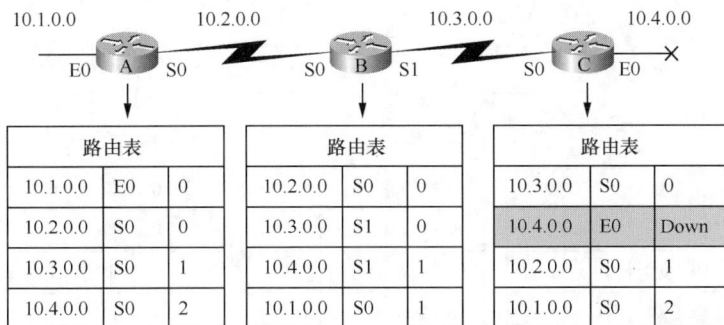

路由表		
10.1.0.0	E0	0
10.2.0.0	S0	0
10.3.0.0	S0	1
10.4.0.0	S0	2

路由表		
10.2.0.0	S0	0
10.3.0.0	S1	0
10.4.0.0	S1	1
10.1.0.0	S0	1

路由表		
10.3.0.0	S0	0
10.4.0.0	E0	Down
10.2.0.0	S0	1
10.1.0.0	S0	2

图4-22 路由回路2

由此，路由器 C 认为通过路由器 B 可以到达目的网段 10.4.0.0，虽然这是一条错误的路由。路由回路 3 如图 4-23 所示。

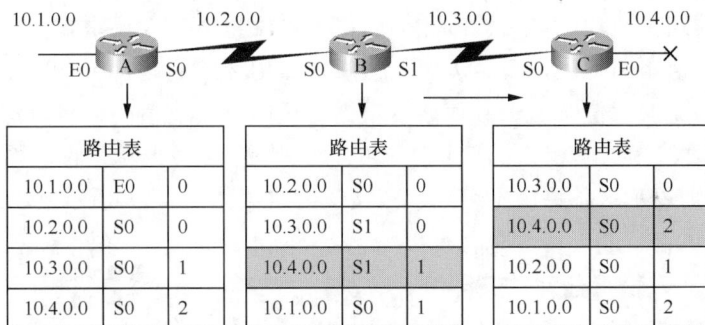

路由表		
10.1.0.0	E0	0
10.2.0.0	S0	0
10.3.0.0	S0	1
10.4.0.0	S0	2

路由表		
10.2.0.0	S0	0
10.3.0.0	S1	0
10.4.0.0	S1	1
10.1.0.0	S0	1

路由表		
10.3.0.0	S0	0
10.4.0.0	S0	2
10.2.0.0	S0	1
10.1.0.0	S0	2

图4-23 路由回路3

路由器 C 学习了一条错误信息后，它会把这样的路由信息再次通告给路由器 B，根据通告原则，路由器 B 也会更新这样一条错误路由信息，认为可以通过路由器 A 去往网络 10.4.0.0 的跳数增加到 3。路由回路 4 如图 4-24 所示。

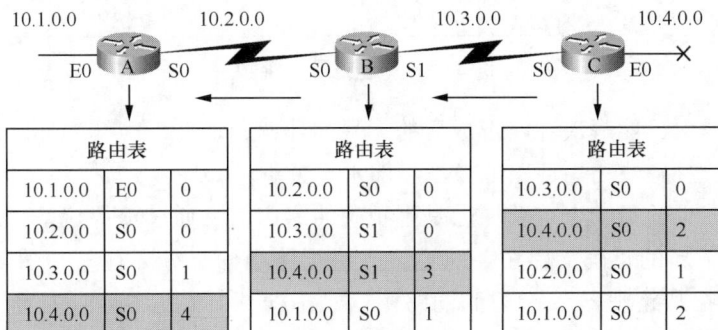

路由表		
10.1.0.0	E0	0
10.2.0.0	S0	0
10.3.0.0	S0	1
10.4.0.0	S0	4

路由表		
10.2.0.0	S0	0
10.3.0.0	S1	0
10.4.0.0	S1	3
10.1.0.0	S0	1

路由表		
10.3.0.0	S0	0
10.4.0.0	S0	2
10.2.0.0	S0	1
10.1.0.0	S0	2

图4-24 路由回路4

这样，路由器 B 认为可以通过路由器 C 去往网络 10.4.0.0，路由器 C 认为可以通过路由器 B 去往网络 10.4.0.0，这样就形成了环路。在下一个周期的更新时间到达之后，这种错误继续向外宣告，结果就是度量值不断循环增加，错误的路由被更多的路由器学习到。路由回路 5 如图 4-25 所示。

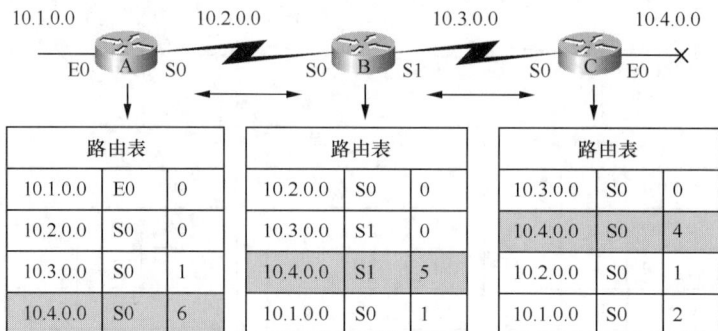

图4-25　路由回路5

4. 距离—矢量算法的路由环路问题解决方法

10.4.0.0 的路由信息在两路由器间周期性地相互更新，根据路由的更新原则：对本路由表中已有的路由表项，当下一跳相同时，不论度量值增大还是减少，都更新该路由项，造成路由权值不断增大，直至无穷。为解决路由环路问题，首先要设定一个最大值作为路由权值的无穷大值，这个数值通常根据协议的路由权值的计算方法而定。例如，在 RIP 中以跳数作为路由权值的度量，它的最大值是 16，也就是说，如果某条路由的度量值为 16 时则表示这条路由不可达。定义最大跳数如图 4-26 所示。

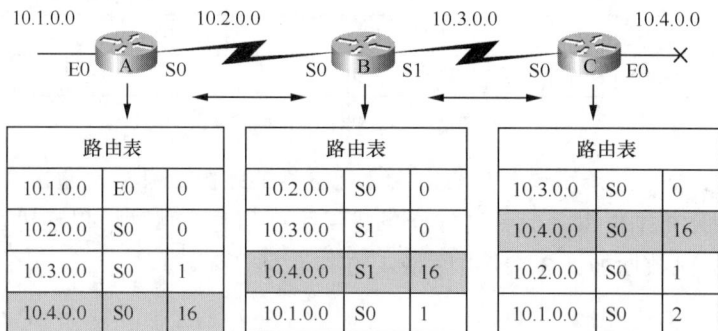

图4-26　定义最大跳数

最大值的设定只能解决环路形成后的无限循环问题，并不能解决环路形成的根源。这就引出了另一种解决路由环路的方法，即水平分割，如图 4-27 所示。

路由环路产生的另一个重要原因是不正确的路由信息通过获得这条信息的接口再发送回去，替代了新的正确的路由，这也导致错误路由信息循环往复。图 4-27 中路由环路是路由器 B 把从路由器 A 学习到的路由信息 10.4.0.0 又发还给路由器 A 造成的。路由器 B 从路由器 A 学习到的路由信息就不再重复告知路由器 A，这就是水平分割的原理。由于路由器 B 的有关 10.4.0.0 的路由信息是从 10.3.0.0 接口收到的，根据水平分割的原则，不会再把它从该接口发出去，避免了路由器 A 收到错误的路由信息，解决了路由环路问题。路由器 B 在长时间收不到 10.4.0.0 的更新后，会删除有关它的路由信息，这样路由就收敛了。在物理链路没有环路的网络中，水平分割可以很好地解决路由环路的问题。

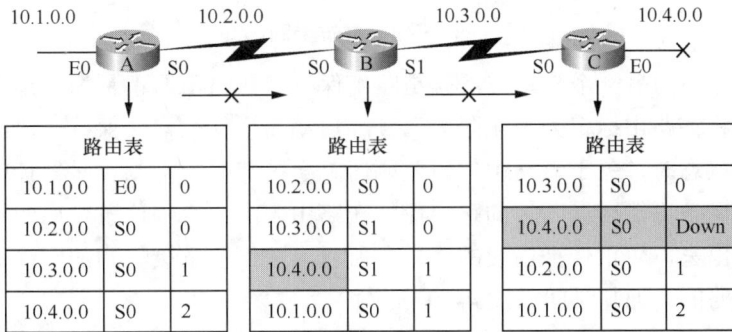

图4-27　水平分割

毒性逆转可以理解为是水平分割的一个修改版本，它不像水平分割一样会过滤自身发出去的路由更新，而是当它的同一个接口收到一个由自身接口曾经发出的路由信息时，就将那条路由标识为不可达，通常通过将跳数增加到无限大来实现。毒性逆转如图 4-28 所示。

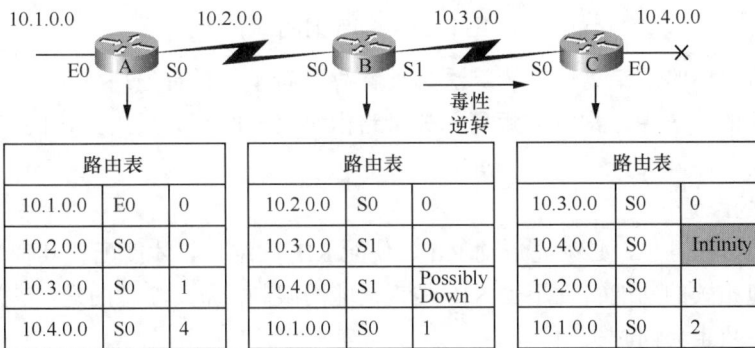

图4-28　毒性逆转

路由器 C 的 S0 口会接收路由器 B 发送来的 10.4.0.0 的路由信息，而这条路由信息最初是由路由器 C 的 S0 口发送出去的，所以路由器 C 就会采用毒性逆转，将这条路由标记为"无限大"。

触发更新的思想是当路由器检测到链路有问题时，立即进行问题路由的更新，迅速传递路由故障和加速收敛，减少环路产生的机会。如果路由器使用触发更新，它可以在几秒内就在整个网络上传播路由故障消息，极大地缩短了收敛时间。而采用一般的路由更新的动作，也就是等候路由更新周期到来，可能要花费更长的时间。例如，RIP 每 30 s 才会向外更新路由。触发更新如图 4-29 所示，10.4.0.0 的网络一旦损坏，路由器 A 就会采用触发更新，将这条路由故障信息迅速在整个网络上传播，以免产生环路。

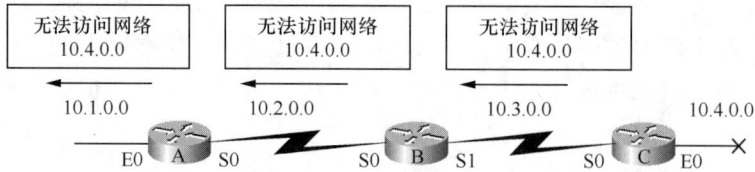

图4-29　触发更新

解决物理环路的另一个简单方法就是路由保持，让路由器不是简单地删除链路损坏的路由，而是将该路由标记为"无限大"，并启动一个计时器，保持一段时间。当网络路由处于抑制状态时，关于该路由的较差刷新就会被忽略。抑制定时器计时终止后，该路由仍将作为一条可能已经断掉的路由保持在路由表中，直到这条路由的不可达状态被尽可能地扩散出去，防止传播错误的路由。所以，任何一条接收到的网络刷新都将是可用的、没有环路的。抑制时间如图4-30所示。

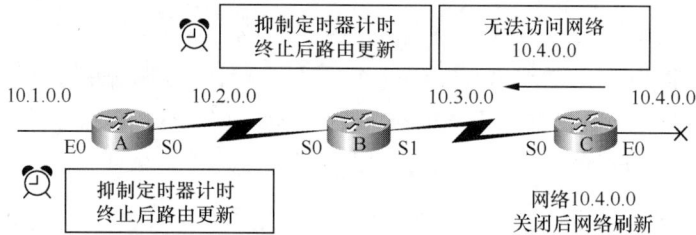

图4-30　抑制时间

总之，路由环路是距离—矢量算法必须解决的问题，只有处理好环路的路由协议才能应用在实际的系统中。常见的距离—矢量路由协议一般都会采用上述的多种方法解决路由环路的问题。

5. RIP 的配置

在各项配置任务中，必须先启动 RIP、使能 RIP 网络后，才能配置其他的功能特性。而配置与接口相关的功能特性不受 RIP 是否使能的限制。需要注意的是，在关闭 RIP 后，原来的接口参数也会同时失效。

在全局配置模式下用 router rip 命令启动 RIP 并进入 RIP 配置模式。RIP 配置命令见表 4-2。

表4-2　RIP配置命令

命令格式	命令模式	命令功能
router rip	全局	启动RIP路由选择进程
network <ip-address> <net-mask>	路由	为RIP选择路由指定网络表
version {1|2}	路由	指定路由器全局使用的RIP版本
ip rip receive version {1|2}	接口	指定在接口上接收的RIP版本

RIP 任务启动后还必须指定其工作网段，RIP 只在指定网段上的接口工作；对于不在指定网段上的接口，RIP 既不在它上面接收和发送路由，也不将它的接口路由转发出去，就好像这个接口不存在一样。

Network ip-address 为使能或不使能的网络的地址，可为各个接口 IP 网络的地址。当对某一地址使用命令 Network 时，效果是使能该地址的网段的接口。例如，network 129.102.1.1，用 show running-config 和 show ip rip 命令看到的均是 network 129.102.0.0。

RIP 是一个广播发送报文的协议，为与非广播网络交换路由信息，就必须采用定点传送的方式。在通常情况下，我们不建议用户使用该命令，因为对端并不需要一次收到两份相同的报文。路由器可指定接口处理 RIP 报文的版本。

需要注意的是，RIPv1 采用广播方式发送报文；RIPv2 有广播方式和多播方式两种传送方式，缺省将采用多播方式发送报文，RIPv2 中多播地址为 224.0.0.9。多播方式发送报文的好处是在同一网络中那些未运行 RIP 的主机可以避免接收 RIP 的广播报文。另外，多播方式发送报文还可以使运行 RIPv1 的主机避免错误地接收和处理 RIPv2 中带有子网掩码的路由。

当接口运行 RIPv1 时，只接收与发送 RIPv1 与 RIPv2 的广播报文，不接收 RIPv2 的多播报文；当接口运行 RIPv2 时，只接收与发送 RIPv1 与 RIPv2 的广播报文，不接收 RIPv1 的多播报文；当接口运行在 RIPv2 多播方式时，只接收和发送 RIPv2 的多播报文，不接收 RIPv1 与 RIPv2 的广播报文。

在缺省情况下，接口运行 RIPv1 报文，即只能接收与发送 RIPv1 报文。

可指定 RIP 在接口上的工作状态，如接口上是否运行 RIP，即是否在接口发送和接收 RIP 刷新报文，还可单独指定接口是否发送或接收更新报文。

在缺省情况下，一个接口既可以接收 RIP 更新报文，也可以发送 RIP 更新报文。

路由聚合是指同一自然网段内的不同子网的路由在向外（其他网段）发送时聚合成一条自然掩码的路由发送。路由聚合减少了路由表中的路由信息量，也减少了路由交换的信息量。

RIPv1 只发送自然掩码的路由，总是以路由聚合的形式向外发送路由，关闭路由聚合对 RIPv1 将起不到作用。RIPv2 支持无类别路由，当需要将子网的路由广播出去时，可关闭 RIPv2 的路由聚合功能。

在缺省情况下，允许 RIPv2 进行路由聚合。

RIPv1 不支持报文认证，但当接口运行 RIPv2 时，可以进行报文的认证。

RIPv2 支持 MD5 密文认证和明文认证 Simple 两种认证方式。MD5 密文认证的报文格式有两种：一种遵循 RFC 1723（RIP Version 2 Carrying Additional Information）规定；另一种遵循 RFC 2083（RIPv2 MD5 Authentication）规定。Cisco-compatible 路由器只支持后一种格式，ZXR10 系列路由器支持两种格式的 MD5 密文认证报文。

明文认证不能提供安全保障，未经加密的认证字将随报文一同传送，因此明文认证不能用于安全性要求较高的情况。

在缺省情况下，接口采用 MD5 密文认证，若未指定 MD5 密文认证报文格式的类型，将采用后一种报文格式类型（usual）。

RIP 配置示例如图 4-31 所示。

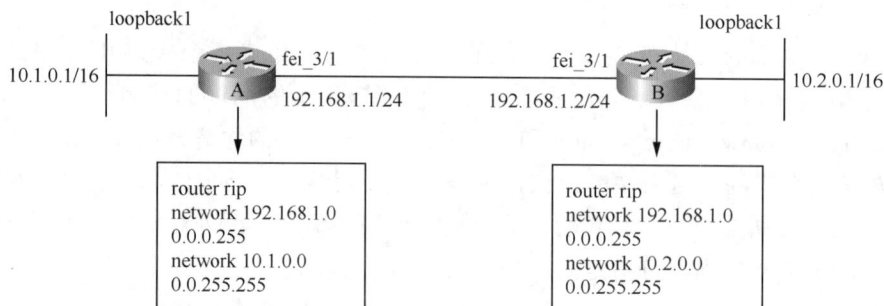

图4-31　RIP配置示例

路由器 A 的配置如下。

```
ZXR10_A（config）#router rip
ZXR10_A（config-router）#network 10.1.0.0 0.0.255.255
ZXR10_A（config-router）#network 192.168.1.0 0.0.0.255
```

路由器 B 的配置如下。

```
ZXR10_B（config）#router rip
ZXR10_B（config-router）#network 10.2.0.0 0.0.255.255
ZXR10_B（config-router）##network 192.168.1.0 0.0.0.255
```

任务二　OSPF 及配置

1. OSPF 概述

OSPF 是 IETF 开发的一个基于链路状态的 AS 内部路由协议，用在单一 AS 内的决策路由。在 IP 网络上，它通过收集和传递 AS 的链路状态来动态地发现并传播路由。当前 OSPF 最新的是第三版，RFC 目前针对 IPv4 使用的是 OSPFv2（RFC 2328），下文以 OSPFv2 为主来介绍，读者有兴趣可以自学 OSPFv3。

为了弥补距离—矢量协议的局限性从而发展出链路状态协议，OSPF 有以下优点。

- 适应范围：OSPF 支持各种规模的网络，最多可支持几百台路由器。
- 最佳路径：OSPF 是基于带宽来选择路径的。
- 快速收敛：如果网络的拓扑结构发生变化，OSPF 立即发送更新报文，使这一变化在 AS 中同步。
- 无自环：因为 OSPF 通过收集的链路状态用最短路径树算法计算路由，所以从算法本身保证了不会生成自环路由。
- 子网掩码：因为 OSPF 在描述路由时携带网段的掩码信息，所以 OSPF 不受自然掩码的限制，对 VLSM 和无类别域间路由选择（Classless Inter-Domain Routing，CIDR）提供了很好的支持。
- 区域划分：OSPF 允许 AS 的网络被划分成区域来管理，区域间传送的路由信息被进一步抽象，从而减少了占用网络的带宽。

- 等值路由：OSPF 支持到同一目的地址的多条等值路由。
- 路由分级：OSPF 使用 4 类不同的路由，按优先顺序分别是区域内路由、区域间路由、第一类外部路由和第二类外部路由。
- 支持验证：OSPF 支持基于接口的报文验证以保证路由计算的安全性。
- 组播发送：OSPF 在有组播发送能力的链路层上以组播地址发送协议报文，既实现了广播的作用，又最大限度地减少了对其他网络设备的干扰。

OSPF 有以下两个问题要注意。

- 在初始发现过程中，OSPF 会在网络传输线路上进行洪泛，会削弱网络传输数据的能力。
- 链路—状态路由对存储器容量和处理器处理能力敏感。

2．OSPF 的基本概念

（1）基本概念

① Router ID：OSPF 使用一个被称为 Router ID 的 32 位无符号整数来唯一标识一台路由器。基于这个目的，每一台运行 OSPF 的路由器都需要一个 Router ID。这个 Router ID 一般需要将其手工配置为该路由器的某个接口的 IP 地址。由于 IP 地址是唯一的，这样就很容易保证 Router ID 的唯一性。在没有手工配置 Router ID 的情况下，一些厂商的路由器支持从当前所有接口的 IP 地址自动选举一个 IP 地址作为 Router ID。

② 协议号：OSPF 用 IP 报文直接封装协议报文，协议号是 89。OSPF 封装格式如图 4-32 所示。

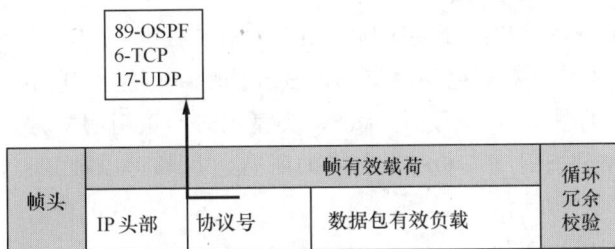

图4-32　OSPF封装格式

③ 接口（Interface）：路由器和具有唯一 IP 地址和子网掩码的网络之间的连接称为链路（Link）。

④ 指定路由器（Designated Router，DR）和备份指定路由器（Back-up Designated Router，BDR）：在一个广播型多路访问环境中的路由器必须选举一个 DR 和 BDR 来代表这个网络。DR 和 BDR 的选举是为了减少在局域网上的 OSPF 的流量。

⑤ 邻接关系（Adjacency）：可以在点到点连接的两个路由器之间形成，也可在广播或非广播多路访问网络（Non-Broadcast Multiple Access Network，NBMA）的 DR 和非指定路由器之间形成，还可以在 BDR 和非指定路由器之间形成。OSPF 路由状态信息只能通过紧邻被传送和接收。

⑥ 相邻路由器（Neighboring Routers）：带有到公共网络接口的路由器。

⑦ 邻居表（Neighbor Database）：包括所有建立联系的邻居路由器。

⑧ 链接状态表 / 拓扑表（Link State Datebase）：包括网络中所有路由器的链接状态，它表示整个网络的拓扑结构，与 Area 内的所有路由器的链接状态表都是相同的。

⑨ 路由表（Routing Table）：也称转发表，在链接状态表的基础上，利用 SPF 算法计算而来。

（2）OSPF 报文格式

OSPF 报文格式如图 4-33 所示。

以字节表示的域长	1	1	2	4	4	2	2	8	可变的
	版本号	类型	数据包长度	路由器 ID	区域 ID	校验和	认证类型	认证	数据

图4-33　OSPF报文格式

① 版本号：标识所使用的 OSPF 版本（目前版本 OSPFv2）。

② 类型：将 OSPF 数据包类型标识为 Hello 报文、DBD 报文、LSR 报文、LSU 报文、LSAck 报文类型之一。

③ 数据包长度：以字节为单位的数据包的长度，包括 OSPF 包头。

④ 路由器 ID：标识数据包的发送者。

⑤ 区域 ID：标识数据包所属的区域。所有 OSPF 数据包都与一个区域相关联。

⑥ 校验和：校验整个数据包的内容，以发现传输中可能受到的损伤。

⑦ 认证类型：类型 0 表示不进行认证，类型 1 表示采用明文方式进行认证，类型 2 表示采用 MD5 算法进行认证。OSPF 交换的所有信息都可以被认证，认证类型可按各个区域进行配置。

⑧ 认证：包含认证信息。

⑨ 数据：包含所封装的上层信息（实际的路由信息）。

（3）OSPF 报文类型

OSPF 的报文类型一共有 5 种。

① Hello 报文（Hello Packet）：最常用的一种报文，周期性地发送给本路由器的邻居。内容包括一些定时器的数值 DR BDR，以及自己已知的邻居。Hello 报文中包含 Router ID、Hello/dead intervals、Neighbors、Area-ID、Router priority、DR IP address、BDR IP address、Authentication password、Stub area flag 等信息，其中，Hello/dead intervals、Area-ID、Authentication password、Stub area flag 必须一致，相邻路由器才能建立邻居关系。Hello 报文转发如图 4-34 所示。

② DBD 报文（Database Description Packet）：两台路由器进行数据库同步时，用 DBD 报文来描述自己的链路状态数据库（Link State Database，LSDB），内容包

括 LSDB 中每一条链路状态公告（Link State Announcement，LSA）的摘要（摘要是指
LSA 的头，通过该头可以唯一标识一条 LSA）。这样做是为了减少路由器之间传递的
信息量，因为 LSA 的头只占一条 LSA 的整个数据量的一小部分，根据 LSA 的头，对端
路由器就可以判断出是否已经有了这条 LSA。

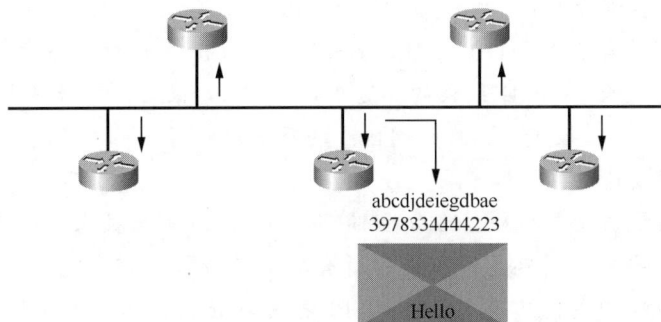

图4-34　Hello报文转发

③ LSR 报文（Link State Request Packet）：两台路由器互相交换过 DBD 报文后，
知道对端的路由器有哪些 LSA 是本地 LSDB 缺少的，这时需要发送 LSR 报文向对方请
求所需的 LSA。内容包括所需要的 LSA 的摘要。

④ LSU 报文（Link State Update Packet）：用来向对端路由器发送所需要的 LSA，
内容是多条 LSA（全部内容）的集合。

⑤ LSAck 报文（Link State Acknowledgment Packet）：用来对接收到的 DBD 报文、
LSU 报文进行确认。内容是需要确认的 LSA 的头（一个报文可以对多个LSA 进行确认）。

（4）DR 和 BDR

① DR 的概念。在广播和 NBMA 类型的网络上，任意两台路由器之间都需要传递
路由信息，如果网络中有 N 台路由器，则需要建立 $N\times (N-1)/2$ 个邻接关系。任何
一台路由器的路由变化，都需要在网段中进行 $N\times (N-1)/2$ 次的传递。这是没有必
要的，浪费了宝贵的带宽资源。为了解决这个问题，OSPF 指定一台路由器，即 DR 来
负责传递信息。所有的路由器都只将路由信息发送给 DR，再由 DR 将路由信息发送给
本网段内的其他路由器。两台不是 DR 的路由器（DR Other）之间不再建立邻接关系，
也不再交换任何路由信息。这样在同一网段内的路由器之间只需要建立 N 个邻接关系，
每次路由变化只需要进行 $2N$ 次的传递即可。

② DR 的产生过程。哪台路由器会成为本网段内的 DR 并不是人为指定的，而是由本网段中所有的路由器共同选举出来的。DR 选举如图 4-35 所示。

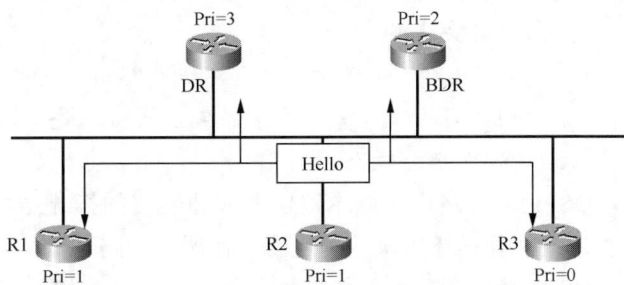

图4-35　DR选举

③ DR 的选举过程如下。

- 登记选民：本网段内运行 OSPF 的路由器。
- 登记候选人：本网段内的 Pri＞0 的 OSPF 路由器；Priority（Pri）是接口上的参数，可以配置，缺省值是 1。
- 竞选演说：部分 Pri＞0 的 OSPF 路由器认为自己是 DR。
- 选举：在所有自称是 DR 的路由器中，选 Pri 值最大的，若两台路由器的 Pri 值相等，则选 Router ID 最大的。选票就是 Hello 报文，每台路由器将自己选出的 DR 写入 Hello 报文中，发给网段上的每台路由器。

④ DR、BDR 的特点如下。

- 稳定。由于网段中的每台路由器都只与 DR 建立邻接关系。如果 DR 频繁更迭，则每次都要重新引起本网段内的所有路由器与新的 DR 建立邻接关系。这样会导致短时间内网段中有大量的 OSPF 报文在传输，降低网络的可用带宽。所以协议中规定应该尽量减少 DR 的变化。具体的处理方法是，每一台新加入的路由器并不急于参加选举，而是先考察本网段中是否已有 DR 存在。如果目前网段中已经存在 DR，即使本路由器的 Pri 比现有的 DR 还高，也不会再声称自己是 DR，而是承认现有的 DR。
- 快速响应。如果 DR 由于某种故障而失效，这时必须重新选举 DR，并与之同步。这需要较长的时间，在这段时间内，路由计算是不正确的。为了能够缩短这个过程，OSPF 提出了 BDR 的概念。BDR 实际上是对 DR 的一个备份，在选举 DR 的同时也选举出 BDR，BDR 也和本网段内的所有路由器建立邻接关系并交换路由信息。当 DR 失效后，BDR 会立即成为 DR，因为不需要重新选举，并且邻接关系事先已经建立，所以这个过程是非常短暂的。当然，这时还需要重新选举出一个新的 BDR，虽然一样需要较长的时间，但并不会影响路由计算。

⑤ 其他需要说明的 4 个问题如下。

- 网段中的 DR 并不一定是 Pri 最大的路由器；同理，BDR 也并不一定就是 Pri 第二大的路由器。
- DR 是指某个网段中的概念，是针对路由器的接口而言的。某台路由器在一个接口上可能是 DR，在另一个接口上可能是 BDR 或 DR Other。
- 只有在广播和 NBMA 的接口上才会选举 DR，在点到点和点到多点类型的接口上不需要选举。
- 两台 DR Other 路由器之间不进行路由信息的交换，但仍旧互相发送 Hello 报文。它们之间的邻居状态机停留在 2-way 状态。

（5）OSPF 链路状态

OSPF 计算路由是以本路由器周边网络的拓扑结构为基础的。每台路由器将自己周边的网络拓扑描述出来，传递给其他所有的路由器。

OSPF 将不同的网络拓扑抽象为以下 4 种类型。

① 该接口所连的网段中只有路由器自己（Stub Networks）。

② 该接口通过点到点的网络与一台路由器相连（Point-to-Point）。

③ 该接口通过广播或 NBMA 与多台路由器相连（Broadcast or NBMA）。

④ 该接口通过点到多点的网络与多台路由器相连（Point-to-Multipoint）。

NBMA 是指非广播多点可达的网络，比较典型的有 X.25 和 Frame Relay。在这种网络中，为了减少路由信息的传递次数，需要选举 DR，其他的路由器只与 DR 交换路由信息。在上述描述中有一个缺省的条件：这个 NBMA 必须是全连通的（Full Meshed），但在实际情况中并不一定总能得到满足。例如，一个 X.25 网络出于成本方面的考虑，并不一定在任何两台路由器之间都建立一条 Map；即使是一个全连通的网络，也可能由于故障导致某条 Map 中断，该网络变成不是全连通的。在这种情况下会有什么问题呢？假设有一个非全连通的 X.25 网络，但其中 A、B、E 三者是全连通的，假设 E 被选举为 DR，其他为 DR Other（这里先不考虑 BDR）。A、C、D 三者也是全连通的，D 是其中的 DR。由于 D、E 之间不连通，所以 DR 的选举算法不能正确运行，D、E 都坚持宣称自己是 DR。对于 A，则只能根据选举算法确定一个 DR，假设是 E，则 A 与 E 之间交换路由信息。A 不承认 D 是 DR，D 无法与 A 交换路由信息，A 与 C 之间也无法交换路由信息（两者都是 DR Other）。这样 D 和 C 就无法与网络中其他路由器交换路由信息，导致路由计算不正确。

由上述分析可知：错误产生的原因是在非全连通的网络中选举了 DR。为了解决这个问题，OSPF 定义了一种新的网络类型——Point-to-Multipoint（点到多点）。点到多点与 NBMA 最本质的区别是：在点到多点的网络中不选举 DR、BDR，即这种类型的网络中任意两台路由器之间都可以交换路由信息。在上面的例子中，B、C 可以通过 A 与网段中的其他路由器交换路由信息。一个 NBMA 是不是全连通的，需要网络管理人员去判断，如果不是，则需要更改配置，将网络的类型改为点到多点。

NBMA 与点到多点之间的区别如下。

① 在 OSPF 中 NBMA 是指那些全连通的非广播多点可达网络。而点到多点的网络并不需要一定是全连通的。

② 在 NBMA 上需要选举 DR 和 BDR，在点到多点的网络则不需要选举 DR 和 BDR。

③ NBMA 是一种缺省的网络类型，例如，如果链路层是 X.25、Frame Relay 等类型，则 OSPF 会缺省地认为该接口的网络类型是 NBMA（不论该网络是否全连通，因为链路层无法判断出来）。而点到多点不是缺省的网络类型，没有哪种链路层协议会被认为是点到多点的。点到多点必须是由其他的网络类型强制更改的。最常用的是将非全连通的 NBMA 改为点到多点。

④ NBMA 用单播发送协议报文，需要手工配置邻居。点到多点是可选的，既可以用单播发送报文，又可以用多播发送报文。

简单地说：在 OSPF 中 NBMA 和点到多点都是指非广播多点可达的网络，但 NBMA 必须满足全连通的要求，即任意两点都可以不经转发就使报文直达对端。否则，我们称该网络是点到多点网络。

（6）OSPF 的邻居状态机

OSPF 的邻居状态机如图 4-36 所示。

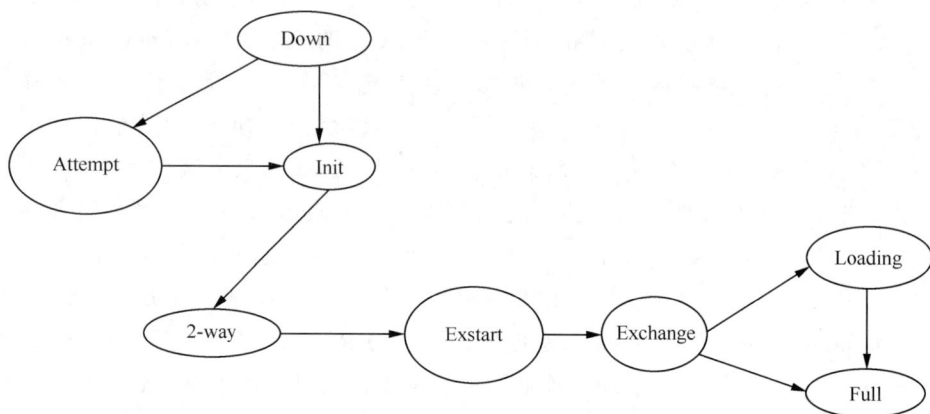

图4-36　OSPF的邻居状态机

① Down：邻居状态机的初始状态，是指在过去的 Dead-Interval 时间内没有收到对方的 Hello 报文。

② Attempt：只适用于 NBMA 类型的接口，处于本状态时，定期向那些手工配置的邻居发送 Hello 报文。

③ Init：本状态表示已经收到了邻居的 Hello 报文，但是该报文中列出的邻居中没有包含我的 Router ID（对方并没有收到我发的 Hello 报文）。

④ 2-way：本状态表示双方互相收到了对端发送的 Hello 报文，建立了邻居关系。在广播和 NBMA 类型的网络中，两个接口状态是 DR Other 的路由器之间将停留在此状态。其他情况状态机将继续转入高级状态。

⑤ Exstart：在此状态下，路由器和它的邻居之间通过交换 DBD 报文（该报文并不包含实际的内容，只包含一些标志位）来决定发送时的主 / 从关系。建立主 / 从关系主要是为了保证在后续的 DBD 报文交换中能够有序地发送。

⑥ Exchange：路由器将本地的 LSDB 用 DBD 报文来描述，并发给邻居。

⑦ Loading：路由器发送 LSR 报文向邻居请求对方的 DBD 报文。

⑧ Full：在此状态下，邻居路由器的 LSDB 中所有的 LSA 本路由器全都有了，即本路由器和邻居建立了邻接状态。

注意：Down、2-way、Full 的状态是指稳定的状态，其他状态则是在转换过程中瞬间（一般不会超过几分钟）存在的状态。本路由器和状态可能与对端路由器的状态不相同。例如，本路由器的邻居状态是 Full，对端的邻居状态可能是 Loading。

（7）OSPF 邻居关系的建立过程

OSPF 邻居关系的建立过程如图 4-37 所示。

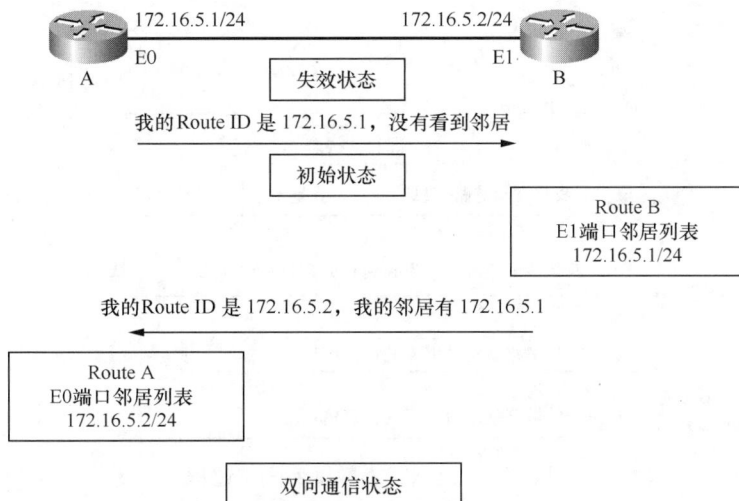

图4-37 OSPF邻居关系的建立过程

当配置 OSPF 的路由器刚启动时，相邻路由器（配置有 OSPF 进程）之间的 Hello 报文交换过程是最先开始的。网络中的路由器初始启动后，交换过程如下所述。

第一步：路由器 A 在网络里刚启动时是 Down-state，因为没有和其他路由器交换信息。它开始向加入 OSPF 进程的接口发送 Hello 报文，尽管它不知道任何路由器和谁是 DR。Broadcast、Point-to-Point 网络的 Hello 报文是用多播地址 224.0.0.5 发送的，NBMA、Point-to-Multipoint、AND Virtual Link 这 3 种网络类型的 Hello 报文是用单播地址发送的。

第二步：所有运行 OSPF 的与路由器 A 直连的路由器收到路由器 A 的 Hello 报文后把路由器 A 的 ID 添加到自己的邻居列表中，这个状态是 Init-state。

第三步：所有运行 OSPF 的与路由器 A 直连的路由器向路由器 A 发送单播的回应 Hello 报文，Hello 报文中邻居字段内包含所有知道的路由器 ID，也包括路由器 A 的 ID。

第四步：当路由器 A 收到这些 hello 报文后，它将其中所有包含自己路由器 ID 的路由器都添加到自己的邻居表中，这个状态叫作 2-Way。这时，所有在其邻居表中包含彼此路由器 ID 记录的路由器就建立起了双向的通信。

第五步：如果网络类型是广播型或 NBMA——就像以太网一样的 LAN，那么就需要选举 DR 和 BDR。DR 将与网络中所有其他的路由器之间建立双向的邻接关系。这个过程必须在路由器能够开始交换链路状态信息之前发生。

第六步：路由器周期性（广播型网络中缺省是 10s）地在网络中交换 Hello 报文，以确保通信仍然在正常工作。更新用的 Hello 包中包含 DR 和 BDR，以及已经被接收到的路由器列表。注意，这里的"接收到"意味着接收方的路由器在所接收到的 Hello 报文中看到它自己的路由器 ID 是其中的条目之一。

（8）链路状态数据库的同步过程

链路状态数据库同步过程如图 4-38 所示。

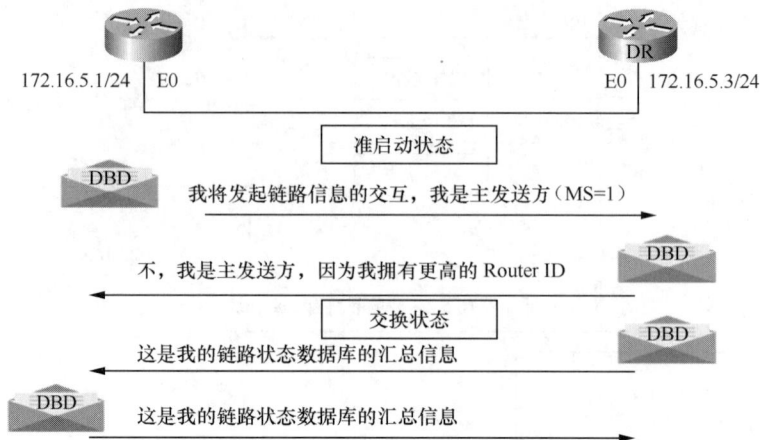

图4-38 链路状态数据库同步过程

一旦选举出了 DR 和 BDR，路由器就被认为进入"准启动"状态，并且它们也已经准备好发现有关网络的链路状态信息，以及生成它们自己的链路状态数据库。用来发现网络路由的这个过程被称为交换协议，它使路由器进入通信的"完全"状态。这个过程中的第一步是使 DR 和 BDR 与网络中所有其他的路由器建立一个邻接关系。一旦邻接的路由器处于"完全"状态时，交换协议不会被重复地执行，除非"完全"状态发生了变化。

交换协议运行步骤如图 4-39 所示。

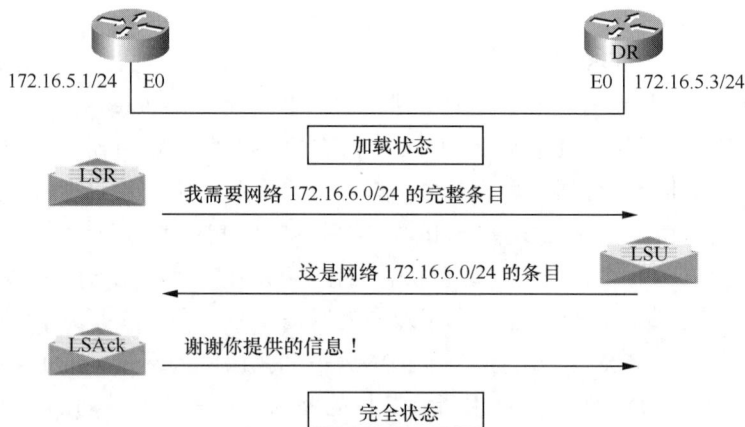

图4-39 交换协议运行步骤

① 在"准启动"状态中，DR 和 BDR 与网络中其他的各路由器建立邻接关系。在这个过程中，各路由器与它邻接的 DR 和 BDR 之间建立一个主从关系。拥有高 Router ID 的路由器成为主路由器。

② 主/从路由器之间交换一个或多个 DBD 报文（也称为 DDP 数据包）。这时，路由器处于"交换"状态。

DBD 报文包括在路由器的链路状态数据库中出现的 LSA 条目的头部信息。LSA 条目可以是关于一条链路或是关于一个网络的信息。每一个 LSA 条目的头部信息包括链路类型、通告该信息的路由器地址、链路的开销，以及 LSA 的序列号等信息。LSA 序列号被路由器用来识别接收到的链路状态信息的新旧程度。

③ 当路由器接收到 DBD 报文后，它将要进行以下工作。

第一，通过检查 DBD 报文中 LSA 的头部序列号，将它接收到的信息和它拥有的信息进行比较。如果 DBD 报文中有一个更新的链路状态条目，那么路由器将向另一台路由器发送 LSR 报文。发送 LSR 报文的过程被称为"加载"状态。

第二，另一台路由器将使用 LSU 报文回应请求，并在其中包含所请求条目的完整信息。当路由器收到一个 LSU 报文时，它将再一次发送 LSAck 报文回应。

④ 路由器添加新的链路状态条目到它的链路状态数据库中。

当给定路由器的所有 LSR 报文都得到了满意的答复时，邻接的路由器就被认为达到了同步并进入"完全"状态。路由器在能够转发数据流量之前，必须达到"完全"状态。

3. OSPF 的区域划分

OSPF 区域如图 4-40 所示。

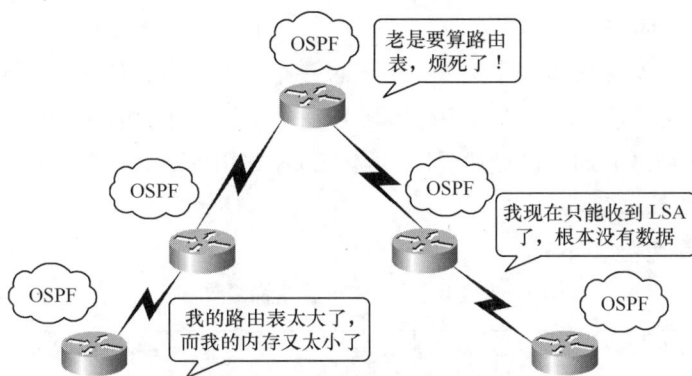

图4-40　OSPF区域

随着网络规模日益增大，网络中的路由器数量不断增加。当一个巨型网络中的路由器都运行 OSPF 时，就会遇到以下问题。

① 每台路由器都保留着整个网络中其他所有路由器生成的 LSA，这些 LSA 的集合组成 LSDB，路由器数量的增多会导致 LSDB 的容量非常庞大，会占用大量的存储空间。

② LSDB 的庞大容量会增加运行 SPF 算法的复杂度，导致 CPU 负担加重。

③ 由于 LSDB 容量很大，两台路由器之间达到 LSDB 同步会需要很长时间。

④ 网络规模增大之后，拓扑结构发生变化的概率也增大，网络会经常处在"动荡"之中。为了同步这种变化，网络中会有大量的 OSPF 报文在传递，降低了网络的带宽利用率。更糟糕的是，每一次变化都会导致网络中所有的路由器重新进行路由计算。

OSPF 区域划分如图 4-41 所示。

解决上述问题的关键主要涉及减少 LSA 的数量和屏蔽网络变化波及的范围两个方面。

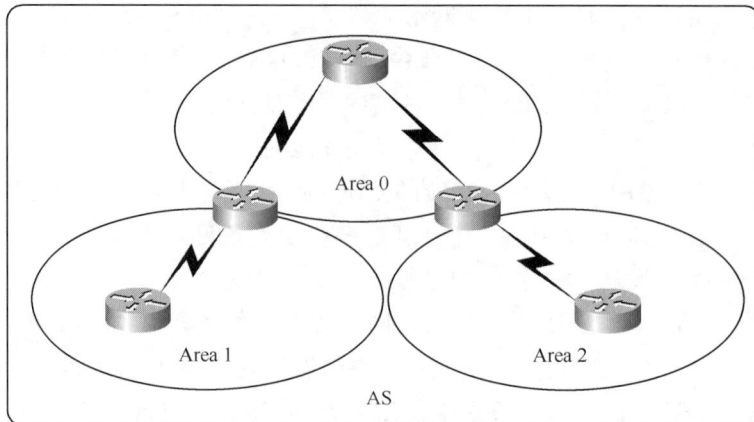

图4-41　OSPF区域划分

OSPF 通过将 AS 划分成不同的区域来解决上述问题。区域是在逻辑上将路由器划分为不同的组。区域的边界是路由器，这样会有一些路由器属于不同的区域（这样的路由器被称作区域边界路由器），而一个网段只能属于一个区域。划分区域之后，给 OSPF 的处理带来了很大的变化。

① 每一个网段必须属于一个区域，或者说每个运行 OSPF 的接口必须指明属于某一个特定的区域，区域用区域号来标识。区域号是一个从 0 开始的 32 位整数。

② 不同的区域之间通过区域边界路由器来传递路由信息。

4．OSPF 的基本配置

OSPF 配置命令见表 4-3。

表4-3　OSPF配置命令

命令格式	命令模式	命令功能
router ospf <process-id>	全局	启动OSPF路由选择进程
router-id <ip-address>	路由	设置OSPF的Router ID号
network <wildcard-mask> area <area-id>	路由	定义OSPF运行的接口，对这些接口定义区域ID，如果该区域不存在则自动创建

（1）启动 OSPF

一台路由器如果要运行 OSPF，必须在全局配置模式下启动该协议。

（2）配置路由器的 Router ID

Router ID 是每一台路由器在 AS 中的唯一标识，OSPF 能够正常运行的前提条件是该路由器已经存在一个 Router ID。在 OSPF 路由模式下，可更改此 ID。

（3）配置 OSPF 区域

必须为每一个要运行 OSPF 的接口指定一个区域。

Network 命令将对所有接口进行遍历，如果接口属于 <address> 和 <wildcard-mask> 指定的范围，则将其加到命令中指定的 OSPF 区域中。

（4）OSPF 配置示例

OSPF 配置示例如图 4-42 所示。

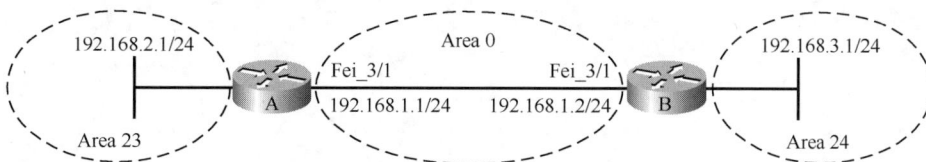

图4-42　OSPF配置示例

在路由器 A 和 B 上运行 OSPF，并将网络划分为 3 个区域。

路由器 A 的配置如下。

```
ZXR10_A（config）#router ospf 1
ZXR10_A（config-router）#network 192.168.2.0  0.0.0.255  area  23
ZXR10_A（config-router）#network 192.168.1.0  0.0.0.255  area  0
```

路由器 B 的配置如下。

```
ZXR10_B（config）#router ospf 1
ZXR10_B（config-router）#network 192.168.3.0  0.0.0.255  area  24
ZXR10_B（config-router）#network 192.168.1.0  0.0.0.255  area  0
```

网络访问控制技术

项目一　网络访问控制

项目引入

某公司财务部门为了更好地服务员工，开发了一个 Web 站点供员工查询个人薪资信息。公司领导给财务部的要求是员工既能保证查询到个人的薪资信息，又要保证财务部门核心数据库的安全，杜绝恶意窥探和入侵服务器的情况。这就需要在公司网络设备上设置访问控制列表（Access Control List，ACL）来提高信息的安全性和可控性。

什么是 ACL 呢？ ACL 其实是一种报文过滤器，安装什么样的滤芯（即根据报文特征配置相应的 ACL 规则），ACL 就能过滤出什么样的报文。

基于过滤出的报文，我们能够做到阻塞攻击报文、为不同类别的报文流提供差分服务、对 Telnet 登录 /FTP 文件下载进行控制等，从而提高网络环境的安全性和网络传输的可靠性。在本项目中，我们一起来学习一下 ACL 技术。

学习目标

1. 识记：ACL 的基本概念和 ACL 的分类。
2. 领会：ACL 的工作流程和判别标准。
3. 熟悉：标准 ACL 和扩展 ACL 的比较。
4. 掌握：标准 ACL 和扩展 ACL 的网络配置。

任务一　ACL 技术

1. ACL 概述

ACL 是一种对经过路由器的数据流进行判断、分类和过滤的方法。常见的是将 ACL 应用到接口上，根据数据包与数据段的特征判断是否允许数据包通过路由器转发，其主要目的是对数据流量进行管理和控制。ACL 如图 5-1 所示。

我们经常使用 ACL 实现策略路由和特殊流量的控制。一个 ACL 中可以包含一条或多条特定类型的 IP 数据包的规则。

ACL 作为一个通用数据流量的判断标准，还可以和其他技术配合，应用在不同的场合，例如防火墙、QoS 与队列技术、策略路由、数据速率限制、路由策略、NAT 等。

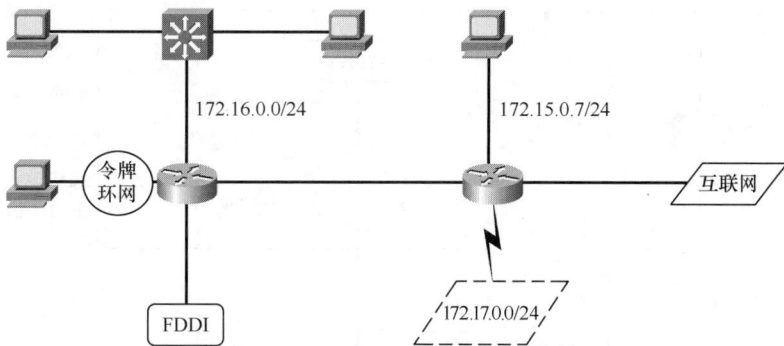

图5-1 ACL

2. ACL 的分类

ACL 分为标准 ACL 和扩展 ACL 两种类型。

① 标准 ACL 只将数据包的源地址信息作为过滤的标准，而不基于协议或应用进行过滤，即只能根据数据包的来源，而不能基于数据包的协议类型及应用对其进行控制，例如 IP。

② 扩展 ACL 可以将数据包的源地址、目的地址、协议类型及应用类型（端口号）等信息作为过滤的标准，即可以根据数据包从哪里来、到哪里去、采用何种协议和什么样的应用等特征来进行精确的控制。

ACL 可被应用在数据包进入路由器的接口方向，也可被应用在数据包从路由器出来的接口方向，一台路由器上可以设置多个 ACL。但对于一台路由器的某个特定接口的特定方向，某个协议（例如 IP）只能同时应用一个 ACL。

3. ACL 的工作流程

下面以应用在外出接口方向的 ACL 为例说明 ACL 的工作流程。

数据包进入路由器的接口，根据目的地址查找路由表，找到转发接口（如果路由表中没有相应的路由条目，路由器会直接丢弃此数据包，并给源主机发送目的不可达的消息）。确定外出接口后需要检查是否在外出接口上配置了 ACL，如果没有配置 ACL，路由器将做与外出接口数据链路层协议相同的二层封装，并转发数据。如果在外出接口上配置了 ACL，则要根据 ACL 制定的原则对数据包进行判断：如果匹配了某一条 ACL 的判断语句并且这条语句的关键字是 permit，则转发数据包；如果匹配了某一条 ACL 的判断语句并且这条语句的关键字不是 permit，而是 deny，则丢弃数据包。ACL 的工作流程如图 5-2 所示。

接下来，研究 ACL 内部的具体处理过程。ACL 内部处理流程如图 5-3 所示。

每个 ACL 可以由多条语句（规则）组成，当一个数据包要通过 ACL 的检查时，首先检查 ACL 中的第一条语句，如果语句匹配其判别条件，则依据这条语句所配置的关键字对此数据包进行操作：如果关键字是 permit，则转发此数据包；如果关键字是 deny，则直接丢弃此数据包。

103

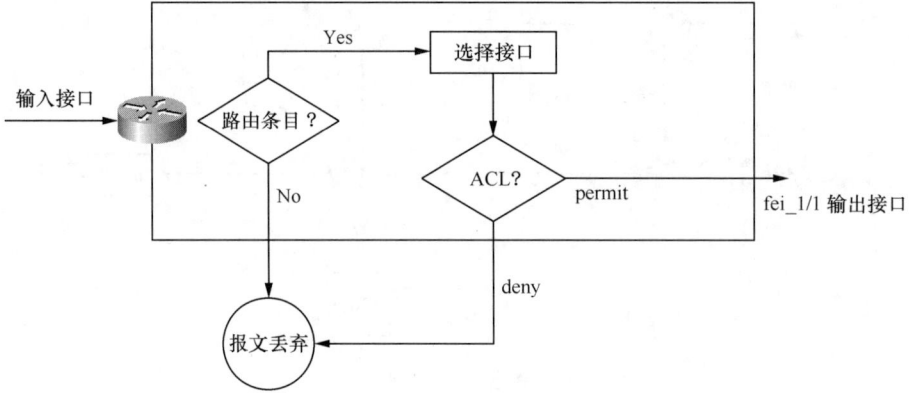

图5-2　ACL的工作流程

如果没有匹配第一条语句的判别条件，则进行下一条语句的匹配。同样，如果语句匹配其判别条件，则依据这条语句所配置的关键字对数据包进行操作：如果关键字是permit，则转发此数据包；如果关键字是 deny，则直接丢弃此数据包。

这个过程一直进行，一旦数据包匹配了某条语句的判别条件，则根据这条语句所配置的关键字转发或丢弃。

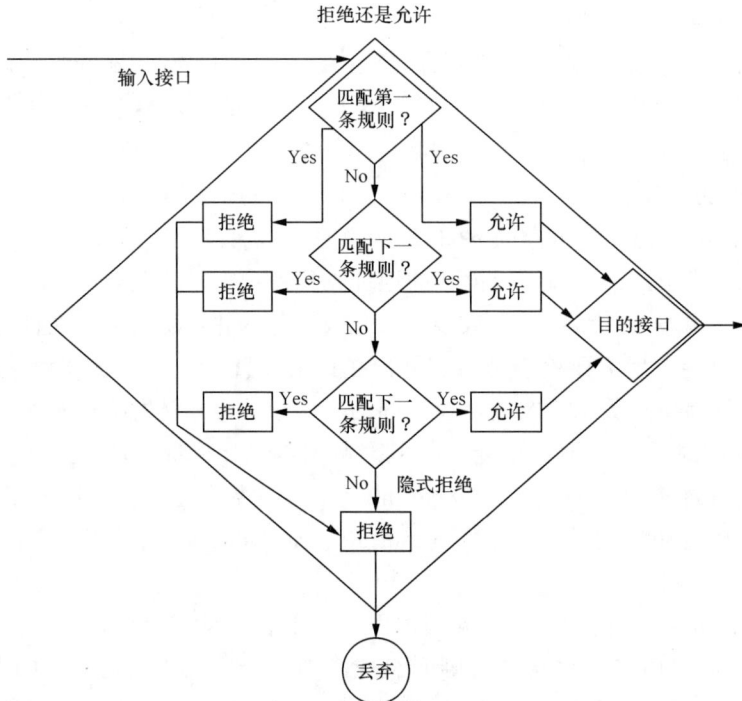

图5-3　ACL内部处理流程

如果一个数据包没有匹配上 ACL 中的任何一条语句，则它会被丢弃掉。因为缺省情况下每一个 ACL 在最后都有一条隐含的匹配所有数据包的条目，其关键字是 deny。

总体而言，以上 ACL 内部的处理过程就是按照自上而下的顺序执行，直至找到匹配的规则，然后选择允许或拒绝。

4. ACL 的判别标准

ACL 可以使用的判别标准包括源 IP 地址、目的 IP 地址、协议类型（IP、UDP、TCP、ICMP）、源端口号和目的端口号。ACL 可以将这 5 个要素中的一个或多个要素的组合作为判别标准。总之，ACL 只能根据 IP 包、TCP 或 UDP 数据段中的信息对数据流进行判断，即根据第三层及第四层的头部信息进行判断。ACL 的判别标准如图 5-4 所示。

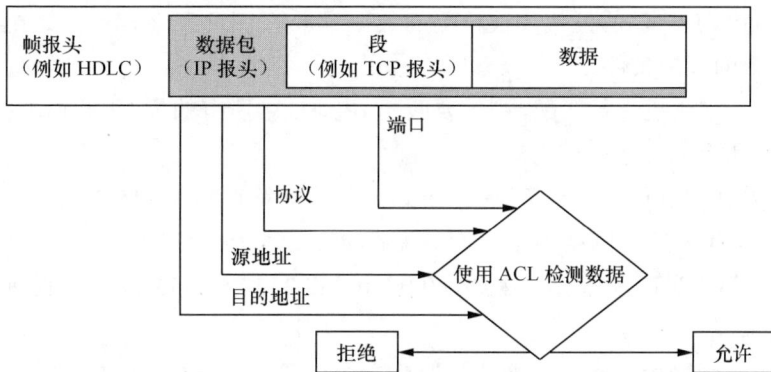

图5-4　ACL的判别标准

5. 标准 ACL 和扩展 ACL 的比较

标准 ACL 和扩展 ACL 的比较见表 5-1。

表5-1　标准ACL和扩展ACL的比较

标准ACL	扩展ACL
基于源IP地址过滤	基于源IP地址、目的IP地址过滤
允许或拒绝整个 TCP/IP 协议族	指定特定的IP和协议号
编号范围为1～99	编号范围为100～199

标准 ACL 对数据包的控制是基于源 IP 地址的，它可以根据数据包的源地址判断允许或拒绝数据包通过，针对的是整个 TCP/IP 协议族的所有数据包，其编号范围为 1～99。

扩展 ACL 对数据包的控制可以基于源 IP 地址、目的 IP 地址、协议类型、传输层端口号等信息，它可以针对数据包的源 IP 地址、目的 IP 地址、协议类型及应用类型来判断允许或拒绝数据包通过，可以对数据包进行精确的分类与控制，其编号范围为 100～199。

任务二　ACL 配置

1. 标准 ACL 的配置

配置标准 ACL 的编号范围为 1～99，配置语句中只有源 IP 地址的匹配条件，如果只写 IP 地址而不写通配符，其缺省通配符为 0.0.0.0。可使用 "no access-list access-list-number{ in | out }" 删除整个 ACL。 在接口配置模式下使用 ip access-group access-list-number { in | out } 将 ACL 应用在接口上，可使用"no ip access-group access-list-number{ in | out }" 去掉接口上的 ACL 设置。

通配符的作用如下。

在 ACL 的判别条件中使用一个 IP 地址与通配符来指定匹配的范围。通配符中为"0"的位代表被检测的数据包中的 IP 地址必须与通配符 0 位对应的 IP 地址一致才被认为满足了匹配条件。

而通配符中为"1"的位代表被检测的数据包中的 IP 地址忽略了与通配符 1 位对应的 IP 地址一致的匹配条件。

如果要对特定主机进行匹配，则需要匹配 IP 地址中所有的位，因此通配符为 0.0.0.0，代表必须匹配所有的位才被认为满足了匹配条件。

如果想指定匹配所有地址，可使用 IP 地址与通配符 0.0.0.0 255.255.255.255，其中，IP 地址 0.0.0.0 代表所有网络地址，而通配符 255.255.255.255 代表不管数据包中的 IP 地址是什么，都满足匹配条件。因此，0.0.0.0 255.255.255.255 意为接收所有地址并且可简写为"any"。

对于特定子网网段范围的匹配，其计算方式与子网划分与子网掩码的计算类似，但"0"与"1"的含义相反。

标准 ACL 配置示例如图5-5所示。

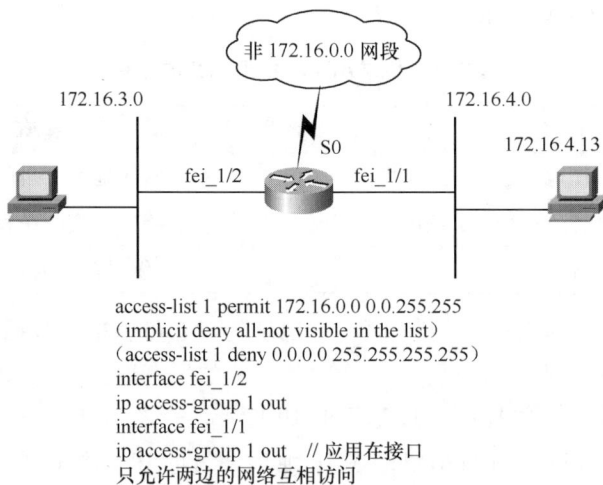

access-list 1 permit 172.16.0.0 0.0.255.255
（implicit deny all-not visible in the list）
（access-list 1 deny 0.0.0.0 255.255.255.255）
interface fei_1/2
ip access-group 1 out
interface fei_1/1
ip access-group 1 out   // 应用在接口
只允许两边的网络互相访问

图5-5　标准ACL配置示例

本示例中，ACL 1 只允许源地址为 172.16.0.0 网段的主机通过，并且 ACL 1 被应用在接口 fei_1/1 与 fei_1/2 的外出方向。而处于 172.16.3.0 与处于 172.16.4.0 两个网段内的主机不能访问非 172.16.0.0 网络的主机，原因是一般的数据通信都是双向的，回来的数据包被 ACL 拒绝，导致通信不能正常进行。

使用命令 line telent access-class access-list-number 来引用一个 ACL 并作用在路由

器的 Telnet 服务上。

2．扩展 ACL 的配置

使用命令 access-list access-list-number { permit | deny } protocol source source-wildcard [operator port] destination destination-wildcard[operator port][established] 配置扩展 ACL。

access-list-number 为 ACL 列表号，编号范围为 100 ～ 199。

{ permit | deny } 为关键字，必选项。

protocol 为协议类型，包括 IP、UDP、TCP、ICMP。

source source-wildcard 为源 IP 地址及源地址掩码。

[operator port] 为传输层的源端口号。

destination destination-wildcard 为目的地址及目的地址掩码。

[operator port] 为传输层的目的端口号。

[established] 只有当协议类型为 TCP 时可用，其含义为允许从源地址到目的地址建立 TCP 连接并传输数据而不允许建立其他连接。

在接口配置模式下使用命令 Router（config-if）#ip access-group access-list-number { in | out } 将 ACL 应用到接口上。

扩展 ACL 配置示例如图 5-6 所示。

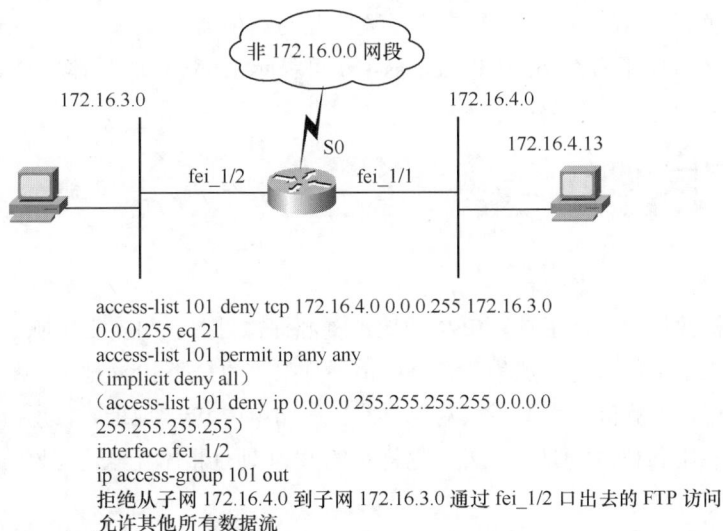

图5-6　扩展ACL配置示例

本示例中首先配置编号为 101 的扩展 ACL，拒绝从 172.16.4.0/24 网段发出的到达 172.16.3.0/24 网段的 TCP 端口号为 21（FTP）的数据流。

ACL 的规则如下。

① 按照由上到下的顺序执行，找到第一个匹配端口后即执行相应的操作，然后跳出 ACL 而不会继续匹配下面的语句。因此，ACL 中语句的顺序是很关键的，如果顺序错误则效果有可能与预期完全相反。

② 末尾隐含 deny 全部。这意味着 ACL 中必须有明确的允许数据包通过的语句，否则将没有数据包能够通过。

③ ACL 可应用于 IP 接口或某种服务。ACL 是一个通用的数据流分类与判别工具，可以被应用到不同的场合，常见的是将 ACL 应用在接口上或服务上。

④ 在应用 ACL 之前，要首先创建好 ACL，否则可能会出现错误。

⑤ 对于一个协议，一个接口的一个方向上同一时间内只能设置一个 ACL，并且 ACL 配置在接口上的方向也是很重要的，如果配置错误可能不起作用。

ACL 的设置原则如图 5-7 所示。

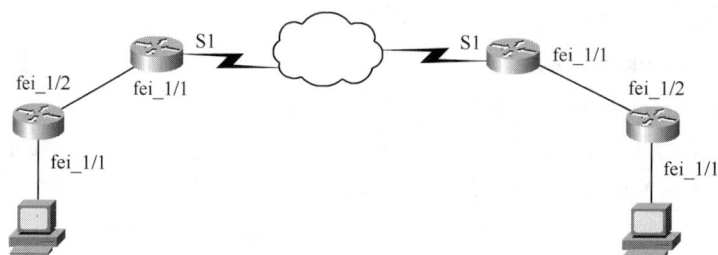

图5-7　ACL的设置原则

虽然 ACL 应用在路由器的入接口或出接口都可以达到相同的效果，但是为了避免不必要的数据流量，ACL 应被配置在接近数据源的路由器上。

在特权模式下使用命令 show ip access-list 可显示 IP ACL 的具体内容。

项目二　网络地址转换

项目引入

随着计算机数量的不断猛增，IPv4 的地址资源捉襟见肘。事实上，除了中国教育和科研计算机网（CERNET）外，一般用户几乎申请不到整段的 C 类 IPv4 地址。在其他 ISP 那里，即使是拥有几百台计算机的大型局域网用户，当他们申请 IPv4 地址时，所分配的地址也不过只有几个或十几个 IPv4 地址。显然，这样少的 IPv4 地址根本无法满足网络用户的需求，于是也就产生了 NAT 技术。

NAT 具有"屏蔽"内部主机的作用，将内部网络的私有 IPv4 地址转换成公网 IPv4 地址，从而在有限的公网 IPv4 地址下支持多个内部设备与外部网络通信。这种转换过程隐藏了内部网络的实际 IPv4 地址，提高了网络安全性，并减少了对公网 IPv4 地址的需求。我们在本项目中一起来学习 NAT 技术。

学习目标

1. 识记：NAT 的基本概念。
2. 领会：NAT 的工作原理。

3．熟悉：静态 NAT、动态 NAT。

4．掌握：静态 NAT、动态 NAT 及 PAT 的网络配置。

任务一　NAT 技术

1．NAT 概述

NAT 如图 5-8 所示。

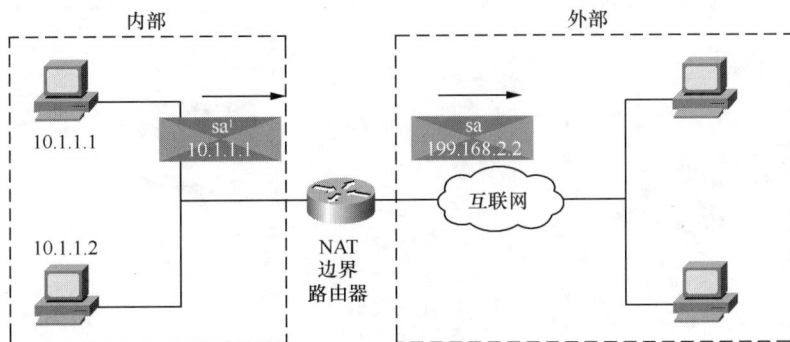

注1：sa 代表源地址。

图5-8　NAT

（1）NAT 的作用

有效节约互联网的公网地址，使所有的内部主机使用有限的合法地址都可以连接到互联网，NAT 技术可以有效地隐藏内部局域网中的主机，这是一种有效的网络安全保护技术。同时，地址转换可以根据用户的需要，在内部局域网被提供给外部 FTP、WWW、Telnet 服务。

（2）NAT 的优缺点

NAT 的优点如下。

① NAT 可以节省公网的 IP 地址，缓解 IP 地址资源匮乏的问题；减少发生地址冲突的可能性。

② 小型网络可以通过 NAT，使私有网络灵活地接入互联网；对外界隐藏内部网络的结构，维持局域网的私密性。

NAT 的缺点如下。

① 使用 NAT 必然要引入额外的时延，从而丧失端到端的 IP 跟踪能力。

② 一些特定应用可能无法正常工作，例如，地址转换时很难处理报文内容中有用的地址信息。

③ 地址转换由于隐藏了内部主机地址，有时会使网络调试变得复杂。

（3）私有地址和公有地址

A、B、C 3 类地址中大部分是可以在互联网上分配给主机使用的合法 IP 地址，其中以下为私有地址空间：

10.0.0.0 ～ 10.255.255.255；

172.16.0.0 ～ 172.31.255.255；

192.168.0.0 ～ 192.168.255.255。

私有地址可不经申请直接在内部网络中分配使用，不同的私有网络可以有相同的私有网段。但私有地址不能直接出现在公网上，私有网络内的主机在与位于公网上的主机进行通信时必须经过网络地址转换，将其私有地址转换为合法公网地址才能对外访问。

2. NAT 工作原理

NAT 工作原理如图 5-9 所示。

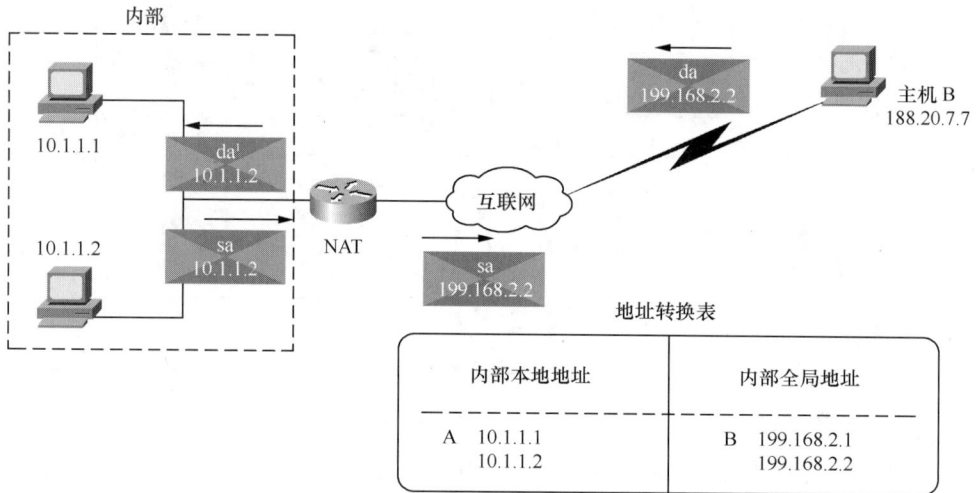

注1：da 代表目的地址。

图5-9　NAT工作原理

（1）NAT 工作原理

在连接内部网络与外部公网的路由器上，NAT 将内部网络中主机的内部局部地址转换为合法的、可以出现在外部公网上的内部全局地址来响应外部世界寻址。

① 内部或外部：反映了报文的来源。内部局部地址和内部全局地址表明报文来自内部网络。

② 局部或全局：表明地址的可见范围。局部地址在内部网络中可见，全局地址则在外部网络可见。因此，一个内部局部地址来自内部网络，且只在内部网络中可见，不需要经过网络地址转换；内部全局地址虽然来自内部网络，但在外部网络可见，需要经过网络地址转换。

（2）NAT 工作方式

NAT 工作方式如图 5-10 所示。

NAT 工作方式主要包括一对一转换内部局部地址、一对多超载内部全局地址。

一对一转换内部局部地址是指一个内部地址主机对外访问时与一个外部合法的 IP 地址对应，并保持一对一的关系。如果内部主机数量多于合法的外部 IP 地址数量，当所有的外部合法地址被占用后，其他内部主机将无法对外访问。一对一转换内部局部地址如图 5-11 所示。

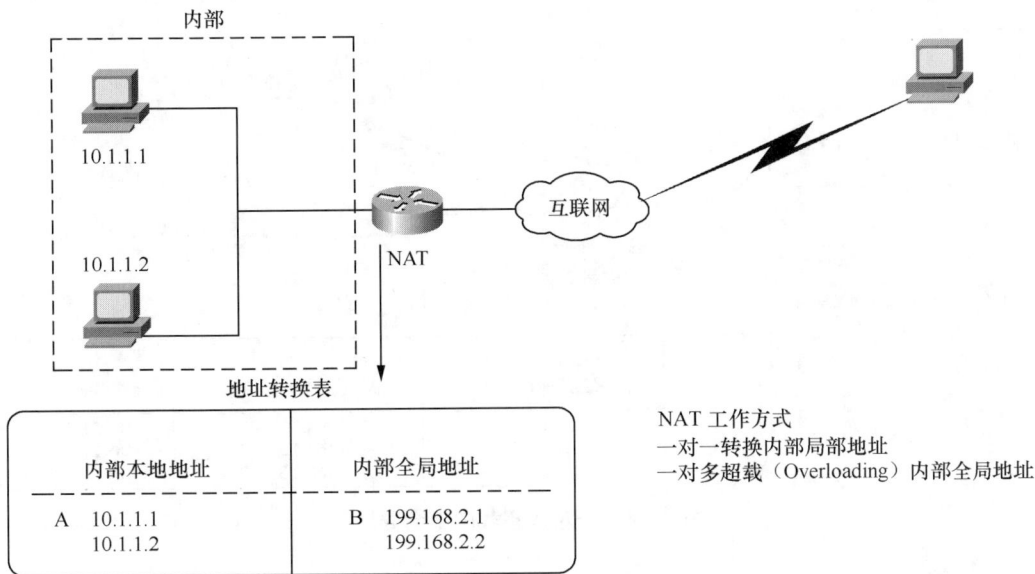

图5-10 NAT工作方式

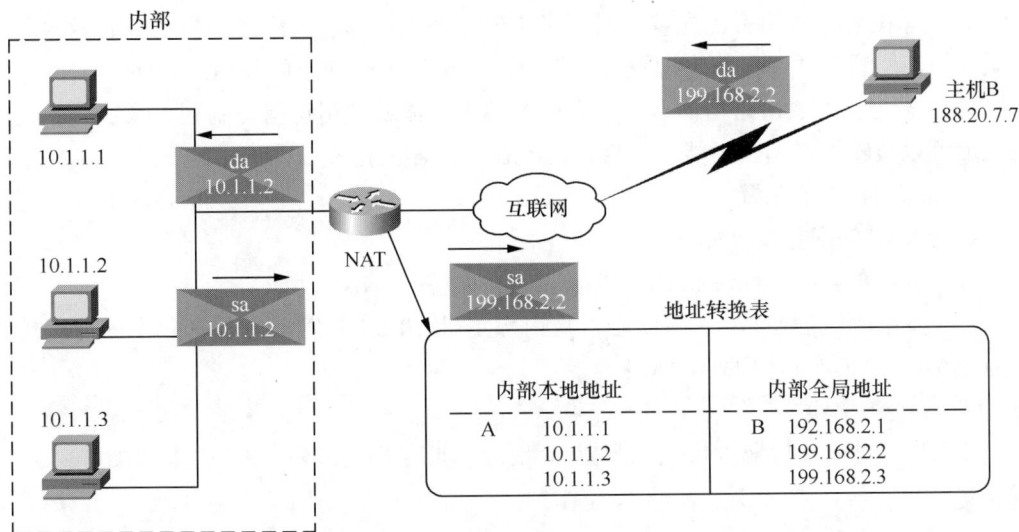

图5-11 一对一转换内部局部地址

一对多超载内部全局地址是指在一个内部地址主机对外访问时，与一个合法的外部IP 地址及某个传输层的端口号相对应。这样多台内部主机可以使用一个合法的外部地址对外访问。一对多转换使没有分配合法外部地址的网络中的内部主机可以利用一个路由器外连接口上的合法外部 IP 地址进行网络地址转换，提供内部主机对互联网的访问能力，最大限度地节省 IP 地址资源。一对多超载内部全局地址如图 5-12 所示。

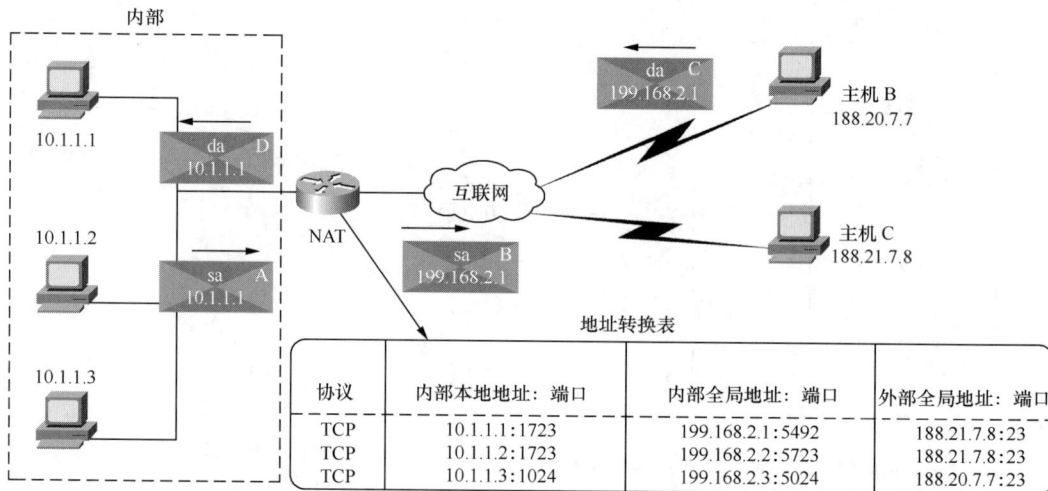

图5-12　一对多超载内部全局地址

任务二　NAT 配置

NAT 的配置方法包含静态配置与动态配置两种方式。

① 静态配置方式用手工配置一对一指定转换关系。内部网络对外提供互联网服务必须采用静态配置方式，但静态配置方式没有起到节约公网地址的作用。

② 动态配置方式由路由器自动建立转换关系，需要使用访问控制列表来决定哪些主机地址可以被转换，哪些不能被转换，需要在路由器上定义公网地址池与 ACL。

1. 静态 NAT 的配置

静态 NAT 的配置步骤如下。

第一步：在全局配置模式下配置 ip nat start，启动 NAT 功能。

第二步：配置静态 NAT 的规则，将内部主机 10.1.1.1 发出的数据包中的源地址转换为 199.168.2.2，发送到外部网络。

```
ip nat inside source static 10.1.1.1 199.168.2.2
```

第三步：进入接口配置模式，配置 IP 地址，指定此接口为 NAT 的内部接口。

```
interface fei_1/1
ip address 10.1.1.254 255.255.255.0
ip nat inside
```

第四步：进入另一个接口的配置模式，配置IP地址，指定此接口为 NAT 的外部接口。

```
interface serial_2/1
ip address 199.168.2.254 255.255.255.0
ip nat outside
```

2. 动态 NAT 的配置

动态 NAT 的配置步骤如下。

第一步：在全局配置模式下配置 ip nat start，启动 NAT 功能。

第二步：配置名为 dyn-nat 的地址池，将合法的外部地址 199.168.2.2 至 199.168.2.254 加入地址池。

```
ip nat pool dyn-nat 199.168.2.2 199.168.2.254 prefix-length 24
```

第三步：配置标准 ACL，列表号为 1，匹配从源地址网段 10.1.1.0/24 发出的数据包。

```
access-list 1 permit 10.1.1.0 0.0.0.255
```

第四步：配置 NAT 语句，将内部网络符合 ACL 1 的数据包的源地址转换为地址池 dyn-nat 中的地址。

```
ip nat inside source list 1 pool dyn-nat
```

第五步：进入接口配置模式，配置 IP 地址，指定此接口为 NAT 的内部接口。

```
interface fei_1/1
ip address 10.1.1.254 255.255.255.0
ip nat inside
```

第六步：进入另一个接口的配置模式，配置 IP 地址，指定此接口为 NAT 的外部接口。

```
interface Serial_2/1
ip address 199.168.2.1 255.255.255.0
ip nat outside
```

3. 端口地址转换的配置

当一个公司或组织没有获得合法的外部地址段时，也可以使用端口地址转换（Port Address Translation，PAT）将内部主机地址转换为路由器 WAN 接口上合法的外部地址，再对外访问。

PAT 使没有分配到合法的外部地址的内部主机能够利用一台路由器外连接口上的合法外部 IP 地址进行地址转换，提供内部主机对互联网的访问能力，最大限度地节省 IP 地址资源。

PAT 的配置步骤如下。

第一步：在全局配置模式下配置 ip nat start，启动 NAT 功能。

第二步：首先配置只包含一个地址（路由器外连口的地址）的地址池，地址池的名字为 test-pool。

```
（ZXR10-config）#ip nat pool test-pool 199.168.2.2 199.168.2.2 prefix-length 24
```

第三步：配置 NAT 转换语句，将内部网络符合 ACL 1 的数据包的源地址转换为地址池 test-pool 中的地址，注意由于是一对多的对应关系，必须使用参数 overload。

```
（ZXR10-config）#ip nat inside source list 1 pool test-pool overload
```

第四步：配置标准 ACL，列表号为 1，匹配从源地址网段 10.1.1.0/24 发出的数据包。

```
（ZXR10-config）#access-list 1 permit 10.1.1.0 0.0.0.255
```

第五步：在接口配置模式下配置 NAT 的内部接口及外部接口，分别对应内部网络与外部网络。

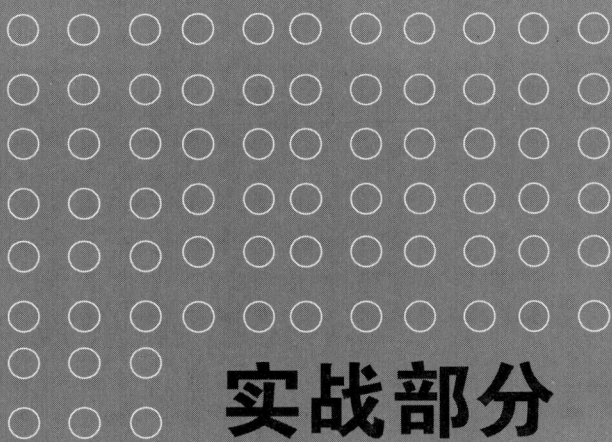

实战部分

基础操作

项目一 交换机基础操作

项目引入

小张大学毕业后进入一家网络技术公司，有一天，公司主管给小张安排工作任务。

主管："小张，你毕业后来咱们公司也有一两个月了，某机房有一台交换机出现了故障，你在上网用户不多的时间段把该设备换下来，安装一台新的交换机，再把基本的 Telnet 脚本配置好，这样我就可以远程配置其他信息了，有问题吗？"

小张："没有问题。"小张想，我来公司这么多天了，终于让我独立处理问题了，我一定要好好把握这次机会，漂漂亮亮地完成工作。为了完成主管安排的任务，小张仔细地学习了一遍设备的基本操作。

本章主要介绍交换机和路由器的登录操作及其基础的配置命令。

学习目标

1. 识记：以太网的工作原理。
2. 领会：交换机与路由器的工作原理。
3. 熟悉：常见的传输线缆和网络接口。
4. 应用：交换机和路由器的基本操作。

任务一 常见线缆和网络接口

1. 局域网常见的线缆

局域网是在小范围内通过线缆将网络设备互连起来的网络，把局域网设备互连的线缆有以下 3 种。

（1）同轴电缆

同轴电缆由一根空心的外圆柱导体及由它包裹的单根内导线组成。同轴电缆如图 6-1 所示。

同轴电缆的空心外圆柱导体与内导线用绝缘材料隔开，其频率特性比双绞线更好，能以较高的速率传输数据。由于它的屏蔽性能好，抗干扰能力强，通常用于基带传输。

图6-1 同轴电缆

同轴电缆分粗同轴电缆和细同轴电缆。粗同轴电缆与细同轴电缆的区别是直径不同。

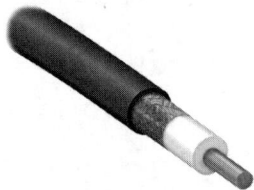

粗同轴电缆由于传输距离长、可靠性高，适用于比较大的局域网络；细同轴电缆的使用和安装比较方便，成本也比较低。

粗同轴电缆和细同轴电缆均为总线拓扑结构，即一根电缆上连接多台计算机。这种拓扑结构适用于计算机密集的环境，但是当某一连接点发生故障时，故障会被串联而影响整根电缆上的所有计算机，故障的诊断和修复都比较麻烦。因此，同轴电缆已逐步被非屏蔽双绞线或光纤代替。

（2）双绞线

双绞线是由两条相互绝缘的导线按照一定的规格互相缠绕（一般以逆时针缠绕）而制成的一种通用配线，双绞线如图 6-2 所示。双绞线可以降低信号干扰，每根导线在传输中辐射的电波会被另一根导线上发出的电波抵消。

图6-2　双绞线

目前，按照线径粗细进行分类，EIA/TIA 为双绞线电缆定义了 5 种不同质量的型号。这 5 种型号分别如下。

第一种：主要用于语音传输，不用于数据传输。

第二种：主要用于低速网络，这些电缆能够支持最高 4Mbit/s 的实施方案，第一类和第二类双绞线在 LAN 中很少被采用。

第三种：在以前的以太网（10Mbit/s）中比较流行，最高支持 16Mbit/s 的容量，但通常用于 10Mbit/s 的以太网，主要用于 10Base-T 双绞线以太网。

第四种：该类双绞线在性能上比第三类有一定的改进，用于语音传输和最高传输速率为 16Mbit/s 的数据传输。这类电缆用于距离更长且传输速率更高的网络环境，它可以支持最高 20Mbit/s 的容量。该类双绞线主要用于基于令牌的局域网和 10Base-T/100Base-T 的以太网。

第五种：该类电缆增加了绕线密度，外套一种高质量的绝缘材料，传输频率为 100bit/s，用于语音传输，最高传输速率可达 100Mbit/s，适用于高性能的数据通信，主要用于 10Base-T/100Base-T 的以太网，这是最常用的以太网电缆。

另外，还有一种双绞线是超 5 类线缆，它是一个非屏蔽双绞线（Unshielded Twisted Pair，UTP）布线系统，测试表明，它超过 5 类线标准 TIA/EIA568 的要求，并且与普通的 5 类 UTP 相比，它的性能得到了很大的提高。

双绞线有直通和交叉两种制作方法：直通双绞线两端都按照 T568B 标准线序制作；交叉双绞线一端按照 T568B 标准线序制作，另一端按照 T568A 标准线序制作。

交叉双绞线具体的线序制作方法是：一端采用 1 号线白绿、2 号线绿、3 号线白橙、

4号线蓝、5号线白蓝、6号线橙、7号线白棕、8号线棕，即T568A标准；另一端在这个基础上将这8根线中的1号线和3号线、2号线和6号线互换位置，这时网线的线序就变成了T568B标准（即白橙、橙、白绿、蓝、白蓝、绿、白棕、棕的顺序）。

直通双绞线具体的线序制作方法是：双绞线夹线顺序两边一致，都是1号线白橙、2号线橙、3号线白绿、4号线蓝、5号线白蓝、6号线绿、7号线白棕、8号线棕，注意两端都是同样的线序且一一对应。

交叉双绞线的制作方法见表6-1，直通双绞线的制作方法见表6-2。

表6-1 交叉双绞线的制作方法

RJ-45 PIN	RJ-45 PIN
1 Rx+	3 Tx+
2 Rx-	6 Tx-
3 Tx+	1 Rx+
6 Tx-	2 Rx-
 568B Male	 568A Male

表6-2 直通双绞线的制作方法

RJ-45 PIN	RJ-45 PIN
1 Tx+	1 Rx+
2 Tx-	2 Rx-
3 Rx+	3 Tx+
6 Rx-	6 Tx-

（3）光纤

光纤是光导纤维的简写，是一种利用光在玻璃或塑料制成的纤维中的全反射原理而制成的光传导工具。光纤如图6-3所示。

图6-3 光纤

光纤分为多模光纤和单模光纤。多模光纤和单模光纤可以从纤芯的尺寸来区别。

多模光纤允许多束光线穿过光纤。因为不同光线进入光纤的角度不同，所以到达光纤末端的时间也不同，这就是我们通常所说的模色散。模色散在一定程度上限制了多模光纤所能实现的带宽和传输距离。正是基于该原因，多模光纤一般被用于同一栋办公楼或距离相对较近的区域内的网络连接。

单模光纤的纤芯很小，约 $4 \sim 10 \, \mu m$。单模光纤只允许一束光线穿过光纤，因为它只有一种模态，所以不会发生色散。单模光纤传输的数据质量更高，频谱更宽，传输距离更长。单模光纤通常被用来连接办公楼之间的网络或地理分散的网络，适用于大容量、长距离的光纤通信。

2. 局域网常见的网络接口

与线缆相对应，局域网常见的网络接口包括以下 3 种。

（1）同轴电缆接口

同轴电缆接口与同轴电缆相对应，以太网细同轴电缆使用一个 T 形的 BNC 连接头插入电缆中。同轴电缆接口如图 6-4 所示。

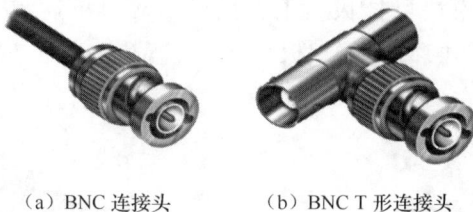

(a) BNC 连接头　　　(b) BNC T 形连接头

图6-4　同轴电缆接口

（2）双绞线接口

双绞线接口与双绞线相对应。RJ-45 现行的接线标准有 T568A 和 T568B 两种，常用的是 T568B 标准。这两种标准在本质上并无区别，只是线的排列顺序不同。RJ-45 水晶头如图 6-5 所示。

图6-5　RJ-45 水晶头

（3）光纤连接器及光模块

光纤连接器类型比较丰富，常用的光纤连接器有以下 4 种。

① ST 连接器：被广泛应用于数据网络，是最常见的光纤连接器，该连接器使用了尖刀形接口。光纤连接器在物理构造上的特点是可以保证两条连接的光纤更准确地对齐，而且可以防止光纤在相互配合时旋转。

② SC 连接器：采用"推—拉"型连接配合方式。当连接空间较小、光纤数目较多时，使用 SC 连接器可以快速、方便地连接光纤。

③ LC 连接器：类似于 SC 连接器，LC 连接器是一种插入式光纤连接器，可以用于

连接 SFP（Small Form Pluggable）模块，即小型可热插拔光收发一体模块。它采用操作方便的模块化插孔（RJ）闪锁机理制成，LC 连接器与 SC 连接器一样都是全双工连接器。

④ MT-RJ 连接器：这是一种新型号连接器，其外壳和锁定机制类似 RJ 连接器，而体积大小类似于 LC 连接器，标准大小的 MT-RJ 型接口可以同时连接两条光纤，增加了一倍有效密度。MT-RJ 连接器采用双工设计，体积只有传统 SC 连接器或 ST 连接器的一半，因此可以安装到普通的信息面板上，使光纤到桌面成为现实。MT-RJ 连接器采用插拔式设计，易于使用，甚至比 RJ-45 插头都小。

光纤无法直接插在设备端口上，必须连接一个光模块。光模块的作用是光电转换，发送端把电信号转换成光信号，通过光纤传输后，接收端再把光信号转换成电信号。光模块有以下两种。

① GBIC（Gigabit Interface Converter）光模块，是将千兆位电信号转换为光信号的接口器件：该模块为可插拔千兆以太网接口模块，主要用于两端口千兆以太网接口板。GBIC 光模块如图 6-6 所示。

② SFP 光模块：该模块可插拔，主要用于 1 端口单通道 POS48 接口板、4 端口 POS3 接口板、1 端口 ATM 155M 接口板。SFP 光模块如图 6-7 所示。

图6-6　GBIC光模块　　　　　　图6-7　SFP光模块

任务二　ZXR10 系列交换机介绍

1. ZXR10 系列交换机型号

中兴通讯为电信运营商、企业、家庭提供数据网络解决方案。ZXR10 系列交换机产品全、覆盖面广，广泛应用在电信运营商网络和政企网络。ZXR10 系列交换机见表 6-3。

MPLS 路由交换机主要应用于 IP 城域网的核心层和汇聚层，具有模块化设计、24 小时不间断设计、高性能交换体系结构、IPv6 网络无缝升级等特点。

三层全千兆交换机主要应用于 IP 城域网的汇聚层，具有全光口接入、全线速二层转发、支持超级扩展堆叠等特点。

三层交换机主要应用于 IP 城域接入网、大型企业集团、高档小区、宾馆和校园网的网络接入汇聚，具有端口容量大、全线速二层转发等特点。

二层交换机主要应用于小区级网络汇聚和中小型企业网络汇聚。

ZXR10 系列交换机在现网中的应用案例如图 6-8 所示。

表6-3 ZXR10系列交换机

类型	MPLS[1]路由交换机	三层全千兆交换机	三层交换机
产品	ZXR10 T240G/T160G ZXR10 T64G/T40G ZXR10 T16C	ZXR10 5952 ZXR10 5928/5928-FI/5924 ZXR10 5252 ZXR10 5224/5228/5228-FI	ZXR10 3906/3952 ZXR10 3928 ZXR10 3206/3252 ZXR10 3228 ZXR10 3226/3226-FI

类型	二层全千兆交换机	二层交换机	二层SOHO交换机
产品	ZXR10 5126/5126-FI ZXR10 5124/5124-FI	ZXR10 2826/2852S ZXR10 2818S ZZR10 2626A/2618A/2609	ZXR10 1508 ZXR10 1516/1524 ZXR10 1008/1016/1024 ZXR10 1026/1048/1050

注1: MPLS（Multi-Protocol Label Switching，多协议标签交换）。

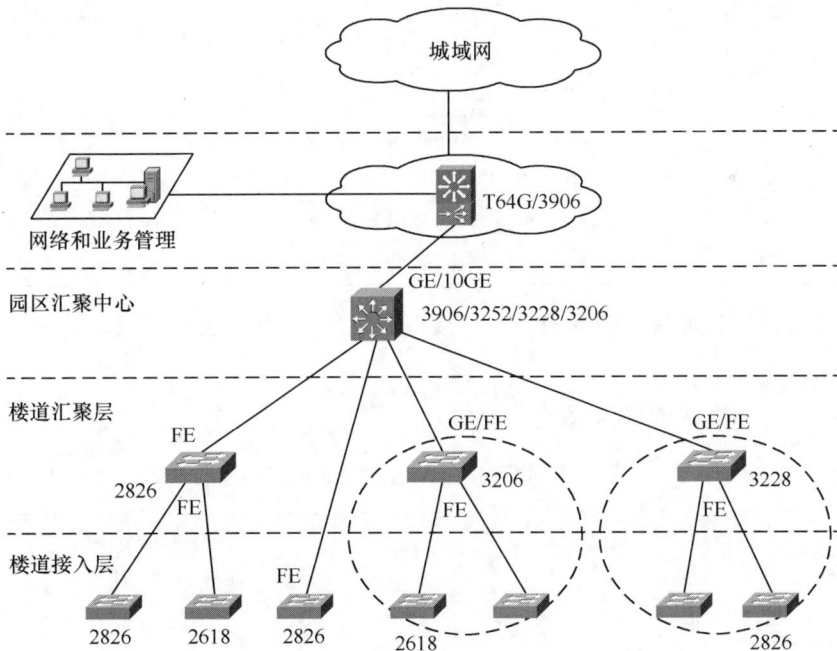

图6-8 ZXR10系列交换机在现网中的应用案例

2. ZXR10 系列交换机命名及接口规则

ZXR10 系列交换机命名规则见表 6-4。

表6-4 ZXR10系列交换机命名规则

系列	描述	备注
26	接入交换机	二层FE交换机，FE上行
28	接入交换机	二层FE交换机，GE上行
32	三层汇聚/接入交换机	三层FE交换机，GE上行
39	三层汇聚/接入交换机	三层FE交换机，GE上行
50	二层汇聚交换机	二层GE交换机，全部GE接口，GE上行
51	二层汇聚交换机	二层GE交换机，全部GE接口，GE上行
52	三层汇聚交换机	三层GE交换机，全部GE接口，10GE上行
59	三层汇聚交换机	三层GE交换机，全部GE接口，10GE上行
G	万兆MPLS路由交换机	三层MPLS交换机，支持10GE接口

ZXR10 系列交换机后缀命名规则见表 6-5。

表6-5 ZXR10系列交换机后缀命名规则

后缀	描述	备注
A	增强型	
F	Fiber 全光口型号	
P	Remote Power Supply远供型	供电
R	Remote Power Receiver远供型	受电
S	Stackable 支持堆叠型	
–LE	精简型	

接口命名采用物理接口命名方式：< 接口类型 >_< 槽位号 >/< 端口号 >.< 子接口或通道号 >。

物理接口命名方式的接口类型见表 6-6。

表6-6 物理接口命名方式的接口类型

接口类型	对应物理接口
fei	快速以太网接口
gei	千兆以太网接口
pos3	155Mbit/s POS接口
serial	同步/异步接口
hserial	高速同步/异步接口
fxs、fxo	语音接口
ce1	E1接口
ct1	T1接口

< 槽位号 >：由线路接口模块安装的物理插槽决定，取值范围为 1 ～ 8。

< 端口号 >：指分配给线路接口模块连接器的号码，取值范围和端口号的分配与线路接口模块型号相对应。

< 子接口或通道号 >：子接口号或通道化 E1 接口的通道号。

任务三　交换机基本操作

1．任务描述

交换机的基本操作如图 6-9 所示，将计算机通过接口线与 ZXR10 3928 交换机相连，登录 ZXR10 3928 交换机进行以下操作。

① 登录并配置 ZXR10 3928 交换机。

② 查看交换机的版本、基本配置和系统资源等信息。

③ 设置和恢复 ZXR10 3928 交换机的密码。

④ 配置 Telnet。

⑤ 进行版本升级。

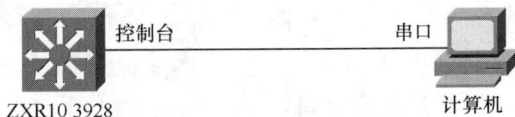

图6-9　交换机的基本操作

2．任务分析

我们要实现对交换机的基本操作，首先需要登录设备，然后进行命令查看、密码的更改和恢复、Telnet 配置及版本升级等操作。

3．任务实施

（1）登录设备

ZXR10 系列交换机可以通过带外方式进行配置，控制台口直接和计算机的接口相连，并进行管理和配置（密码恢复必须在这种方式下进行）。

ZXR10 系列交换机也可以通过带内方式进行配置，具体如下。

① Telnet 远程登录的配置步骤如下。

第一步：通过网络 Telnet 远程登录到交换机进行配置。

第二步：修改配置文件，将交换机的配置文件通过 TFTP 的方式下载到终端上进行编辑和修改，之后再上传到交换机中。

第三步：通过网管软件对交换机进行管理和配置。

② 控制台口登录的配置步骤如下。

ZXR10 3928 的调试配置一般是通过控制台口连接的方式进行的，控制台口连接配置采用超级终端方式，下面以 Windows 操作系统提供的超级终端工具配置为例说明。

第一步：将计算机与 ZXR10 3928 正确连线后，点击系统的"开始→程序→附件→通信→超级终端"（或者在开始运行中输入 hypertrm），即可进入超级终端界面。

第二步：设置超级终端参数如图 6-10 所示，按要求输入相关的位置信息，即国家 / 地区、地区或城市的电话号码（一般只需要输入城市号码即可）和用来拨外线的电话号码。

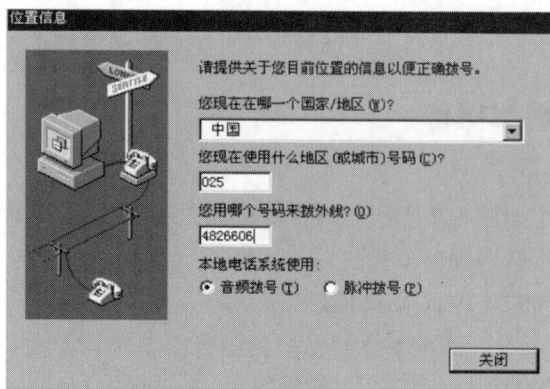

图6-10　设置超级终端参数

第三步：弹出"连接描述"对话框时，为新建的连接输入名称并为该连接选择图标。设置超级终端名称如图 6-11 所示。

第四步：根据配置线所连接的串行口，选择连接串行口为 COM1（可通过设备管理器查看实际使用的接口）。超级终端端口设置如图 6-12 所示。

第五步：设置所选串行口的端口属性。端口属性的设置主要包括以下内容：每秒位数为"9600"，数据位为"8"，奇偶校验为"无"，停止位为"1"，数据流控制为"无"。连接参数如图 6-13 所示。

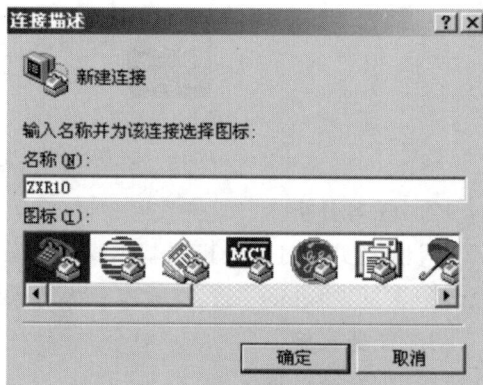

图6-11　设置超级终端名称

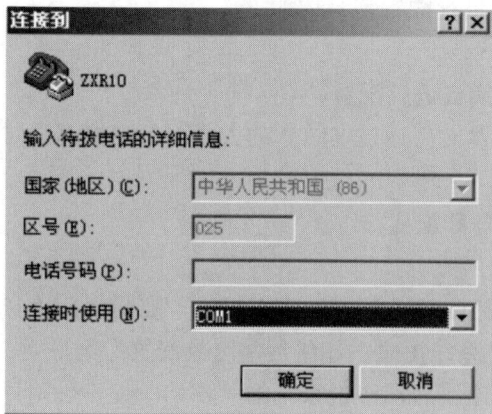

图6-12　超级终端端口设置

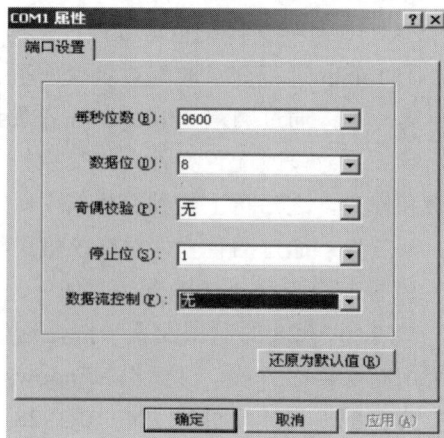

图6-13　连接参数

检查前面设定的各项参数正确无误后，ZXR10 3928 就可以加电启动了。我们进行系统初始化，进入配置模式操作，可以看到以下界面。

```
Welcome!
ZTE Corporation.
All rights reserved.
ZXR10>
```

此时已经进入交换机的用户模式。在提示符"＞"后面输入 enable，并输入密码（初始密码为"zxr10"），进入特权配置模式（提示符为"ZXR10#"），此时可以对交换机进行各种配置。

在全局配置模式下可以设置用户名和密码，格式是输入命令 username <username> password <password>。

（2）配置交换机

ZXR10 系列交换机的命令模式见表 6-7。

表6-7　ZXR10系列交换机的命令模式

模式	提示符	进入命令	功能
用户模式	ZXR10>	登录系统后直接进入	查看简单信息
特权模式	ZXR10#	enable（用户模式）	配置系统参数
全局配置模式	ZXR10（config）#	configure terminal（特权模式）	配置全局业务参数
端口配置模式	ZXR10（config-if）#	interface {<interface-name>|byname<by-name>}（全局配置模式）	配置端口参数
VLAN数据库配置模式	ZXR10（vlan-db）#	vlan database（特权模式）	批量创建或删除VLAN
VLAN配置模式	ZXR10（config-vlan）#	vlan {<vlan-id>|<vlan-name>}（全局配置模式）	配置VLAN参数
VLAN接口配置模式	ZXR10（config-if）#	interface {vlan<vlan-id>|<vlan-if>}（全局配置模式）	配置VLAN接口IP参数
路由RIP配置模式	ZXR10（config-router）#	router rip（全局配置模式）	配置RIP参数
路由OSPF配置模式	ZXR10（config-router）#	router ospf <process-id> [vrf<vrf-name>]（全局配置模式）	配置OSPF参数

ZXR10 系列交换机有许多命令模式，表 6-8 中只是列出了常用的系统模式。为方便用户对交换机进行配置和管理，ZXR10 系列交换机根据功能和权限将命令分配到不同的模式下，一条命令只有在特定的模式下才能被执行。在任何命令模式下输入问号（?）都可以查看该模式下允许使用的命令。

退出各种命令模式的方法如下。

① 在特权模式下，使用 disable 命令返回用户模式。

② 在用户模式和特权模式下，使用 exit 命令退出交换机；在其他命令模式下，使用 exit 命令返回上一模式。

③ 在用户模式和特权模式外的其他命令模式下，使用 end 命令或按 <Ctrl+z> 组合键返回到特权模式。

ZXR10 系列交换机命令行支持帮助信息。在任意命令模式下，我们只要在系统提示符后面输入一个问号（?），交换机就会显示该命令模式下可用的命令列表。利用在线帮助功能，我们还可以得到任何命令的关键字和参数列表。举例如下。

```
ZXR10>?
Exec commands:
enable  Turn on privileged commands
exit    Exit from the EXEC
login   Login as a particular user
logout  Exit from the EXEC
ping    Send echo messages
quit    Quit from the EXEC
show    Show running system information
telnet  Open a telnet connection
trace   Trace route to destination
who    List users who is logining on
```

在字符或字符串后面输入问号（?），可以显示以该字符或字符串开头的命令或关键字列表。注意，字符（字符串）与问号之间没有空格。示例如下。

```
ZXR10#co?
configure copy
ZXR10#co
```

在字符串后面按下 <Tab> 键，如果以该字符串开头的命令或关键字是唯一的，则将其补齐，并在后面加上一个空格。注意字符串与 <Tab> 键之间没有空格。示例如下。

```
ZXR10#con<Tab>
ZXR10#configure(configure 和光标之间有一个空格 )
```

在命令、关键字、参数后输入问号（?），可以列出下一个要输入的关键字或参数，并给出简要解释。注意，问号之前需要输入空格。示例如下。

```
ZXR10#configure ?
terminal  Enter
```

如果输入不正确的命令、关键字或参数，回车后用户界面会用"^"符号提示错误。"^"符号出现在所输入的不正确的命令、关键字或参数的第一个字符的下方。示例如下。

```
ZXR10#von ter
     ^
% Invalid input detected at '^' marker.
ZXR10#
```

ZXR10 系列交换机允许把命令和关键字缩写成能够唯一标识该命令或关键字的字符或字符串，例如，我们可以把 show 命令缩写成 sh 或 sho。

（3）Enable 密码恢复

① 启动交换机。交换机显示 Press any key to stop auto-boot... 时，按任意键中断路由器的引导过程。示例如下。

```
ZXR10 System Boot Version: 2.2
Creation date: Aug  3 2005, 16:20:45
Copyright (c) 2002-2005 by ZTE Corporation
Press any key to stop for change parameters... 2
[ZXR10 Boot]:
```

② 按 c 键进入配置。示例如下。

```
[ZXR10 Boot]: c
'.' = clear field;  '-' = go to previous field;  ^D = quit
Boot Location [0:Net,1:Flash] :
Client IP [0:bootp]: 192.168.0.1 Netmask: 255.255.255.0
Server IP [0:bootp]: 192.168.0.2 Gateway IP:
FTP User: target
FTP Password:
FTP Password Confirm:
Boot Path:zxr10.zar
Enable Password:                  /* 此处输入新密码 */
Enable Password Confirm:          /* 再输入一次 */
[GAR Boot]: @ /* 输入 @ 重启设备 */
```

（4）带内 Telnet 登录相关配置

hostname（设备名称）：修改设备的主机名。

interface vlan-interface：进入指定的 VLAN 接口配置模式。

ip address（IP 地址和子网掩码）：设置管理接口的 IP 地址和子网掩码。

username（用户名）/ password（用户密码）：设置登录用户名和用户密码。

user privilege level 15：设置登录用户的权限级别。

（5）交换机版本升级

交换机运行状况信息和配置信息都保存在交换机的存储器里。在通常情况下，我们主要接触的存储设备是 Flash，ZXR10 系列交换机的软件版本文件和配置文件都存储在 Flash 中。软件版本升级、配置保存都需要对 Flash 进行操作。

Flash 中缺省包含 3 个目录，分别是 IMG、CFG 和 DATA。

- IMG：用于存放软件版本文件。软件版本文件以 .zar 为扩展名，是专用的压缩文件，版本升级就是更改该目录下的软件版本文件。

- CFG：用于存放配置文件，配置文件的名称为 startrun.dat。当我们使用命令修改路由器的配置时，这些信息被存放在内存中，为防止配置信息在路由器断电重启时丢失，我们需要用 write 命令将内存中的信息写入 Flash，并保存在 startrun.dat 文件中。当需要清除路由器中的原有配置来重新配置数据时，我们可以使用 delete 命令将 startrun.dat 文件删除，然后重新启动路由器。

- DATA：用于存放记录告警信息的 log.dat 文件。

当交换机的原有版本不支持某些功能或者某些特殊原因导致设备无法正常运行时，我们就需要升级软件版本。如果软件版本升级操作不当，可能会导致升级失败而无法启动系统。因此，在升级软件版本前，维护人员必须熟悉 ZXR10 系列交换机的原理及操作，认真学习升级步骤。

下面描述 ZXR10 系列交换机无法正常启动时，软件版本升级的具体步骤。

① 用随机附带的配置线将 ZXR10 系列交换机、路由器的配置接口（主控板的控制台接口）与后台主机接口相连。用直通以太网线将路由器的管理以太网接口（主控板的 10Mbit/s 或 100Mbit/s 以太网接口）与后台主机网接口相连，确保连接正确。

② 将升级的后台主机与路由器的管理和以太网接口的 IP 地址设置在同一个网段。

③ 启动后台 FTP 服务器。

④ 启动 ZXR10 系列交换机，在超级终端下根据提示按任意键进入 Boot 状态。具体显示以下内容：

我们在 Boot 状态下输入"c"，回车后进入参数修改状态，将启动方式改为从后台 FTP 启动。将 FTP 服务器地址改为相应的后台主机地址，将客户端地址及网关地址均改为路由器管理以太网接口地址，设置相应的子网掩码及 FTP 用户名和用户密码。修改完参数后，交换机出现"[ZXR10 Boot]:"提示。示例如下。

```
[ZXR10 Boot]:c
'.' = clear field;  '-' = go to previous field;  ^D = quit
Boot Location [0:Net,1:Flash] : 0 (0表示从后台 FTP 启动，1表示从 Flash 启动 )
Client IP [0:bootp]: 168.4.168.168 ( 对应为管理以太网接口地址 )
Netmask: 255.255.0.0
Server IP [0:bootp]: 168.4.168.89 ( 对应为后台 FTP 服务器地址 )
Gateway IP: 168.4.168.168 ( 对应为管理以太网接口地址 )
FTP User: target ( 对应为 FTP 用户名 target)
FTP Password: ( 对应为 target 用户密码 )
FTP Password Confirm:
Boot Path: zxr10.zar ( 使用缺省 )
Enable Password: ( 使用缺省 )
Enable Password Confirm: ( 使用缺省 )
[ZXR10 Boot]:
```

⑤ 输入"@"回车后，系统自动从后台 FTP 服务器启动。示例如下。

```
[ZXR10 Boot]:@
Loading... get file zxr10.zar[15922273]successfully!
file size 15922273.
（省略）
**********************************************
Welcome to ZXR10 General Access Router of ZTE Corporation
**********************************************
ZXR10>
```

⑥ 如果新版本交换机启动正常，我们用 show version 命令查看新的版本是否已在内存中运行，若运行的仍为旧版本，则说明新版本从后台服务器启动失败，需要从步骤①开始重新操作。

⑦ 用 delete 命令删除 Flash 中 IMG 目录下旧的版本文件 zxr10.zar。如果 Flash 的空间足够大，也可以不用删除旧版本，将其改名即可。

⑧ 将后台 FTP 服务器中的新版本文件复制到 Flash 的 IMG 目录中，版本文件名为

zxr10.zar。示例如下。

```
ZXR10#copy ftp: mng //168.4.168.89/zxr10.zar@target:target flash: /img/zxr10.zar
Starting copying file
..................................................................
..................................................................
.............................................
file copying successful.
ZXR10#
```

⑨ 查看 Flash 中是否有新的版本文件。如果不存在，说明复制失败，我们需要执行步骤⑧重新复制版本文件。

⑩ 重新启动 ZXR10 系列交换机，按照步骤④中的方法，将启动方式改为从 Flash 启动，这时"Boot path"自动变为"/flash/img/zxr10.zar"。

⑪ 在"[ZXR10 Boot]:"下输入"@"回车后，系统将从 Flash 中启动新版本。

⑫ 正常启动后，查看运行的交换机版本，确认升级是否成功。

项目二 路由器基础操作

项目引入

小张已经逐渐适应了公司的上班节奏，周一早上主管给小张安排工作任务。

主管："小张，上次你已经初步掌握了交换机的基础配置，明天市区新建机房有台路由器需要安装调测，你跟着王工程师去现场，好好学习路由器的基础操作配置。"

小张："好的。"小张想，上次我已经初步掌握了交换机的基础配置，明天主管安排我跟王工去学习路由器的安装和基础调测配置，到现场一定多向王工学习。为了完成主管安排的任务，小张先把路由器的操作手册仔细地学习了一遍。本章主要介绍路由器的登录操作及其基础的配置命令。

学习目标

1. 识记：路由器的相关型号。
2. 领会：路由器的工作原理。
3. 熟悉：熟悉广域网网络接口。
4. 应用：路由器的基本操作。

任务一 路由器基本介绍

1. ZXR10 系列路由器型号介绍

ZXR10 系列路由器包括以下型号。

① ZXR10 T1200/T600 电信级万兆核心路由器系列。

② ZXR10 T128/T64E 电信级高端路由器系列。

③ ZXR10 GER 通用高性能路由器系列。

④ ZXR10 GAR 通用接入路由器系列。

⑤ ZXR10 ZSR3800 智能集成多业务路由器系列。

⑥ ZXR10 ZSR2800 智能集成多业务路由器系列。

⑦ ZXR10 ZSR1800 智能集成多业务路由器系列。

⑧ ZXR10 800 智能宽带 SOHO 路由器系列。

ZXR10 系列路由器设备组网案例如图 6-14 所示。

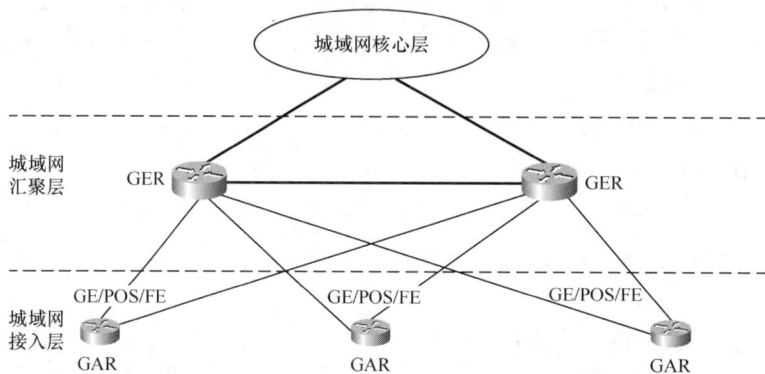

图6-14　ZXR10系列路由器设备组网案例

2．广域网接口

广域网接口包括窄带广域网接口和宽带广域网接口。

窄带广域网常见的接口包括以下 3 种。

① E1：64kbit/s ～ 2Mbit/s，采用 RJ-45 和 BNC 两种接口。

② V.24：常见的路由器的侧接头为 DB50 接头，外接网络端的接头为 25 针接头，常接低速调制解调器。

在异步工作方式下，链路层封装 PPP，最高传输速率是 115200bit/s；在同步工作方式下，链路层可以封装 X.25、帧中继、PPP、HDLC[1]、SLIP[2] 和 LAP-B[3] 等协议，支持 IP 和 IPX，但最高传输速率仅为 64kbit/s。

传输距离与传输速率有关，2400bit/s 的传输距离为 60m，4800bit/s 为 60m，9600bit/s 为 30m，19200bit/s 为 30m，38400bit/s 为 20m，64000bit/s 为 20m，115200bit/s 为 10m。

③ V.35：常见的路由器端为 DB50 接头，外接网络端为 34 针接头，常接高速调制解调器。V.35 接口如图 6-15 所示。

图6-15　V.35 接口

1　HDLC（High Level Data Link Control，高级数据链路控制）。

2　SLIP（Serial Line Internet Protocol，串行线路网际协议）。

3　LAP-B（Link Access Procedure Balanced，平衡型链路接入规程）。

V.35 电缆一般只用在同步方式下传输数据，可以在接口封装 X.25、帧中继、PPP、SLIP、LAP-B 等链路层协议，支持网络层协议 IP 和 IPX。V.35 电缆传输（在同步工作方式下）的公认最高速率是 2Mbit/s。

传输距离与传输速率有关，2400bit/s 的传输距离为 1250m，4800bit/s 为 625m，9600bit/s 为 312m，19200bit/s 为 156m，38400bit/s 为 78m，56000bit/s 为 60m，64000bit/s 为 50m，2048000bit/s 为 30m。

宽带广域网常见的接口如下。

① ATM：使用 LC 或 SC 等光纤连接器，常见的带宽有 155Mbit/s 和 622Mbit/s 等。

② POS：使用 LC 或 SC 等光纤连接器，常见的带宽有 155Mbit/s、622Mbit/s 和 2.5Gbit/s 等。

任务二　路由器基本操作

1. 任务描述

路由器基本配置如图 6-16 所示，图中将计算机通过串口线与 ZXR10 ZSR1800 路由器相连，登录 ZXR10 ZSR1800 路由器进行配置。

图6-16　路由器基本配置

配置要求如下。

① 登录配置 ZXR10 ZSR1800 路由器。

② 查看路由器基本信息。

③ 设置和恢复 ZXR10 ZSR1800 路由器密码。

④ 配置 Telnet。

⑤ 版本升级。

2. 任务分析

我们要实现对路由器的基本操作，首先需要登录路由器，然后进行命令查看、密码的更改和恢复、Telnet 配置及版本升级等操作。登录路由器后，我们对其进行基本配置。路由器的配置命令和交换机基本一致。

3. 任务实施

① 登录路由器：在本任务中，我们使用控制台口登录，用配置线把计算机的串口和路由器的控制台口相连，然后打开计算机的超级终端，设置软件参数即可登录。

② 配置路由器：修改路由器名称，设置 enable 密码，配置接口，查看路由器配置，对路由器进行版本升级。配置方法和交换机一致，此处不再阐述。

模块七 交换路由操作

项目一 局域网搭建

项目引入

　　每周一上午，公司领导和技术骨干都要召开例行会议，小张作为新人，负责每天上午的网络维护工作。碰巧，公司财务人员上报办公室网络非常慢，由于上次小张成功地独立更换了网络设备，因此这次小张又自信满满地去现场解决问题。结果时间一分一秒地过去了，小张还是没有头绪。后来还是请公司的技术主管解决了该网络故障，小张询问主管故障原因，主管告诉他是因为周末有人改动线路导致网络形成环路，影响了网络的性能，遇到这样的情况，最好先规划好 VLAN，然后启用生成树功能防止环路。

　　为了避免以后发生类似的问题，小张决定好好研究下环路问题。本章内容含有小张想要的答案，主要介绍了 VLAN 和 STP 等常见的二层交换技术，这些技术可以解决小张的困惑。

学习目标

1. 熟悉：VLAN、STP 和链路聚合的基本工作原理。
2. 掌握：VLAN、STP 和链路聚合技术的配置。
3. 应用：交换网络环境的搭建设计。

任务一　VLAN 配置

1. 任务描述

　　VLAN 互通示例如图 7-1 所示。SW-A 的端口 fei_1/1、fei_1/2 和 SW-B 的端口 fei_1/1、fei_1/2 属于 VLAN 10；SW-A 的端口 fei_1/4、fei_1/5 和 SW-B 的端口 fei_1/4、fei_1/5 属于 VLAN 20；且均为 Access 端口。两台交换机通过端口 gei_1/24 互连，需要实现 SW-A 和 SW-B 之间相同的 VLAN 互通。

2. 任务分析

　　本任务需要在交换机上设置 VLAN，使同一个 VLAN 的所有主机能够互通。

① 在两台交换机上分别创建 VLAN 10 和 VLAN 20。

② 把端口加入 VLAN 中，这一步是把和主机相连的 Access 端口加入 VLAN 中。

③ 把交换机之间互联的端口设置成 Trunk 端口，并中继 VLAN 10 和 VLAN 20。

④ 验证任务是否成功。

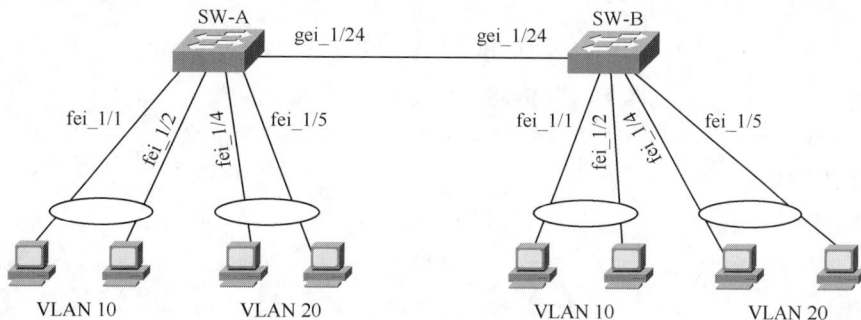

图7-1　VLAN互通示例

3. 配置流程

VLAN 的配置流程如图 7-2 所示。

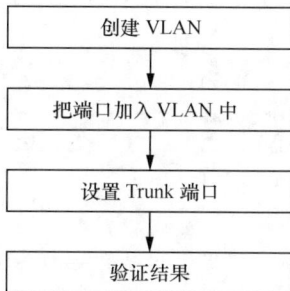

图7-2　局域网VLAN的配置流程

4. 关键配置

以 SW-A 为例，配置步骤如下。

① 创建 VLAN，示例如下。

```
ZXR10_A(config)#vlan 10
ZXR10_A(config)#vlan 20
```

② 在 VLAN 中添加 Access 端口（两种方法）。

方法一如下。

```
ZXR10_A(config)#vlan 10
ZXR10_A(config-vlan)#switchport pvid fei_1/1-2
ZXR10_A(config-vlan)#exit
```

方法二如下。

```
ZXR10_A (config-if)interface fei_1/10
ZXR10_A (config-if)#switchport access vlan 3
ZXR10_A (config-if)#exit
```

③ 设置 Trunk 端口，示例如下。

```
ZXR10_A(config)#interface gei_1/24
ZXR10_A(config-if)#switchport mode trunk
```

④ 允许 Trunk 端口传递 VLAN 10 和 VLAN 20 的数据，示例如下。

```
ZXR10_A(config-if)#switchport trunk vlan 10
ZXR10_A(config-if)#switchport trunk vlan 20
```

5. 结果验证

① 查看所有 VLAN 的配置信息，示例如下。

```
Switch A(config)#show vlan
VLAN Name      Status   Said    MTU   IfIndex  PvidPorts      UntagPorts    TagPorts
-------------------------------------------------------------------------------------
1    VLAN0001  active   100001  1500  2        fei_1/3,fei_1/6-24
10   VLAN0010  active   100010  1500  0        fei_1/1-2                    fei_1/24
20   VLAN0020  active   100020  1500  0        fei_1/4-5                    fei_1/24
```

② 查看端口为 Trunk 模式下的所有 VLAN 信息，示例如下。

```
ZXR10(config)#show vlan trunk
VLAN Name      Status   Said    MTU   IfIndex PvidPorts      UntagPorts TagPorts
-------------------------------------------------------------------------------------
1    VLAN0001  active   100001  1500  2       fei_1/3,fei_1/6-24
10   VLAN0010  active   100010  1500  0                                 fei_1/24
20   VLAN0010  active   100010  1500  0                                 fei_1/24
```

③ 同一个 VLAN 中的计算机互 ping。通过 ping 命令验证如图 7-3 所示，在 VLAN 10 的主机上 ping 另一台主机，可以 ping 通。

```
C:\Users\zf1>ping 192.168.1.252
 with 32 bytes of data:
正在 Ping 192.168.1.252 具有 32 字节的数据:
来自 192.168.1.252的回复: 字节=32  time=4ms TTL=64
来自 192.168.1.252的回复: 字节=32  time=2ms TTL=64
来自 192.168.1.252的回复: 字节=32  time=9ms TTL=64
来自 192.168.1.252的回复: 字节=32  time=6ms TTL=64

192.168.1.252 的ping 统计信息:
    数据包: 已发送 =4, 已接收 =4, 丢失 =0 (零丢失),
    往返行程的估计时间 (以毫秒为单位):
    最短 =2ms, 最长 =9ms, 平均 =5ms
```

图7-3 通过 ping 命令验证

任务二　无环交换网络配置

1. 任务描述

STP 配置如图 7-4 所示。交换机运行 STP，我们来观察交换机端口的变化状态。

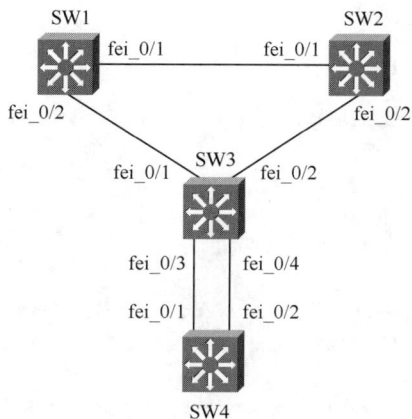

图7-4　STP 配置

2. 任务分析

本任务中，4 台交换机需要启用 STP，以阻止网络形成环路。

① 4 台交换机分别启用 STP。

② 把 STP 模式设置成 mstp。

③ 更改交换机的优先级。

3. 配置流程

STP 配置流程如图 7-5 所示。

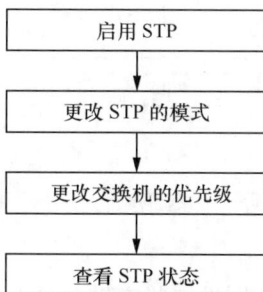

图7-5　STP配置流程

4. 关键配置

以交换机 A 为例介绍关键配置。

① 使能 STP，示例如下。

```
3928-1 (config)#spanning-tree enable
```

② 更改 STP 模式，示例如下。

```
3928-1 (config)#spanning-tree mode mstp
```

③ 更改交换机的优先级，示例如下。

```
3928-1 (config)#spanning-tree mst instance 0 priority 8192
```

5. 结果验证

用以下命令查看 STP 信息。

```
ZXR10#show spanning-tree instance 0
Spanning tree enabled protocol ieee
Root ID  Priority  32769
Address  0001.96A7.432B
Cost  19
Port  1(FastEthernet0/1)
Hello Time  2 sec  Max Age 20 sec  Forward Delay 15 sec
Bridge ID  Priority  32769 (priority 32768 sys-id-ext 1)
Address  00E0.F96B.373B
Hello Time 2 sec Max Age 20 sec Forward Delay 15 sec Aging Time 20
Interface  Role  Sts Cost    Prio.Nbr  Type
---------------- ---- --- --------- -------- --------------------------------

Fa0/1    Root   FWD   19       128.1     P2p
Fa0/2    Altn   BLK   19       128.2     P2p
```

任务三 链路聚合配置

1. 任务描述

链路聚合拓扑示意如图 7-6 所示。SW-A 和 SW-B 通过 4 条链路相连，要求设置一个静态 Trunk 链路聚合。链路组承载 VLAN 10 和 VLAN 20。

图7-6 链路聚合拓扑示意

2. 任务分析

本任务需要在两台交换机上分别设置静态链路聚合，并且允许 VLAN 通过。

① 在交换机 A 和交换机 B 上创建链路组。

② 把端口加入聚合组，并且把模式设置成静态 Trunk。

③ 设置链路组的 802.1Q 属性。

3. 配置流程

链路聚合的配置流程如图 7-7 所示。

4. 关键配置

以交换机 A 为例介绍主要配置。

① 创建链路组，示例如下。

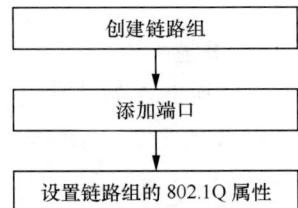

图7-7 链路聚合的配置流程

```
ZXR10_A(config)#interface smartgroup 10// 默认模式为静态
```

② 添加端口，示例如下。

```
ZXR10_A(config)#interface gei_5/1
ZXR10_A(config-if)#smartgroup 10 mode on
```

③ 配置 smartgroup 并透传相关 VLAN，示例如下。

```
ZXR10_A(config)#interface smartgroup 10
ZXR10_A(config-if)#switchport mode trunk
ZXR10_A(config-if)#switchport trunk vlan 10
ZXR10_A(config-if)#switchport trunk vlan 20
```

5. 结果验证

显示成员端口的聚合状态，示例如下。

```
ZXR10(config)#show lacp 2 internal
Smartgroup:2
Actor Agg LACPDUs Port Oper Port RX Mux
Port State Interval Priority Key State Machine Machine
----------------------------------------------------------------
fei_3/17 selected 30 32768 0x202 0x3d current
collecting-distributing
fei_3/18 selected 30 32768 0x202 0x3d current
collecting-distributing
```

State 为 Selected，Port State 为 0x3d 时，表示端口聚合成功。如果聚合不成功，则 Agg State 显示 Unselected。

任务四　DHCP 配置

1. 任务描述

DHCP 应用如图 7-8 所示，按下列要求完成配置。

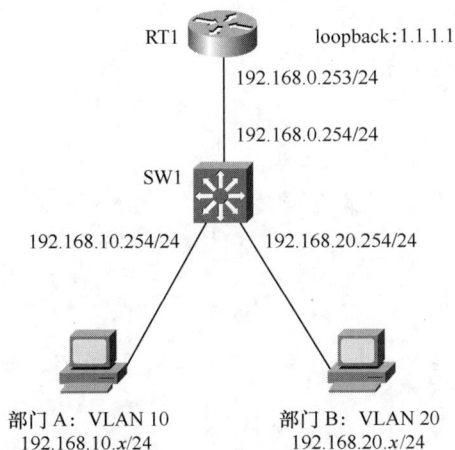

图7-8　DHCP 应用

在本任务中，RT1 配置为 DHCP 服务器，我们首先需要完成 DHCP 服务器的配置。

① SW1 需要创建 VLAN 10 和 VLAN 20，部门 A 和部门 B 分别属于 VLAN 10 和 VLAN 20，且它们的缺省网关分别为 192.168.10.254/24 和 192.168.20.254/24。

② SW1 是 DHCP 的中继，我们还需要完成 DHCP 中继的配置。

③ RT1 的回环接口地址 1.1.1.1 为 DHCP 服务器的地址，其掩码为 255.255.255.0。

④ 部门 A 的用户能自动获取 192.168.10.*x*/24 网段的地址，部门 B 的用户能自动获取 192.168.20.*x*/24 网段的地址。

2. 任务分析

① 在 RT1 上配置两个地址池。

② 在 SW1 上配置 DHCP 服务器地址为 RT1 的回环接口地址 1.1.1.1。

③ 在 RT1 上添加到用户网段的路由，在 SW1 上添加目的地址为 1.1.1.1 的路由。

3. 配置流程

DHCP 服务器的配置主要有以下 7 个步骤。

① 启动 DHCP 服务器功能。

② 配置地址池。

③ 配置 DHCP 相关参数，例如 DNS 地址等。

④ 配置用户侧接口 IP 地址。

⑤ 在用户侧接口上配置用户缺省网关。

⑥ 在用户侧接口上配置地址池。

⑦ 将服务器添加到网关的路由。

DHCP 中继的配置主要有以下 6 个步骤。

① 启动设备的 DHCP 中继功能。

② 配置用户侧接口的 IP 地址。

③ 在用户侧接口配置 DHCP 服务器代理地址。

④ 在用户侧接口配置 DHCP 服务器地址。

⑤ 在服务器侧配置接口参数。

⑥ 添加到 DHCP 服务器的路由。

4. 主要配置

RT1 的配置如下。

```
ip dhcp server enable// 全局模式下启动 dhcp 服务器功能
ip local pool ZTE1 192.168.10.1 192.168.10.253 255.255.255.0// 全局模式下配置 ip 地址
池 ZTE1
ip local pool ZTE2 192.168.20.1 192.168.20.253 255.255.255.0// 全局模式下配置 ip 地址
池 ZTE2
ip dhcp server dns 8.8.8.8 // 全局模式下配置 dns
interface fei_1/1 // 进入用户侧接口
user-interface // 接口模式下配置用户侧接口标志
ip address 192.168.0.253 255.255.255.0 // 配置用户侧接口 ip 地址
peer default ip pool ZTE1 // 接口模式下配置用户侧接口上地址池
ZTE1 peer default ip pool ZTE2 // 接口模式下配置用户侧接口上地址池
ZTE2 ip route 192.168.10.0 255.255.255.0  192.168.0.254 // 全局模式下添加到目的网段
192.168.10.x/24 网段的路由
ip route 192.168.20.0 255.255.255.0 192.168.0.254 // 全局模式下添加到目的网段192.
```

168.20.*x*/24 网段的路由

SW1 的配置如下。

SW1 的配置（作为 DHCP 中继）如下。

```
ip dhcp relay enable // 全局模式下启动 dhcp 中继功能
interface vlan 2 // 配置用户侧接口 IP 地址
ip address 192.168.0.254 255.255.255.0 // 配置服务器侧接口 ip 地址 interface vlan 10 //
进入用户侧接口
ip address 192.168.10.254 255.255.255.0 // 配置用户侧接口 ip 地址
ip dhcp  relay agent 192.168.10.254 // 配置接口的 dhcp 服务器代理地址
ip dhcp relay server 1.1.1.1 // 配置接口的 dhcp 服务器地址
interface vlan 20 // 进入用户侧接口
ip address 192.168.20.254  255.255.255.0 // 配置用户侧接口 IP 地址
ip dhcp relay agent 192.168.20.254 // 配置接口的 dhcp 服务器代理地址，即为部门 B 用户的网关
ip dhcp relay server 1.1.1.1 // 配置接口的 dhcp 服务器地址
ip route 1.1.1.0 255.255.255.0 192.168.0.253
```

① 显示 DHCP 服务器进程模块的配置信息见表 7-1。

表7-1 显示DHCP服务器进程模块的配置信息

命令格式	命令模式	命令功能
show ip dhcp server	所有模式	显示DHCP服务器进程模块的配置信息

显示信息如下。

```
ZXR10#show ip dhcp server
dhcp server configure information
    current dhcp server state
    :enable(running) available dns
```

通过该命令，我们可以看到 DHCP 服务器的基本配置，例如给用户提供的 DNS、IP 地址租用时间等。

② 查看 DHCP 服务器进程模块的当前在线用户列表见表 7-2。

表7-2 查看DHCP服务器进程模块的当前在线用户列表

命令格式	命令模式	命令功能
show ip dhcp server user	所有模式	查看DHCP服务器进程模块的当前在线用户列表

③ 显示 DHCP 中继进程模块的配置信息见表 7-3。

表7-3 显示DHCP中继进程模块的配置信息

命令格式	命令模式	命令功能
show ip dhcp relay	所有模式	显示DHCP中继进程模块的配置信息

④ 显示配置的本地地址池信息见表 7-4。

表7-4　显示配置的本地地址池信息

命令格式	命令模式	命令功能
show ip local pool [<pool-name>]	所有模式	显示配置的本地地址池信息

⑤ 显示接口相关的 DHCP 服务器 / 中继的配置信息见表 7-5。

表7-5　显示接口相关的DHCP服务器/中继的配置信息

命令格式	命令模式	命令功能
show ip interface <interface-name>	所有模式	显示接口相关的DHCP 服务器/中继的配置信息

显示信息如下。

```
ZXR10#show ip interface vlan10
vlan10  AdminStatus is up, PhyStatus is up,
line protocol is up Internet address is
10.10.2.2/24
Broadcast address is
255.255.255.255 MTU is
1500 bytes
```

跟踪 DHCP 服务器 / 中继进程的收发包情况和处理情况见表 7-6。

表7-6　跟踪DHCP服务器/中继进程的收发包情况和处理情况

命令格式	命令模式	命令功能
debug ip dhcp	特权	打开DHCP的调试开关

项目二　网络间互联

项目引入

小张的公司接到一个新项目，规划设计一个小型园区网络，但网络中的网段数量比较多，项目需要园区网络的所有节点都能互访。

小张："主管，我以前做的配置都是相同网段互通，只需要配置交换机、VLAN、STP 等，但是不同网段互通应该使用什么技术呢？"

主管："以前让你做的都是比较简单的网络，现在不同的网络之间互访则需要使用路由技术了。"

小张："路由技术？是不是只有路由器需要配置路由呢？"

主管："不完全对。三层交换机也支持路由，三层网络设备中都有路由表，所有数据在不同网段间转发都需要依据路由表。"

为了帮助小张理解路由技术，本章介绍了路由的基础概念和各种路由的特点。

学习目标

1. 熟悉：静态路由、VLAN 间路由，RIP、OSPF 工作原理。
2. 掌握：静态路由、VLAN 间路由，RIP、OSPF 的配置部署方式。
3. 应用：动态路由协议组建网络。

任务一　静态路由配置

1. 任务描述

静态路由配置示例如图 7-9 所示，使主机 A 可以访问主机 B。

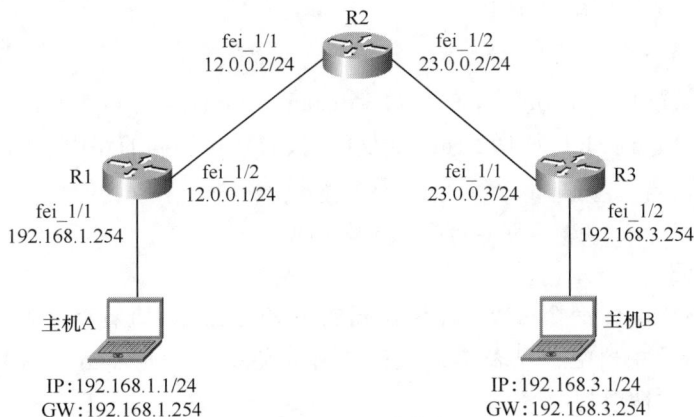

图7-9　静态路由配置示例

2. 任务分析

第一步：主机 A 有数据发往主机 B，主机 A 根据自己的 IP 地址与子网掩码计算出自己所在的网络地址，并与主机 B 的网络地址进行对比，发现主机 B 与自己不在同一个网段。主机 A 将数据发送给缺省网关，即 R1 的 fei_1/1 接口。

第二步：R1 在接口 fei_1/1 上接收到一个以太网数据帧，检查其目的 MAC 地址是否为本接口的 MAC 地址，如果是自己的 MAC 地址，则 R1 知道自己需要将数据转发出去，然后通过检查去掉数据链路层封装，解封装成 IP 数据包。

第三步：R1 检查 IP 数据包中的目的 IP 地址，根据目的 IP 地址在路由表中查找匹配最深的条目，即对比目的 IP 地址与路由表中的每个路由条目掩码，得出匹配掩码位最深的条目，并从接口 fei_1/2 转发此数据包，转发前要做相应的三层处理与新的数据链路层的封装。

第四步：数据包被转发至 R2 后会经历与 R1 相同的过程，在 R2 的路由表中查找目的网段的条目，并从接口 fei_1/2 转发该条目。

第五步：同理，数据包被转发至 R3 后会经历与 R1、R2 相同的处理过程，在 R3 的路由表中查找目的网段的条目，发现目的网段为直联网段，最终数据包被转发至目的主机 B。

3. 配置流程
静态路由的配置流程如图 7-10 所示。

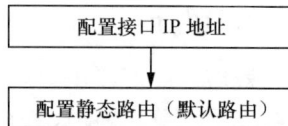
图7-10 静态路由的配置流程

4. 关键配置
R1 上静态路由配置如下。

```
ZXR10_R1(config)#ip route 192.168.3.0 255.255.255.0 12.0.0.2
```

R2 上静态路由配置如下。

```
ZXR10_R2(config)#ip route 192.168.3.0 255.255.255.0 23.0.0.3
ZXR10_R2(config)#ip route 192.168.1.0 255.255.255.0 12.0.0.1
```

R3 上可用默认路由配置如下。

```
ZXR10_R3(config)#ip route 0.0.0.0 0.0.0.0 23.0.0.2
```

静态路由配置命令 ip route 中的参数 <distance-metric> 可以用来改变某条静态路由的管理距离值。假设从 R1 到 192.168.3.0/24 网段有两条不同的路由，则配置如下。

```
ZXR10_R1(config)#ip route 192.168.3.0 255.255.255.0 12.0.0.2
ZXR10_R1(config)#ip route 192.168.3.0 255.255.255.0 21.0.0.2 21 tag 21
```

5. 结果验证
使用 show ip route 命令可以显示路由器的全局路由表，查看路由表中是否有配置的静态路由，查看路由器配置见表 7-7。表 7-7 中的这条命令是非常有用的，在路由协议的结果验证中经常被用到。

表7-7 查看路由器配置

命令格式	命令模式	命令功能
show ip route[<*ip-address*>][<*net-mask*>] | <*protocol*>]	所有模式	显示全局路由表

我们可以查看 R3 的路由表。

```
ZXR10#show ip route
```

从路由表中可以看到，下一跳为 23.0.0.2 的默认路由被作为最后的路由加入路由表中。在路由协议配置中使用默认路由时，需要根据路由协议的不同而选择不同的路由。这样在主机 A 上 ping 主机 B 的时候，就会提示成功。

任务二 VLAN 间路由配置

1. 任务描述
方法一：交换机的端口 fei_1/1 属于 VLAN 20，为 Access 端口；端口 fei_1/2 属于 VLAN 30，为 Access 端口；端口 fei_1/3 与路由器互连，为 Truck 端口；路由器的端口 fei_0/1 与交换机互连。单臂路由方式的 VLAN 间路由配置实例如图 7-11 所示。

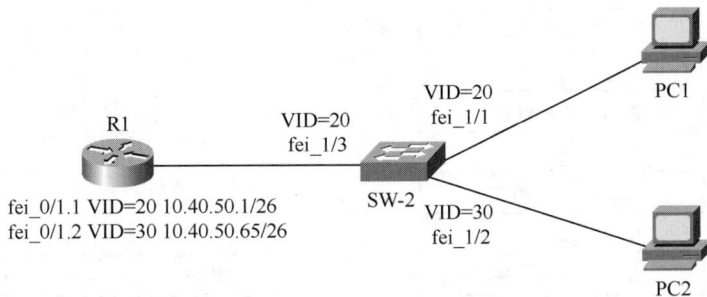

图7-11 单臂路由方式的 VLAN 间路由配置实例

方法二：三层交换机的端口 fei_1/1 属于 VLAN 20，为 Access 端口；端口 fei_1/2 属于 VLAN 30，为 Access 端口。三层交换机实现 VLAN 间路由配置实例如图 7-12 所示。

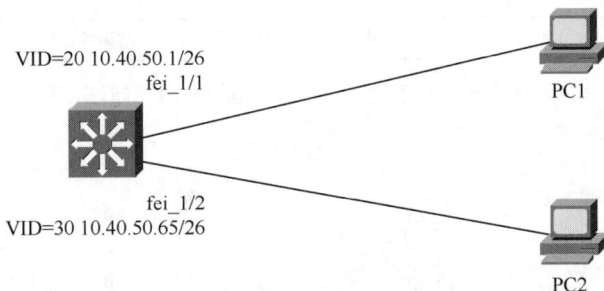

图7-12 三层交换机实现 VLAN 间路由配置实例

2．任务分析

方法一：在本任务中，需要在三层交换机上设置 VLAN，但只使用二层功能；在路由器上使用 VLAN 子接口实现 VLAN 间的通信。

① 在交换机上分别创建 VLAN 20 和 VLAN 30。

② 把端口加入 VLAN，这一步是把和主机相连的 Access 端口加入 VLAN 中。

③ 把交换机上与路由器互连的端口设置成 Trunk 端口，中继 VLAN 20 和 VLAN 30。

④ 在路由器端口上创建子接口，封装 VLAN ID，并在子接口上配置 IP。

⑤ 验证任务是否成功。

方法二：在本任务中，三层交换机使用路由功能，在 VLAN 上配置 IP 地址，实现 VLAN 间的通信。

① 在交换机上分别创建 VLAN 20 和 VLAN 30。

② 把端口加入 VLAN，这一步是把和主机相连的 Access 端口加入 VLAN 中。

③ 在 VLAN 接口上配置 IP。

④ 验证任务是否成功。

3．配置流程

方法一配置流程如图 7-13 所示，方法二配置流程如图 7-14 所示。

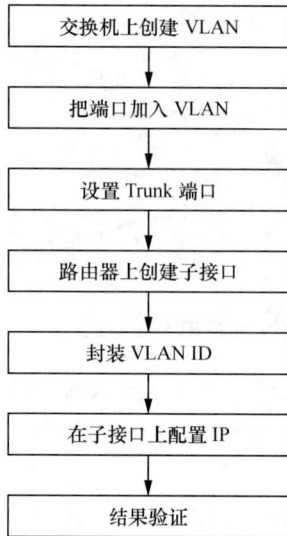

图7-13　方法一配置流程　　　图7-14　方法二配置流程

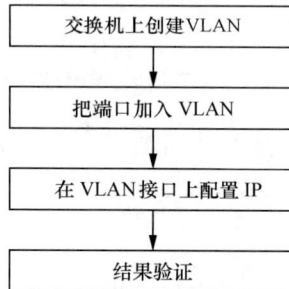

4．关键配置

方法一配置如下。

① 在交换机上创建 VLAN，示例如下。

```
ZXR10(config)#vlan 20
ZXR10(config)#vlan 30
```

② 把端口加入 VLAN，示例如下。

```
ZXR10(config)#interface fei_1/1
ZXR10(config-if)# switchport access vlan 20
ZXR10(config)#interface fei_1/2
ZXR10(config-if)# switchport access vlan 30
```

③ 设置 Trunk 端口，示例如下。

```
ZXR10(config)#interface fei_1/3
ZXR10(config-if)# switchport mode trunk
ZXR10(config-if)# switchport trunk vlan 20
ZXR10(config-if)# switchport trunk vlan 30
```

④ 在路由器上创建子接口，封装 VLAN ID，并在子接口上配置 IP 地址，示例如下。

```
ZXR10(config)#interface fei_0/1.1
ZXR10(config-subif)#encapsulation dot1q 20
ZXR10(config-subif)#ip address 10.40.50.1 255.255.255.192
ZXR10(config)#interface fei_0/1.2
ZXR10(config-subif)#encapsulation dot1q 30
ZXR10(config-subif)#ip address 10.40.50.65 255.255.255.192
```

方法二配置如下。

① 创建 VLAN，示例如下。

```
ZXR10(config)#vlan 20
ZXR10(config)#vlan 30
```

② 把端口加入 VLAN，示例如下。

```
ZXR10(config)#interface fei_1/1
ZXR10(config-if)# switchport access vlan 20
ZXR10(config)#interface fei_1/2
ZXR10(config-if)# switchport access vlan 30
```

③ 在 VLAN 接口上配置 IP，示例如下。

```
ZXR10(config)#interface vlan 20
ZXR10(config-if)#ip address 10.40.50.1 255.255.255.192
ZXR10(config)#interface vlan 30
ZXR10(config-if)#ip address 10.40.50.65 255.255.255.192
```

5. 结果验证

在上述两种情况下，给 PC1 配上 IP 地址 10.40.50.2/26，网关为 10.40.50.1；给 PC2 配上 IP 地址 10.40.50.66/26，网关为 10.40.50.65。两台 PC 可以互通。

任务三　RIP 路由配置

1. 任务描述

RIP 配置示例如图 7-15 所示，R1、R2 和 R3 运行 RIPv2，并分别启用明文和 MD5 加密，密码为"zte"，请完成 PC1 和 PC3 的互通任务。

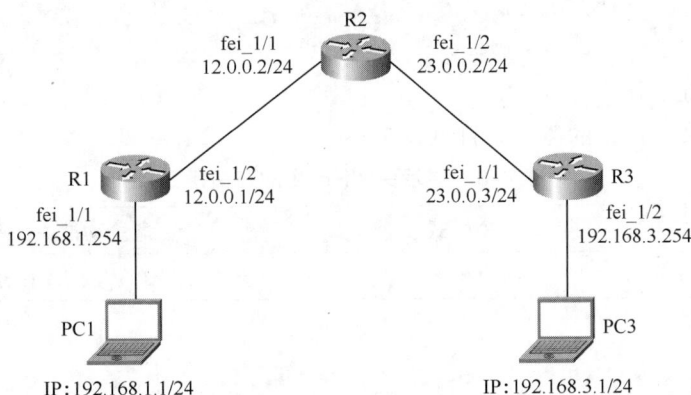

图7-15　RIP 配置示例

2. 任务分析

① 确认路由器需要运行 RIP 的组网规模，建议总数不要超过 16。

② 确认 RIP 使用的版本号，建议使用 RIPv2。

③ 确认路由器上需要运行 RIP 的接口，确认需要引入的外部路由。

④ 注意是否有协议验证部分的配置，对接双方的验证字符串必须一致。

3. 配置流程

RIP 配置流程如图 7-16 所示。

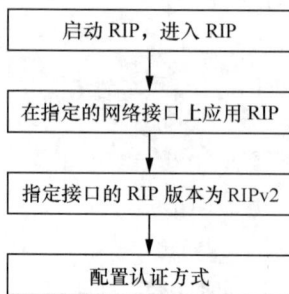

图7-16　RIP配置流程

4. 关键配置

以 R2 为例，介绍关键配置，R1 和 R3 配置类似，示例如下。

```
R2(config)# router rip
R2(config-router-rip)# network 12.0.0.0 0.0.0.255 // 注意使用反掩码
R2(config-router-rip)# network 23.0.0.0 0.0.0.255
R2(config)# interface fei_1/1
R2(config-if)# ip address 12.0.0.2 255.255.255.0
R2(config-if)# ip rip authentication mode text // 采用明文认证
R2(config-if)# ip rip authentication key zte
R2(config)# interface fei_1/2
R2(config-if)# ip address 23.0.0.2 255.255.255.0
R2(config-if)# ip rip authentication mode md5 // 采用 MD5 认证
R2(config-if)# ip rip authentication key-chain 1 zte
```

5. 结果验证

① 显示由 RIP 产生的路由条目见表 7-8。

表7-8　显示由RIP产生的路由条目

命令格式	命令模式	命令功能
show ip rip database	所有模式	显示由RIP产生的路由条目

显示结果如下。

```
R2#show ip rip database
Pref Routes
h : is possibly down,in holddown time
f : out holddown time before flush
*> 12.0.0.0/24
*> 23.0.0.0/24
*> 192.168.1.0/24
*> 192.168.3.0/24
```

② 查看 RIP 接口的现行配置和状态见表 7-9。

表7-9　查看RIP接口的现行配置和状态

命令格式	命令模式	命令功能
show ip rip interface *<interface-name>*	所有模式	查看RIP接口的现行配置和状态

显示接口 fei_1/1 的 RIP 信息。

显示结果如下。

```
R2#show ip rip interface fei_1/1
ip address: 12.0.0.2
receive version 1 2
send version 2
split horizon is effective// 默认启用水平分割
```

③ 显示用户配置的 RIP 网络命令见表 7-10。

表7-10　显示用户配置的RIP网络命令

命令格式	命令模式	命令功能
show ip rip networks	所有模式	显示用户配置的RIP网络命令

④ 显示用户配置提供了 debug 命令对 RIP 进行调试，跟踪相关信息。对 RIP 调试信息见表 7-11。

表7-11　对RIP调试信息

命令格式	命令模式	命令功能
debug ip rip	特权模式	跟踪RIP的基本收发包过程
debug ip rip database	特权模式	跟踪RIP路由表的变化过程

⑤ 检查 PC1 到 PC3 ping 正常互通。

任务四　OSPF 路由配置

1. 任务描述

OSPF 的区域 0 配置拓扑如图 7-17 所示。

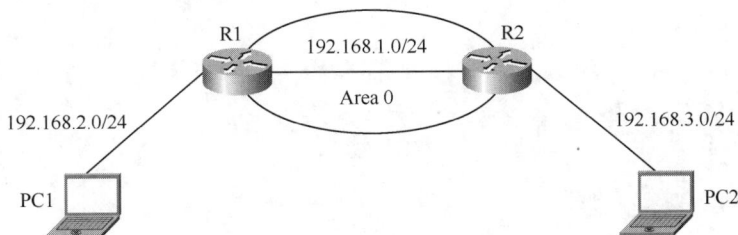

图7-17　OSPF 的区域0配置拓扑

2. 任务分析

基本配置如下。

① 设置 Router ID。

② 启动 OSPF。

③ 宣告相应的网段。

这 3 个步骤是配置 OSPF 的基本步骤，其中，启动 OSPF 和宣告相应的网段是必需的两个步骤，而设置 Router ID 则不是必须完成的，这一步可以由系统自动配置，但最好还是采用人工配置的方式。

3. 配置流程

OSPF 路由的实施步骤如图 7-18 所示。

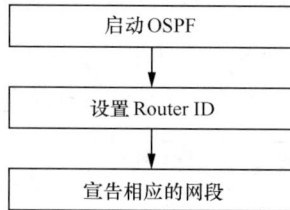

图7-18　OSPF路由的实施步骤

4. 关键配置

示例如下。

```
ZXR10_R1(config)#interface Loopback1
ZXR10_R1(config-if)#ip address 10.1.1.1 255.255.255.255
ZXR10_R1(config)#interface fei_1/1
ZXR10_R1(config-if)#ip address 192.168.1.1 255.255.255.0
ZXR10_R1(config)#interface fei_0/1
ZXR10_R1(config-if)#ip address 192.168.2.1 255.255.255.0
ZXR10_R1(config)#router ospf 10 // 进入 ospf 路由配置模式，进程号为 10
ZXR10_R1(config-router)#router-id 10.1.1.1 // 将 loopback1 配置为 ospf 的 router-id
ZXR10_R1(config-router)#network 192.168.1.0 0.0.0.255 area 0 // 将192.168.1.0/24 网段
加入 ospf 骨干域：区域 0
ZXR10_R1(config-router)# redistribute connected // 重分布直连路由
```

R2 和 R1 配置类似，R2 上 loopback1 地址设为 10.1.2.1/32。

5. 结果验证

显示结果如下。

```
ZXR10_R1#show ip ospf neighbor // 查看 ospf 邻居关系的建立情况
OSPF Router with ID (10.1.1.1) (Process ID 100)
Neighbor 10.1.2.1
In the area 0.0.0.0
via interface fei_1/1 192.168.1.2
Neighbor is DR
State FULL, priority 1, Cost 1
Queue count : Retransmit 0, DD 0, LS Req 0
```

```
Dead time : 00:00:37
In Full State for 00:00:35 //Full 状态表示建立成功
ZXR10_R1#show ip route
IPv4 Routing Table:
Dest            Mask             Gw              Interface   Owner     pri     metric
192.168.1.0     255.255.255.0    192.168.1.1     fei_1/1     direct    0       0
192.168.1.1     255.255.255.255  192.168.1.1     fei_1/1     address   0       0
192.168.2.0     255.255.255.0    192.168.2.1     fei_0/1     direct    0       0
192.168.2.1     255.255.255.255  192.168.2.1     fei_0/1     address   0       0
192.168.3.0     255.255.255.0    192.168.1.2     fei_1/1     ospf      110     20
```

网络安全控制操作

项目一　网络访问控制技术

项目引入

小张公司的新项目已经部署到后期了，但是用户却提出了新需求："目前这个网络已经完成互联互通，但还需要对内部主机上网行为做过滤策略，只允许部分用户访问互联网资源，其他用户不能访问外部网络。"对于这个要求，小张不知道应该怎么实现，便咨询了主管。

小张："主管，用户对网络有新要求，不能让所有人都上网，只允许部分人员上网，我应该怎么解决这个需求呢？"

主管："你可以在路由器上部署 ACL 技术，再应用到对应的接口上就可以实现了。"

为了满足用户的需求，本项目介绍了 ACL 网络安全技术，帮助小张实现用户提出的新需求。

学习目标：

1. 掌握：ACL 网络原理。
2. 应用：ACL 的网络配置。

任务一　标准 ACL 配置

1. 任务描述

标准 ACL 配置示例如图 8-1 所示，需求是只允许两边的网络（172.16.3.0，172.16.4.0）互通。

2. 任务分析

（1）配置步骤

① 定义访问控制列表：按照要求，确定使用标准 ACL。

② 将访问控制列表应用到对应的接口上。

（2）配置要点

如果网络中有多台路由器，在配置访问控制列表时：首先，我们

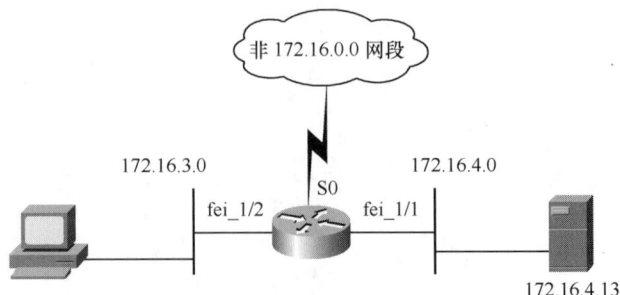

图8-1　标准 ACL 配置示例

需要考虑在哪一台路由器上配置；其次，访问控制列表应用到接口时，我们需要选择将此访问控制列表应用到哪个物理端口，选择好端口后就能决定应用该 ACL 的端口方向。

对于标准 ACL，因为它只能过滤源 IP 地址，为了不影响源主机的通信，一般我们将标准 ACL 放在离目的端比较近的地方。

```
定义标准 ACL
    ↓
配置 ACL 中的规则
    ↓
应用 ACL 到接口
```

图8-2　标准ACL配置流程

3. 配置流程

标准 ACL 配置流程如图 8-2 所示。

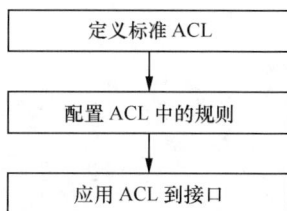

4. 关键配置

① 定义标准 ACL，示例如下。

```
ZXR10(config)#Access-list 1 permit 172.16.0.0 0.0.255.255 // 配置标准 acl 语句，允许
来自指定网络 172.16.0.0/16 的数据包
(implicit deny all - not visible in the list) // 此为隐含语句，意为拒绝全部数据包
```

② 应用 ACL，示例如下。

```
ZXR10(config)#interface fei_1/2
ZXR10(config-if)#ip Access-group 1 out// 将 acl 应用到接口外出的方向上
ZXR10(config)#interface fei_1/1
ZXR10(config-if)#ip Access-group 1 out// 将 acl 应用到接口外出的方向上
```

5. 结果验证

为了便于维护与诊断 ACL，ZXR10 系列交换机提供了相关查看命令。

① 显示所有或指定表号的 ACL 的内容，示例如下。

```
show acl [<acl-number> | <acl-name>]
```

② 查看某物理端口是否应用了 ACL，示例如下。

```
show access-list used [<acl-name>]
```

任务二　扩展 ACL 的配置及应用

1. 任务描述

扩展 ACL 配置示例如图 8-3 所示，需求是拒绝从子网 172.16.4.0 到子网 172.16.3.0 通过 fei_1/2 接口出去的 FTP 访问流量，但允许其他流量通过 fei_1/2 接口。

2. 任务分析

（1）配置步骤

① 定义访问控制列表：按照要求，确定使用扩展 ACL。

② 将访问控制列表应用到对应的接口上。

（2）配置要点

如果网络中有多个路由器，在配置访问控制列表时：首先，我们需要考虑在哪一台路由器上配置；其次，访问控制列表应用到接口时，我们需要选择将此访问控制列表应用到哪个物理端口，选择好端口后就能够决定应用该 ACL 的端口方向。

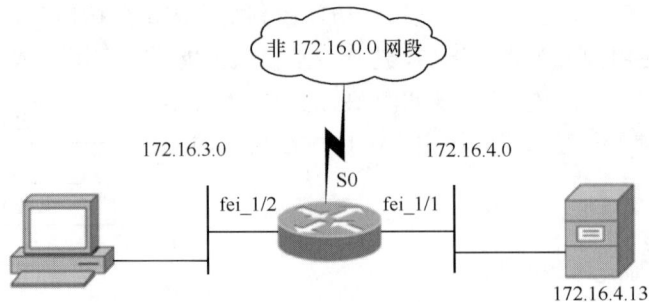

图8-3 扩展 ACL配置示例

扩展 ACL 可以精确地定位某一类的数据流，为了不让无用的流量占据网络带宽，我们将扩展 ACL 放在离源端比较近的地方。

3. 配置流程

扩展 ACL 配置流程如图 8-4 所示。

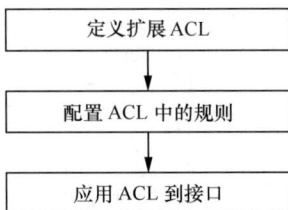

图8-4 扩展ACL配置流程

4. 关键配置

① 定义扩展 ACL，示例如下。

```
ZXR10(config)#Access-list 101 deny tcp 172.16.4.0 0.0.0.255 172.16.3.0 0.0.0.255
eq 21 // 配置扩展 acl 语句，含义为禁止从源端到目的端建立 ftp 连接
ZXR10(config)#Access-list 101 deny tcp 172.16.4.0 0.0.0.255 172.16.3.0 0.0.0.255
eq 20 // 配置扩展 acl 语句，含义为禁止从源端到目的端建立 ftp 连接
ZXR10(config)#Access-list 101 permit ip any any // 配置扩展 acl 语句，含义为此语句允许
所有数据包通过应用接口
```

② 应用 ACL，示例如下。

```
ZXR10(config)#interface fei_1/2
ZXR10(config-if)#ip Access-group 1 out // 将 ACL 应用到接口外出的方向上
```

5. 结果验证

为了便于维护与诊断 ACL，ZXR10 系列交换机提供了相关的查看命令。

① 显示所有或指定表号的 ACL 的内容，示例如下。

```
show acl [<acl-number> | <acl-name>]
```

② 查看某物理端口是否应用了 ACL，示例如下。

```
show access-list used [<acl-name>]
```

项目二 网络地址转换技术

项目引入

小张已经掌握了 ACL 技术，根据用户在新项目上提出的访问控制要求，在路由器上应用 ACL 后实现了用户的需求。现在，用户又提出新的网络需求，要局域网内部用户实现对公网的访问需求，局域网内部使用私有地址，访问互联网时使用公网 IP 地址。对于这个新要求，小张不知道应该怎么实现，又咨询了主管。

小张："主管，用户对这个项目的网络功能又有了新要求，要在局域网内部使用规划的私网 IP 地址，访问互联网时使用公网 IP 地址，我应该怎么解决这个需求呢？"

主管："小张，这涉及网络地址转换，可以在项目的出口路由器上部署 NAT 技术，这样可以将局域网内部私有地址在路由器出接口上转换成公网 IP 地址就可以实现。我给你一份相关 NAT 的技术资料，你先学习一下，然后让王工给你具体介绍一下 NAT 业务配置。"

为了满足用户的需求，本项目介绍了 NAT 技术，帮助小张实现用户提出的新需求。

学习目标

1. 掌握：NAT 网络原理。
2. 应用：NAT 的网络配置。

任务一 NAT 的配置及应用

1. 任务描述

NAT 单出口组网如图 8-5 所示，用户均为私网 IP 地址，此时必须通过 NAT 转换为公网 IP 地址才能访问公网。

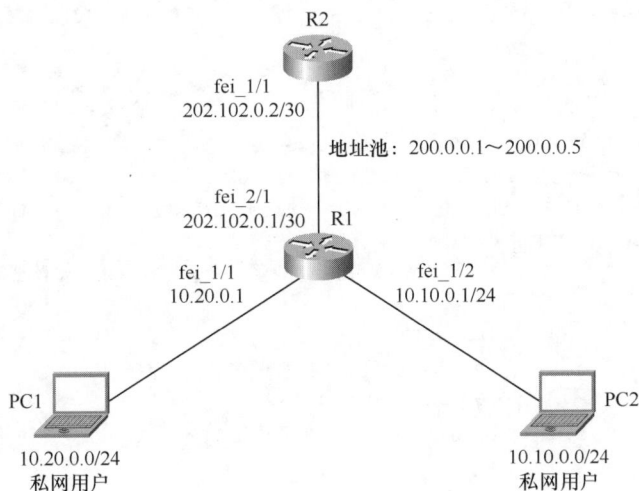

图8-5 NAT 单出口组网

2. 任务分析

① 在此任务中，私网用户使用的内部网络地址是 10.20.0.0/24 网段和 10.10.0.0/24 网段，这些网段的地址属于私有地址，可以在一个企业（局域网）内部使用，但是不能访问外网。

② 这些私网 IP 地址需要通过 NAT 技术转换为公网 IP 地址，用户才能访问公网。

③ 已经指定地址池为 200.0.0.1 ～ 200.0.0.5，公网地址的数量只有 5 个，而当前私网用户的数量最多可能达到 508 个，不能实现一对一的地址转换。因此，这时我们需要进行动态一对多的 NAT 配置。

3. 配置流程

NAT 的配置流程如图 8-6 所示。

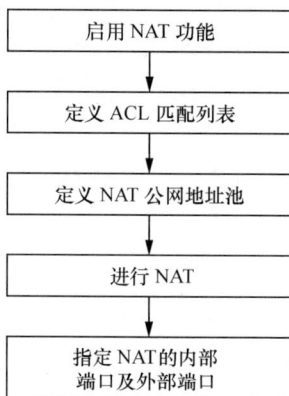

图8-6　NAT的配置流程

4. 关键配置

RT1 路由器的配置如下。

```
ip nat start // 在全局配置模式下配置启动 nat 功能
acl standard number 1   // 配置标准 acl, 列表号为 1, 匹配从源地址网段 10.10.0.0/24、10.20.0.0/24
发出的数据包
permit 10.10.0.0 0.0.0.255
permit 10.20.0.0 0.0.0.255
ip nat pool ZTE 200.0.0.1 200.0.0.5 prefix-length 24 // 配置名为 ZTE 的地址池，将合法
外部地址段 200.0.0.1 至 200.0.0.5 加入地址池
ip nat inside source list 1 pool ZTE overload // 配置 nat 语句，将内网的符合 acl1 的数
据包的源地址转换为地址池 ZTE 中的地址
ip nat translation maximal default 300// 设置用户最大会话数，或者配置内部地址允许转换的
最大条目数为 300
interface fei_2/1 // 进入接口配置模式
ip address 202.102.0.1 255.255.255.252 // 配置接口 ip 地址
ip nat outside // 指定此接口为 nat 的外部接口
ip route 0.0.0.0 0.0.0.0 202.102.0.2 // 配置通往 202.102.0.2 的静态路由
```

5. 结果验证

① show ip nat statistics 见表 8-1。

表8-1　show ip nat statistics

命令格式	命令模式	命令功能
show ip nat statistics	除用户模式外的所有模式	显示NAT的统计数据

该命令用于查看 NAT 的统计数据，显示内容包括当前活动的 NAT 条目的数目（包括静态和动态规则生成的条目）、最大动态 NAT 条目数、当前 / 最大内部地址数、内部和外部端口的统计信息、NAT 成功和失败的数目、老化的 NAT 条目数、被清除的 NAT 条目数等。

② show ip nat translations 见表 8-2。

表8-2　show ip nat translations

命令格式	命令模式	命令功能
show ip nat translations {*|{global <global- ip>| local <local-ip>}}	除用户模式外的所有模式	显示NAT活动的转换条目信息

该命令用于查看当前转换条目，显示内容包括 NAT 的内部和外部地址、对于动态可重用 NAT 还包括端口转换的信息。

③ show ip nat count 见表 8-3。

表8-3　show ip nat count

命令格式	命令模式	命令功能
show ip nat count {by-max<count> | by-used<count> | global<global-ip> | local<local-ip>}	除用户模式外的所有模式	降序显示NAT的基于地址的统计数据

该命令用于查看 NAT 的基于地址的统计数据，显示内容包括内部地址、当前使用数目、最大使用数目和最大使用数目限制。

④ clear ip nat translations 见表 8-4。

表8-4　clear ip nat translations

命令格式	命令模式	命令功能
clear ip nat translations {*|[<global-ip><global-port><local- ip><local-port>] | list<list-number> [<interface-name>] | {global<global-ip>| local <local-ip>}}	特权	清除NAT条目

该命令结合不同的参数，可以用来清除指定范围的 NAT 条目。

使用 clear ip nat translations 命令可以清除当前所有用户的会话数。要谨慎使用该命令，因为使用该命令，所有用户的连接会全部中断。

任务二　NAT 的维护

1. 日常维护诊断

路由器系统当前最大可用的动态转换条目数可以通过 IP 资源池中的 Global IP 数进行大致计算，一般一个 IP 地址对应大约 60000 个转换条目。为了确保网上银行、支付宝等识别源 IP 业务稳定运行，建议地址池中的地址个数设置为 14 ～ 30 个，确保用户转换会话数量非常多的时候，每个公网地址有足够的资源可以应对。

开局时一般限制每个用户转换的条目数，这个设置是为了保护设备，在用户流量出现异常时，该设置也可以起到保护设备 CPU 的作用。

我们使用 show ip nat statistics 命令查看当前动态的 NAT 的转换条目时，如果其数量接近或者等于最大的可用条目数，说明 NAT 资源不足，那么用户上网可能会受到影响。

2. NAT 资源不足的情况

① 网络规模扩张，用户量增大导致 NAT 资源不足。在这种情况下，我们通常可以从 show ip nat statistics 中看出本地用户数量已经大于以前的数量，而地址池的数量还是以前的数量。建议扩充地址池，结合网络情况减缓一些应用的老化时间，或为设备扩容。

② 本地用户量正常，用户流量异常导致 NAT 资源不足。如果我们发现用户量有限，而 NAT 条目骤增，这种情况可能是用户流量异常导致三层流报告故障。此时，我们使用 show ip nat count by-used/by-max 查看用户的当前、历史 NAT 条目是否存在异常，如果某个用户的条目明显大于其他条目，应该是该用户流量存在问题（可能是用户的计算机中毒，也可能是用户私设置代理导致实际用户量明显大于现有用户量等原因）。建议措施如下。

- 为用户的计算机杀毒，同时关闭一些端口，包括 ICMP 等。
- 使用 ip nat translation maximal 命令限制每个用户的最大会话数，这样设置后对使用量较高的用户会有影响，但是这保证了大部分用户能正常开展业务。具体数值会受到用户种类和网络资源实际情况的限制，我们可以参考平时使用 show ip nat count 命令查看的内容：调整老化时间；整改非法代理；扩充地址池。在紧急情况下，对于个别严重异常的用户影响其他用户上网的情况，我们可以使用 clear ip nat local 命令清除用户的 NAT 条目。对于个别软件出现的异常情况，我们可以认为是老化时间设置不正确，所以需要尽可能地调查清楚该应用的协议端口号，有选择地调整端口号的老化时间，不要笼统地调整所有 TCP/UDP 的老化时间，否则可能影响其他业务，造成 NAT 资源枯竭或用户上网异常等情况。

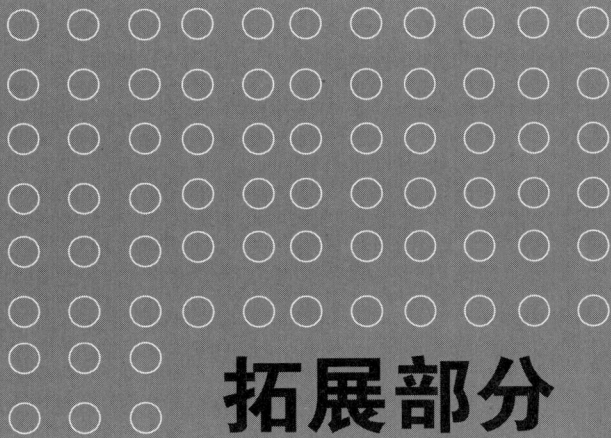

拓展部分

模块九　网络知识拓展

项目一　认识 BGP

项目引入

经过一段时间的学习，小张已经慢慢成长为公司的技术骨干，但是离技术专家还有差距，由于骨干设备很多都运行 BGP，小张对 BGP 还很陌生，小张入职以来都在处理一些比较简单的网络故障或部署比较简单的网络，小张非常想登录骨干设备看看里面的配置情况。

小张："主管，我已经来公司一段时间了，但到目前为止，为什么还不能给我核心设备的登录权限？"

主管："小张啊，核心设备配置复杂，运行很多协议，如果你不懂 BGP，一旦操作失误影响是非常大的。"

小张："好吧。"

主管："这样吧，你先学习 BGP 基础知识、熟悉运行环境和常见配置，理解 BGP 运行场景，公司再视情况给你分发账号。不过一定要注意，当你不是很懂 BGP 的时候，千万不要在网络中操作 BGP。BGP 操作错误带来的影响，可能是你无法预料的。"

学习目标

1. 识记：BGP 基本概念。
2. 领会：BGP 报文类型与连接状态。
3. 应用：BGP 路由通告原则与通过方式。

任务一　BGP 基本概念

1. 了解 BGP

20 世纪 60 年代末，互联网还只是一个小规模的实验网，随着研究机构、高校和政府的加入，最早的 ARPA 网形成了。后来，美国国家科学基金会又开发了 NSFNet（1995 年 4 月停用）。发展到现在，互联网已经成为世界上规模最大、用户最多的网络。出于管理和扩展的目的，当前的国际互联网是由多个具有独立管理机构及选路策略的 AS 汇集而成的。

（1）IGP[1] 与 EGP[2]

所有的路由选择协议可以被分成 IGP 和 EGP 两种。要了解 IGP 和 EGP 的概念，我们应该先了解 AS 的概念。传统的 AS 定义（RFC 1771）如下：单一管理机构下的路由器的集合，一个 AS 内部使用一种 IGP 并采用一致的度量标准对数据包进行路由，而使用 IGP 对接收或发出到其他 AS 的路由进行过滤或者配置。发展到现在，一个 AS 中可以使用多个 IGP，甚至多个路由选择的度量标准。所以，现在的 AS 扩展定义为共享同一路由选择策略的一组路由器。

IGP 是在一个 AS 内部使用的路由协议（包括动态路由协议和静态路由协议）。IGP 的功能是完成数据包在 AS 内部的路由选择。RIPv1&RIPv2、OSPF 等都是典型的 IGP。

EGP 是在多个 AS 之间使用的路由协议，它主要完成数据包在 AS 间的路由选择，BGP4 就是一种 EGP。IGP 只用于本地 AS 内部，而对其他 AS 一无所知。EGP 用于各 AS 之间，它只了解 AS 的整体结构，而不了解各个 AS 内部的拓扑结构；它只负责将数据包发到相应的 AS 中，其他工作就交给 IGP 负责了。

每个 AS 都有唯一的标识，称为 AS Number，由 IANA 授权分配。这是一个 16 位的二进制数，范围是 1 ~ 65535，其中，65412 ~ 65535 为 AS 专用组（RFC 2270），不在互联网上传播，类似于 IP 地址中的私有地址。

BGP4 是典型的外部网关协议，是现行的互联网实施标准，完成了在 AS 间的路由选择。

BGP 经历了 4 个版本，即 RFC 1105（BGP1）、RFC 1163（BGP2）、RFC 1267（BGP3）和 RFC 1771（BGP4），并且还涉及其他很多的 RFC 文档。在 RFC 1771 版本中，BGP 开始支持 CIDR 和 AS 路径聚合，这种新属性的加入，可以减缓 BGP 表中条目的增长速度。

支持 IPv6 的 BGP 版本是 BGP4+，标准是 RFC 2545。

（2）BGP 的特征

BGP 用来完成 AS 之间的路由选择，BGP 路由信息中携带其经过的 AS 号码序列，此序列指出了一条路由信息通过的路径，能够有效地控制路由循环。每一个 AS 可以被视作一个跳度，所以我们称 BGP 是一种距离—矢量的路由协议，但是与 RIP 等典型的距离—矢量协议相比，它又有很多增强性能。

BGP 使用 TCP 作为传输协议，使用的端口号为 179。在通信时，TCP 会话要先被建立，这样数据传输的可靠性由 TCP 来保证，在 BGP 中就不再使用差错控制和重传机制，从而简化了通信的复杂程度。BGP 的特征如图 9-1 所示。

1　IGP（Interior Gateway Protocol，内部网关协议）。
2　EGP（Exterior Gateway Protocol，外部网关协议）。

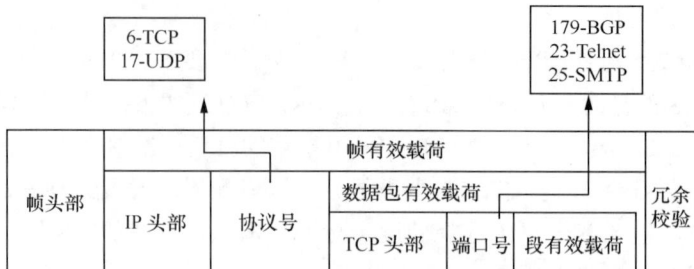

图9-1　BGP 的特征

另外，BGP 使用增量的、触发性的路由更新，这样能够节省更新所占用的带宽。BGP 还使用"保活"（Keepalive）消息来监视 TCP 会话的连接。BGP 还有多种衡量路由路径的度量标准（被称为路由属性），可以更加准确地判断出最优路径。

BGP 的工作流程：在要建立 BGP 会话的路由器之间建立 TCP 会话连接，然后通过交换 Open 消息来确定连接参数，例如运行版本等；建立对等体连接关系后，最开始的路由消息交换将包括所有的 BGP 路由，即交换 BGP 表中所有的条目；完成初始化交换后，只有当路由条目发生改变或失效时，才会发出增量的、触发性的路由更新。

增量是指不交换整个 BGP 表，只更新发生变化的路由条目；触发性是指只有在路由表发生变化时才更新路由信息，并不发出周期性的路由更新。比起传统的全路由表的定期更新，增量的触发性的路由更新节省了带宽。路由更新都是由 Update 消息完成的。

（3）对等体

建立了 BGP 会话连接的路由器被称为对等体，对等体有 EBGP（External BGP）和 IBGP（Internal BGP）两种连接模式。EBGP 则是指 AS 之间的 BGP 连接，而 IBGP 是指单个 AS 内部的路由器之间的 BGP 连接。

① EBGP。BGP 可以用来完成 AS 之间的路由选择，在不同 AS 之间建立的 BGP 连接被称为 EBGP 连接。EBGP 示例如图 9-2 所示。

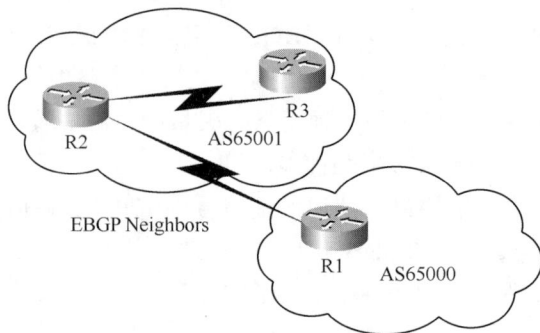

图9-2　EBGP 示例

EBGP 连接的路由器一般直接以物理方式相连，也存在非物理直连的特殊情况。在配置路由器时，需要特别注意 EBGP 的使用，因为在缺省情况下，路由器将 EBGP 通信的 BGP 数据包的 TTL 值设为 1，必要时会更改其 TTL 值。

② IBGP。IBGP 可以用来在 AS 内部完成 BGP 更新信息的交换。虽然这种功能可以由 "重分布" 技术来完成——将 EBGP 传送的其他 AS 的路由 "再分布" 到 IGP 中，然后将其 "再分布" 到 EBGP，以传送到其他 AS，但是这样 BGP 会失去路由条目丰富的属性，以及进行路由选择和策略控制的元素。因此，应使用 IBGP 连接实现不同 AS 的路由的传递。IBGP 示例 1 如图 9-3 所示。

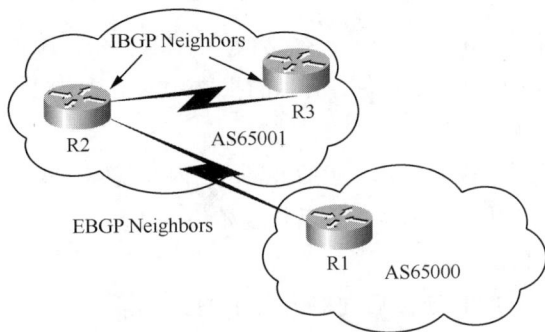

图9-3　IBGP示例1

IBGP 的功能是维护 AS 内部的连通性。BGP 规定一个 IBGP 的路由器不能将来自另一个 IBGP 路由器的路由发送给第三方 IBGP 路由器，这通常被理解为 Split-horizon（水平分割，是一种避免路由环路出现及加快路由汇聚的技术）规则。当路由器通过 EBGP 接收更新信息时，它会处理这个更新信息，并将其发送到所有的 IBGP 及余下的 EBGP 对等体；而当路由器从 IBGP 接收更新信息时，它会对其进行处理并仅通过 EBGP 传送该信息，而不会向 IBGP 传送该信息。所以，在 AS 中，BGP 路由器必须通过 IBGP 会话建立全网状连接，以此来保持 BGP 的连通性。如果没有在物理上实现全网状连接，则会出现连通性方面的问题。IBGP 示例 2 如图 9-4 所示。

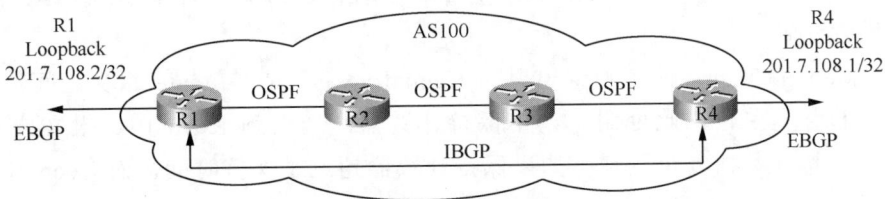

图9-4　IBGP 示例 2

为避免完全网状连接的复杂性，路由反射器和联盟等技术应运而生。

与传统的内部路由协议相比，BGP 还有一个独特性，就是使用 BGP 的路由器可以和未使用 BGP 的路由器实现隔离。这是因为 BGP 使用 TCP 作为传输协议，只要两台路由器能够直接建立 TCP 连接即可，但要确保相关 IGP 能够正常工作。

2. BGP 报文与连接状态

（1）BGP 消息类型

BGP 的运行是通过报文驱动的，BGP 报文的报头格式相同，由 19 字节组成，其中，包括 16 字节的标记字段、2 字节的长度字段和 1 字节的类型字段。BGP 报文的报头基本格式示例如图 9-5 所示。

16Byte	2Byte	1Byte
标记字段	长度字段	类型字段

图9-5　BGP 报文的报头基本格式示例

标记字段主要用来鉴别进入的 BGP 报文或用来检测两个 BGP 对等体之间同步的丢失。标记字段在 Open 报文中或无鉴别信息的报文中必须置为 1，在其他情况下将作为鉴别技术的一部分被计算。

长度字段是指整个 BGP 报文包括报头在内的总长度，长度为 19～4096。Keepalive 报文没有具体的报文内容，所以长度始终为 19 字节。

（2）BGP 建立消息

Open 报文是在建立 TCP 连接后向对方发出的第一条消息，它包括版本号、各自所在的 AS 识别码、会话保持时间、BGP 标识符，以及可选参数长度和可选参数。Open 报文的格式如图 9-6 所示。

1Byte	2Byte	2Byte	4Byte	1Byte	可变长度
版本号	AS 识别码	会话保持时间	BGP 标识符	可选参数长度	可选参数

图9-6　Open 报文的格式

① 版本号：1 字节无符号整数，表示 BGP 的版本 BGP4。在 BGP 对等体磋商时，对等体之间都试图使用彼此都支持的最高版本。在 BGP 对等体版本已知的情况下，通常使用静态设置版本，缺省就是 BGP4。

② AS 识别码：指出本地运行 BGP 的路由器的 AS 号码，此号码通常由互联网登记处或提供者分配。

③ 会话保持时间：两个相继出现的 Keepalive 报文或 Update 报文之间消耗的最大时间，以 s 为单位。此处用到一个保持计数器，当收到 Keepalive 报文或 Update 报文时，保持计数器复位到零；如果保持计数器超过了保持时间，而 Keepalive 报文或 Update 报文还未出现，则认为该相邻体不存在。保持时间可以是零，表示不需要 Keepalive 报文，推荐的最小保持时间为 3s。在 2 台路由器建立 BGP 连接前，Open 报文负责协商双方一致认可的保持时间，以两者 Open 报文中的较小值为准。

④ BGP 标识符：4 字节无符号整数，表示发送者的 ID 号。ZXR10 系列交换器选取此 ID 号时，先从 loopback 地址中选择最小的；如果没有 loopback 地址，则从接口地址中选择最小的 IP 地址，而无论接口是否为 UP。目前，ZXR10 系列交换器采取自动选取的方式，暂不能手动指定。

⑤ 可选参数长度：1 字节无符号整数，表示以字节为单位的可选参数字段的总长度，长度为 0 表示无可选参数。

⑥ 可选参数：可变长度字段，表示 BGP 相邻体对话磋商期间使用的一套可选参数。该参数分为 3 个部分，分别是参数类型、参数长度和参数值。其中，参数类型、参数长度各为 1 字节，参数值为可变长度。

（3）BGP Keepalive 报文

Keepalive 报文是在对等体之间进行交换的周期性报文，可据此判断对等体是否可达。Keepalive 报文保证以保持时间不溢出的速率发送消息（保持时间在 Open 报文中已详细说明），推荐速率是保持时间间隔的三分之一，一般为 60s。Keepalive 报文没有实际的数据消息，即 Keepalive 报文长度为 19 字节。

（4）BGP Update 报文

BGP 的核心是路由更新，路由更新是通过在 BGP 对等体之间传递 Update 报文实现的。路由更新包括 BGP 用来组建无循环互联网结构所需的所有消息。Update 报文的结构如图 9-7 所示。

2Byte	可变长度	2Byte	可变长度	可变长度
不可达 路由长度	撤销路由	总路径 属性长度	路径属性	网络层 可达信息

图9-7 Update 报文的结构

① 不可达路由长度：以字节计算的撤销路由的总长度，不可达路由长度为 0 时，表示没有可撤销的路由。

② 撤销路由：将那些不可到达的或不再提供服务的选路信息从 BGP 路由表中被撤销时，需要用到撤销路由表项。撤销路由格式与网络层可到达信息格式相同，由 < 长度，前缀 > 的二维数组组成，每条撤销路由占用 8 字节。

③ 总路径属性长度：当路径属性部分的长度值为 0 时，表示没有路由及其路由属性要被通告。

④ 路径属性：一套用来标记随后路由的特定属性的参数，这些参数在 BGP 过滤及路由决策过程中将被使用。属性内容包括路径信息、路由的优先等级、路由的下一跳及聚合信息等。路径属性由属性类型、属性长度及属性值组成，属性长度根据属性值的不同会发生相应的改变。

⑤ 网络层可达信息：BGP4 提供了一套支持无类别域间选路。IP 前缀是带有组成网络号码的比特数（从左到右）指示的 IP 网络地址。Update 报文中提供网络层可到达信息，使 BGP 能够支持无类别选路。网络层可达信息通过二维数组的方式在选路更新中列出了要通知的其他 BGP 相邻体的目的地信息。数组内容为 < 长度，前缀 >，长度为 32bit，32bit 中 1 的位数代表了数组中前缀的掩码长度。

（5）BGP Notification 报文

当 BGP 对等体之间交互信息时，可能检测到差错信息，每当检测到一个差错信息，相应的对等体将会发送一个 Notification 报文，随后对等体连接被关闭。网络管理者需要分析 Notification 报文，根据差错码判断选路协议中出现差错的特定属性。

Notification 报文的格式如图 9-8 所示。

1Byte	1Byte	可变长度
差错代码	差错子代码	差错数据

图9-8　Notification 报文的格式

差错代码指示该差错通知的类型，可能的 BGP 差错代码如下。

① BGP 报文报头差错。

② Open 报文差错。

③ Update 报文差错。

④ 保持计时器溢出。

⑤ 有限状态机差错。

⑥ 停机。

差错子代码指示差错代码中更加详细的信息。在通常情况下，每个差错代码可能有一个或多个差错子代码。差错代码为①～③的对应差错子代码的描述如下。

① BGP 报文报头差错：连接不同步；报文长度无效；报文类型无效。

② Open 报文差错：不支持的版本号码；无效的对等体 AS；无效的 BGP 标识符；不支持的可选参数；鉴别失败；不能接收的保持时间。

③ Update 报文差错：属性列表形式不对；公认属性识别不了；公认属性丢失；属性标记差错；属性长度差错；起点属性无效；AS 选路循环；下一跳属性无效；可选属性差错；网络字段无效。

（6）BGP 连接状态

BGP 在建链过程中有 Idle 状态、Connect 状态、Active 状态、OpenSent 状态、OpenConfirm 状态和 Established 状态 6 种连接状态。

① Idle 状态。当 BGP 连接启动时，有限状态机处于 Idle 状态。系统产生 Start 消息，初始化所有的 BGP 资源和 TCP 连接，并启动重新连接定时器。完成这些工作后，状态迁移至 Connect 状态，在 Idle 状态下所有的 BGP 连接请求被拒绝。如果 BGP 报文在处理过程中出现错误，则要求断开 TCP 连接进入 Idle 状态，等待重新连接定时器超时或管理员发出连接命令再产生 Start 消息，从而迁出 Idle 状态，重新建立连接。

② Connect 状态。在这个状态下，BGP 等待 TCP 连接完成：如果连接成功，则清除重新连接定时器，向对端 BGP 发送 Open 消息，进入 OpenSent 状态；如果连接失败，则复位重新连接定时器，进入 Active 状态，监听对端 BGP 可能初始化发来的连接请求。

如果重新连接定时器超时，重新初始化 BGP 连接并复位重新连接定时器，继续停留在 Connect 状态，等待对端 BGP 发来的连接。该状态下收到除 Start 外的消息都要求释放该连接的所有 BGP 资源，并将状态迁至 Idle 状态。

③ Active 状态。在这个状态下，BGP 试图收到对端 BGP 发来的 TCP 连接，如果连接成功，则清除重新连接定时器，并发送 Open 消息到对端的 BGP，其中，Open 报文中的定时器应设一个较大的数值（4min）。

如果连接失败，则关闭连接并复位重新连接定时器，仍然停留在 Active Status，等待超时后重新建立 TCP 连接。当重新连接定时器超时事件发生时，重新初始化 TCP 连接并复位重新连接定时器，进入 Connect Status。同样，该状态下除了不处理收到的 Start 消息，其他消息都要被处理，并将该连接的所有 BGP 资源释放，且将状态迁至 Idle 状态。

④ OpenSent 状态。在这个状态下，BGP 等待从它的对端 BGP 发来的 Open 消息。当收到 Open 消息时，BGP 要检查消息中所有内容的正确性：如果 Open 消息中出现错误，则发送 Notification 消息并将状态迁至 Idle 状态；如果 Open 消息中没有错误，BGP 发送 Keepalive 消息并同时设置 Keepalive 定时器，定时器的值将被替换为通过协商得到的定时值。如果协商的定时值为 0，那么 Hold 定时器和 Keepalive 定时器将不起作用；若收到的 Open 报文中 AS 识别码与本地 AS 识别码相同，那么与该 BGP 对端的 BGP 连接为 IBGP，否则为 EBGP，最后将状态迁至 OpenConfirm 状态。

如果收到底层传输协议发来的 Disconnect 消息，将关闭 BGP 连接，同时复位重新连接定时器，进入 Active 状态，重新等待对端的 TCP 连接请求。如果定时器超时或收到 Stop 事件，则向对端发送 Notification 消息，状态迁至 Idle 状态。

⑤ OpenConfirm 状态。在这个状态下，BGP 等待 Keepalive 和 Notification 消息，一旦收到 Keepalive 消息，状态迁至 Established 状态。如果在收到 Keepalive 消息之前定时器超时，则发送 Notification 消息到对端并将状态迁至 Idle 状态；如果定时器超时，则发送 Keepalive 消息，并复位 Keepalive 定时器。

在收到底层传输协议发来的 Disconnect 消息，或对端发来的 Notification 消息时，释放该连接所有的 BGP 资源，并将状态迁至 Idle 状态。

对于其他事件，除了不处理 Start 消息，都要向对端发送 Notification 消息并释放该连接的所有 BGP 资源，状态迁至 Idle 状态。

⑥ Established 状态。在这个状态下，BGP 可以与它的对端 BGP 交换 Keepalive、Update、Notification 消息。如果系统收到 Update 消息或 Keepalive 消息，则要将定时器复位（定时值不为 0）。Update 消息需要被执行正确性检查：如果正确，则由 Update 消息处理过程进行处理；如果不正确，则向对端发送 Notification 消息，将状态迁至 Idle 状态。当收到 Keepalive 消息时，复位定时器。如果 Keepalive 定时器超时，则向对端发送 Keepalive 消息并复位定时器。如果收到 Stop 事件或定时器超时，则发送 Notification 消息，将状态迁至 Idle 状态。若 TCP 发来 Disconnect 消息或对端发来 Notification 消息，则将状态迁至 Idle 状态。当状态迁至 Idle 状态时，必须释放所有的 BGP 连接资源。

3. BGP 路由通告原则

运行 BGP 的路由器首先通过 TCP 与其对等体建立连接，然后通过交换 Open 报文相互验证身份，当彼此确认可行时，使用 Update 报文交互路由信息。BGP 路由器接收 Update 报文，对此报文运行某些策略或进行过滤处理产生新的路由表，再把新的路由传递给其他 BGP 对等体。

为了更好地阐述 BGP，对 BGP 的运行过程建立模型，模型包括以下部件。

① 路由器从其对等体收到的一组路由。

② 输入决策机，对输入路由进行过滤或属性控制。

③ 决策过程，决定路由器本身将使用哪些路由。

④ 路由表，路由器本身使用的一组路由。

⑤ 输出决策机，对输出路由进行过滤或属性控制。

⑥ 路由器通告给其他对等体一组路由。

BGP 运行过程模型示例如图 9-9 所示。

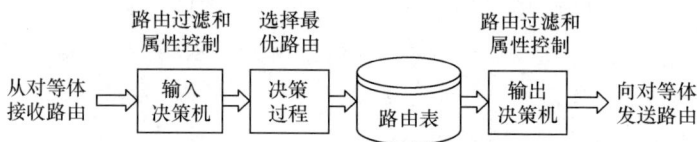

图9-9　BGP运行过程模型示例

BGP 从外部或内部的对等体接收路由，这些路由的部分或全部将被做成路由器的 BGP 表格。输入决策机将基于不同的参数进行过滤处理，并且通过控制路径属性来干预决策过程。过滤参数包括 IP 地址前缀、AS 路径信息和属性信息。决策过程将对通过输入决策机作用后得到的路由信息进行决策，当到达同一目的地有多条路由时，通过决策选出最优路由。最优路由信息将被路由器本身使用，放进 IP 路由表中，同时通告给其他对等体。路由器将其使用的路由（最优路由）及在本地产生的路由交给输出决策机，输出决策机再通过过滤及属性控制产生输出路由信息。输出决策机在输出信息时，区别内部对等体和外部对等体，内部对等体产生的路由不应再次被传到内部对等体。

BGP 路由表是独立于 IGP 路由表的，但是这两张表之间可以进行信息交换，这就是路由重分布技术。

信息的交换有两个方向，即从 BGP 注入 IGP 以及从 IGP 注入 BGP。前者是将 AS 外部的路由信息传给 AS 内部的路由器，而后者是将 AS 内部的路由信息传到外部网络，这也是 BGP 路由更新的来源。

路由信息从 IGP 注入 BGP 涉及一个重要概念——同步。同步规则是当一个 AS 为另一个 AS 提供过渡服务时，只有当本地 AS 内部所有的路由器都通过 IGP 的路由信息的传播收到这条路由信息后，BGP 才能向外发送这条路由信息；当路由器从 IBGP 收到一条路由更新信息时，在将其转发给其他 EBGP 对等体前，路由器会验证其同步性，只有该路由器上 IGP 认识这个更新的目的网络路由时（即 IGP 路由表中有相应的条目），路由器才会将其通过 EBGP 转发，否则路由器不会转发该更新信息。

同步规则的主要目的是保证 AS 内部的连通性，防止路由循环导致路由黑洞。但是在实际应用中，同步功能一般都会被禁用，AS 内 IBGP 的全网状连接结构被用来保证连通性，这样既可以避免向 IGP 中注入大量的 BGP 路由，加快路由器的处理速度，又可以保证数据包不丢失。要安全地禁用同步，需要满足以下两个条件其中之一。

条件一：所处的 AS 是单口的，或是末端 AS——只有一个点与外界网络连接。

条件二：虽然所处的 AS 是过渡型的（一个 AS 可以通过本地 AS 与第三方 AS 建立连接），但是 AS 内部的所有路由器都运行 BGP。

条件二是很常见的，因为 AS 内所有的路由器都有 BGP 信息，所以 IGP 只需要为本地 AS 传送路由信息即可。

同步功能在路由器上是启用缺省的，可以用命令将其取消。

4．BGP 路由通告方式

（1）Network 命令方式

BGP 是用来通告路由的，每台运行 BGP 的路由器都要把本地网络通告到互联网上，这样几十万台路由器通告的路由信息可以使用户能够自如地访问互联网上的各种服务。

当然，除了应用于互联网，BGP 在一些内部专用网络上也可以发挥作用，其通告的路由往往是私有地址的路由，例如城域网中的虚拟专用网络（Virtual Private Network，VPN）用户路由等。

BGP 要通告的路由必须首先在 IGP 路由表中，将 IGP 路由信息注入 BGP，这是 BGP 路由更新的来源，它直接影响互联网路由的稳定性。信息注入有动态注入和静态注入两种方式。动态注入又分为完全动态注入和选择性动态注入：完全动态注入是将所有的 IGP 路由重分布到 BGP 中，这种方式的优点是配置简单，但是可控性弱、效率低；选择性动态注入则是将 IGP 路由表中的一部分路由信息注入 BGP（例如使用 Network 命令），这种方式会先验证地址及掩码，大幅提高了可控性和效率，可以防止错误的路由信息被注入。

无论哪种动态注入方式，都会造成路由的不稳定。因为动态注入完全依赖于 IGP 信息，当 IGP 路由发生路由波动时，不可避免地会影响 BGP 的路由更新。这种不稳定性会导致路由发出大量的更新信息，浪费带宽，可以通过在边界处使用路由衰减和聚合技术来改善这种缺陷。

静态注入可以有效地解决路由不稳定的问题。静态注入是将静态路由的条目注入 BGP 的过程。静态路由条目为人工加入，不会受到 IGP 波动的影响，所以很稳定，它的稳定性防止路由波动引起的反复更新。但是，如果网络中的子网边界划分不是非常分明，静态注入也会导致数据流阻塞等问题。

BGP 通告路由的常用方法是使用 Network 命令选择欲通告的网段，该命令指定目的网段和掩码，这样，在 IGP 路由表中匹配该条件的一群路由都将进入 BGP 路由信息表，被策略筛选后通告出去。之所以说一群路由，是因为指定网段所包含的子网将全部被通告。

如果 BGP 使用 Network 18.0.0.0 255.0.0.0 命令，且路由表中有 18.0.0.0/8 的网段、18.1.0.0/16 的网段、18.2.0.0/24 的网段，则它们都会被归入 BGP 路由信息表中。如果路由表中无该网段或其子网，则无路由进入 BGP 路由信息表中。因此，有时为了配合 BGP 路由的通告，需要在路由器上配置一些指向 loopback 地址的静态路由。

值得注意的是，进入 BGP 路由信息表中的路由并不一定都能被通告出去，这与

BGP 的路由过滤或者路由策略息息相关。

（2）路由重分布方式

在路由条目数量很多、聚合不方便的情况下，BGP 路由通告不得不选择完全动态注入的方式，将某一种或多种的 IGP 路由重分布到 BGP 中，这样配置会更快捷。ZXR10 系列交换机支持各种 IGP 到 BGP 的重分布如下所示。

```
GER (config-router)#redistribute ?
connected  Connected
IS-IS-1 IS-IS level-1 routes only
IS-IS-1-2 IS-IS level-1 and level-2 routes
IS-IS-2 IS-IS level-2 routes only
ospf-ext Open shortest path First(OSPF) external
routes ospf-int Open shortest path First(OSPF)
internal routes
rip Routing information protocol(RIP)
static Static routes
```

在重分布的过程中，这些路由条目的各种 BGP 属性值可以被指定，常用的方法是使用路由映射图。

5. BGP 路由属性和路由选择

（1）BGP 路由属性

BGP 路由属性是 BGP 路由协议的核心概念，它是一组参数，在 Update 消息中被发给连接对等体。这些参数记录了 BGP 路由的各种特定信息，用于路由选择和过滤路由，可以被理解为选择路由的度量尺度。

路由属性被分为公认必遵属性、公认自决属性、可选传递属性和可选非传递属性共 4 类。公认传递属性对所有的 BGP 路由器来说都是可识别处理的，每个 Update 消息中都必须包含公认必遵属性。而公认自决属性则是可选的，不是所有的 BGP 路由器都支持可选属性；当 BGP 不支持这个属性时，如果这个属性是可传递的，则会被接收并传给其他的 BGP 对等体；如果这个属性是非可传递的，则被忽略，不被传给其他对等体。

（2）常用属性与路由选择

RFC 1771 中定义了 1 ~ 7 号的 BGP 路由属性，具体如下。

- ORIGIN：路由起源，即产生该路由信息的 AS。
- AS_PATH：AS 路径，即路由条目已通过的 AS 集或序列。
- NEXT_HOP：下一跳地址，即要到达该目的路由的下一跳 IP 地址，IBGP 连接不会改变从 EBGP 发来的 NEXT_HOP。
- MULTI_EXIT_DISC：多出口识别，用于区别到其他 AS 的多个出口，由本地 AS 路由器使用，离开 AS 时该值恢复为 0，除非重新设置。
- LOCAL_PREF：本地优先级，在本地 AS 内传播，标明各路径的优先级。
- ATOMIC_AGGREGATOR：原子聚合。
- AGGREGATOR：聚合。

RFC 1997 还定义了另一个常用属性：Community（团体串）。

其中，1、2、3号属性是公认必遵属性；5、6号属性是公认自决属性；7号属性和Community属性是可选传递属性；4号属性是可选非传递属性。这些属性在路由的选择中的优先级是不同的，仅就这8个属性而言，优先级最高的是LOCAL-PREF，接下来是AS_PATH和ORIGIN。

BGP使用的路由属性并不仅仅只有这8个，其他的具体内容可以参阅RFC文档，下面重点介绍4个属性。

① ORIGIN属性。ORIGIN属性是公认必遵属性，标识了BGP路由的起源，即说明这条路由是通过何种方式被注入BGP中的，BGP在进行路由决策时使用ORIGIN属性，以便在多个路由中建立优先级别。BGP考虑以下3种起点。

- IGP：网络层可达信息对于始发AS是在内部获得的，例如聚合的路由和Network通告的路由。
- EGP：网络层可达信息是通过EGP得知的。
- INCOMPLETE：网络层可达信息是通过其他方法得知的，例如路由重分布。在路由决策中，BGP优先选用具有最小ORIGIN属性值的路由，即IGP低于EGP，而EGP低于INCOMPLETE。

② AS_PATH属性与路由选择。AS_PATH属性是公认必遵属性，该属性包括路由到达一个目的地所经过的一系列AS号码组成的路径段。产生路由的AS把路由发送到其外部BGP对等体时加上自己的AS号码。此后，每个接收路由并传送给其他BGP对等体的AS，并把自己的AS号码加到AS序列的最前面。每个路径段由<路径段类型，路径段长度，路径段值>元组组成。AS_PATH属性示例如图9-10所示。

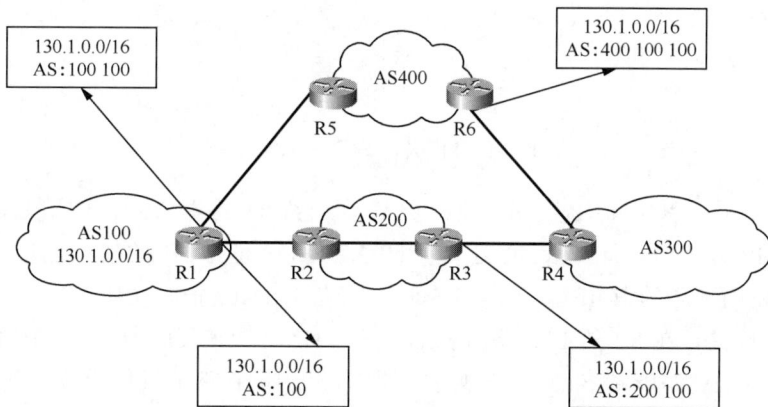

图9-10 AS_PATH属性示例

路径段类型有以下两种。

- AS_SET：Update消息穿过的一系列未排序的AS。
- AS_SEQUENCE：Update消息穿过的一系列排序的AS。

BGP使用AS_PATH属性作为其路由更新的要素，以实现互联网的无循环拓扑。每个路由都将包含一个它所经过的所有AS的排列表，如果该路由被通告给产生它的

AS，AS 检测到其 AS 号码在 AS 序列中已经存在，将不再接收此路由。同时，再决策最优路由时也将用到该属性。当到达同一目的地存在多条路由，且其他属性相同时，BGP 通过 AS_PATH 属性挑选最短路径路由作为最优路由使用。因此，在有些场合，用户可以通过增加 AS_PATH 的方式来影响路由器的 BGP 路由选择。

在图 9-10 中，R1 在通告路由给 AS400 的路由器时，重复增加自身的 AS 号码，这样 R4 从 R6 和 R3 接收到 AS100 中路由条目的 AS_PATH 不同，AS200 被选择作为过渡区域。

③ NEXT_HOP 属性与路由安装。NEXT_HOP 属性是公认必遵属性。NEXT_HOP 属性在 IGP 中是指已通告了路由信息的相邻路由器接口 IP 地址，在 BGP 中，NEXT_HOP 属性则根据具体情况而定：对于 EBGP 对话，NEXT_HOP 是指已通告了 EBGP 路由信息的对等体路由器 IP 地址；对于 IBGP 对话，如果是 AS 内部路由，NEXT_HOP 是指 IBGP 路由对等体路由器 IP 地址；EBGP 路由在 AS 内传递时，在缺省情况下，NEXT_HOP 不变。

BGP 使用该属性创建 BGP 表，同时通过 IP 路由表检查 BGP 对等体之间的 IP 连通性，判断下一跳是否可达。在决策过程中，如果下一跳不可达，则该条路由被舍弃。NEXT_HOP 属性示例 1 如图 9-11 所示。

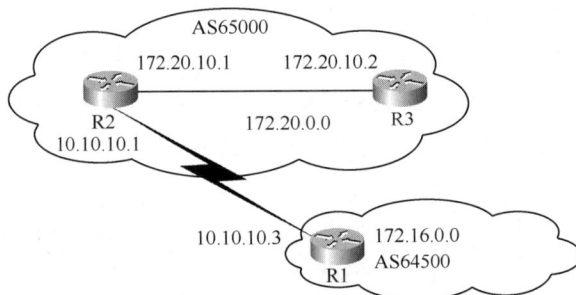

图9-11 NEXT_HOP 属性示例1

在图 9-11 中，R1 和 R2 建立了 EBGP 连接，当 R1 将本 AS 中的网段 172.16.0.0/16 通告给 EBGP 邻居时，Update 报文中的 NEXT_HOP 是指 R1 的接口地址 10.10.10.3；在 R2 把该路由通告给其 IBGP 邻居 R3 时，它在 Update 报文中把 NEXT_HOP 设置为 10.10.10.3。因此，在 R3 的 IGP 路由表中，必须有到该 NEXT_HOP 10.10.10.3 的路由，简单的测试方法就是能够 ping 通该地址；否则，该 BGP 路由条目无效。

若 BGP 路由器没有到 AS 外部路由器的路由，则可能会使接收到 EBGP 路由的下一跳失效，导致路由无法进入 BGP 路由信息表。这种情况可以通过更改路由通告下一跳的方式来解决。NEXT_HOP 属性示例 2 如图 9-12 所示。

在图 9-12 中，R2 接收到 AS100 的路由后，在把它通告给 IBGP 邻居 R4 时，设置路由的 NEXT_HOP 为 R2 的接口地址，这使 R4 能够做到下一跳可达，路由安装成功。

④ LOCAL_PREF 属性与路由选择。LOCAL_PREF 属性是公认自决属性。当 BGP

路由器向 AS 内部的其他 BGP 路由器广播路由时需要包含该属性，属性值的大小直接影响路径的优先级。在路由决策中将选择本地优先值大的路由作为最优路由。该属性影响本地出站流量。LOCAL_PREF 属性示例如图 9-13 所示。

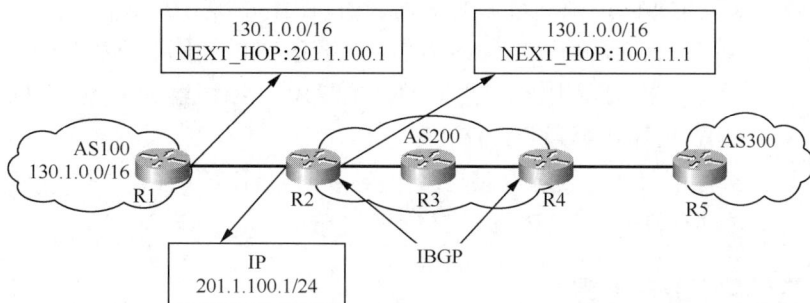

图9-12　NEXT_HOP 属性示例 2

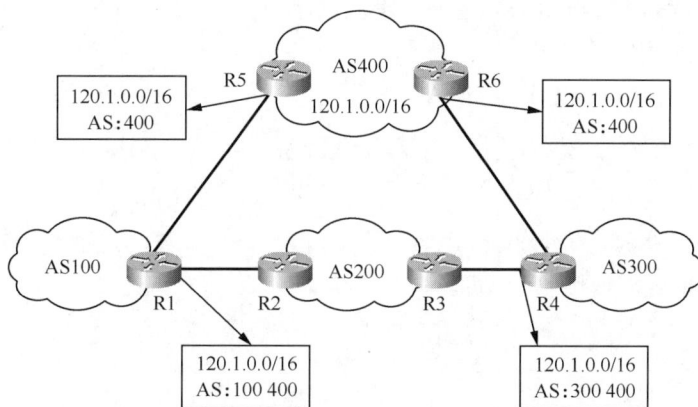

图9-13　LOCAL_PREF 属性示例

　　在图 9-13 中，R2 通过 R1 学习到 AS400 中的路由，并将其通告给 R3；同样，R3 通过 R4 学习到 AS400 的路由，并将其通告给 R2。二者路由的 AS_PATH 长度都是 2，缺省的本地优先级都是 100。

　　R2 对接收到 EBGP 路由设置优先级为 300，而 R3 对接收到 EBGP 路由设置优先级缺省是 100。这样，R2 忽略从 R3 通告过来的优先级小的路由；而 R3 选择从 R2 通告过来的优先级高的路由。因此，AS100 成为过渡 AS。

　　（3）BGP 路由选择规则

　　BGP 路由器选择最优路由的步骤如下。

　　① 若下一跳不可达，则该路由被忽略，这也是 NEXT_HOP 属性是公认必遵属性的原因。

　　② 优选具有最大 LOCAL_PREF 值的路由。

　　③ 如果多条路由具有相同的 LOCAL_PREF 值，则先选由本路由器产生的路由。

　　④ 如果多条路由具有相同的 LOCAL_PREF 值，且都不是本路由器产生的，则优选最短 AS_PATH 的路由。

⑤ 如果 AS_PATH 长度一样，则优选具有最小 ORIGIN 值的路由。

⑥ 如果 ORIGIN 值也相同，则优选具有最小多出口区分（Multi-Exit Discriminators，MED）值的路由。

⑦ 如果 MED 值也相同，则先选 EBGP 通告的路由，再选 IBGP 通告的路由。

⑧ 如果以上情况都相同，则优选在 AS 内部走最短的 IGP 路由可到达其下一跳的路由。

⑨ 如果内部路径一样长，则比较通告该路由的 BGP 路由器的 Router ID 大小，选取具有最小 Router ID 的路由器通告的路由。

⑩ 如果以上条件都一样，则选取对端路由器接口地址小的路由。注意，如果设置了负载均衡，可以同时安装多条 BGP 路由，条件⑧～⑩可以被忽略。

任务二　BGP 网络配置

1．BGP 的基本配置命令

配置基本 BGP 命令语句与配置内部路由协议所使用的语句类似，这里主要介绍 BGP 基本配置中常用的几条命令。

在全局模式下启动 BGP 进程如下。

```
router bgp as-number
```

在路由配置模式下配置 BGP 邻居如下。

```
neighbor ip-addr remote-as number
```

在路由配置模式下使用 BGP 通告一个网络如下。

```
network network-number network-mask
```

2．设置 AS 号

如果路由器在 AS100 中，则配置 BGP 的方法如下。

```
ZTE_a#config terminal
ZTE_a(config)#router bgp 100
ZTE_a(config-router)#
```

从路由器提示符中可以看出，路由器已经进入 BGP 路由配置模式。值得注意的是，一台路由器只能属于一个 AS，所以 router bgp 后的 AS 是唯一的；如果输入其他 AS 号，则系统将提示出错。

3．关闭同步

在通常情况下，BGP 路由器从 IBGP 邻居学习路由，需要先检查该路由是否在 IGP 中，如果不存在，则不能把路由安装到全局路由表中，也不能将其通告给 EBGP 邻居。如果需要把 IBGP 学习的路由安装到全局路由表中，那么需要关闭 BGP 的同步功能。对于从 EBGP 邻居学习到的路由，不管路由器是否关闭同步功能，其都会向其他的邻居通告学习到的路由。

关闭 BGP 同步功能的配置如下。

```
ZTE_a#config terminal
```

```
ZTE_a(config)#router bgp 100
ZTE_a(config-router)#no synchronization
```

4. BGP 指定邻居

指定邻居示例 1 如图 9-14 所示。

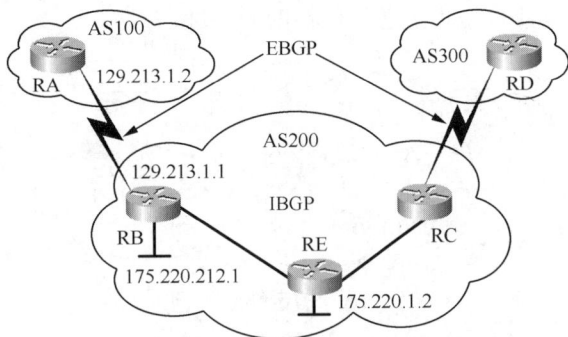

图9-14　指定邻居示例1

注意: 一台路由器可以有多个 BGP 邻居,例如路由器 B 既有 IBGP 邻居路由器 C,又有 EBGP 邻居路由器 A。

路由器 A 的配置如下。

```
router bgp 100
neighbor 129.213.1.1 remote-as 200
```

路由器 B 的配置如下。

```
router bgp 200
neighbor 129.213.1.2 remote-as 100
neighbor 175.220.1.2 remote-as 200
```

上述配置中,指定 BGP 邻居时,使用的是对方的直连端口 IP 地址,彼此之间可以建立 TCP 连接。

在通常情况下,在非直连的路由器之间配置 BGP,建议使用 loopback 地址作为两者建立 TCP 连接的地址。因为 loopback 地址永远不会"Down",而选择任何接口地址都有意外"Down"的风险。

如果使用 loopback 地址实现 BGP 连接,则需要注意以下 3 点。

① 先在两台路由器上配置 loopback 地址。

② 为确保 BGP 建链成功,两台路由器之间的 loopback 地址必须能够互相可达。我们常使用静态路由配置,或者 OSPF 通告的方式,使两台路由器能够学习彼此的 loopback 地址。

③ 使用 loopback 地址建链。首先指定对方 loopback 地址作为 BGP 邻居,然后使用以下命令指定本地 loopback 地址作为建立 TCP 连接的源 IP 地址,示例如下。

```
Neighbor X.X.X.X remote-as yyyy
Neighbor X.X.X.X update-source Loopback1
```

这里 X.X.X.X 是指对端路由器的 loopback 地址;同样,对端路由器指定本端路由器的 loopback1 接口的 IP 地址作为其邻居。

对于 EBGP 连接，如果使用 loopback 地址建链，还需要额外配置多跳的命令。指定邻居示例 2 如图 9-15 所示，R1 使用 loopback 地址（150.212.1.1）与 R3 的接口地址建立 IBGP 连接，因此在 R1 的配置中，先指定对端 R2 的某个接口地址作为邻居，然后注明本地 loopback 接口 IP 地址为 TCP 连接的源地址。

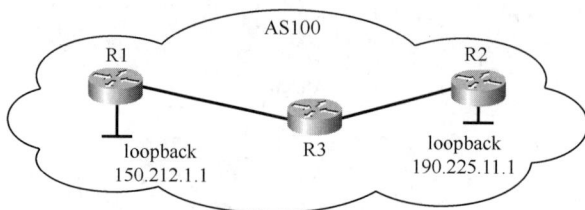

图9-15　指定邻居示例2

在 R2 的配置中，必须指定 R1 的 loopback 地址（150.212.1.1）作为邻居地址。两者中的任何一方配置错误，都会导致 BGP 邻居无法进入 Established 状态，而是停留在 Connect 状态。

请注意，在图 9-15 中，R2 并没有使用 R1 的接口地址作为 TCP 连接的地址，但 BGP 仍然能够正常建链，这是由 TCP 的握手机制决定的。

在 EBGP 的连接案例中，一般两台路由器物理直连的情况比较多，这时可以使用互连端口的 IP 地址建立 BGP 连接，也可以指定双方的 loopback 地址建立 BGP 连接。指定邻居示例 3 如图 9-16 所示。

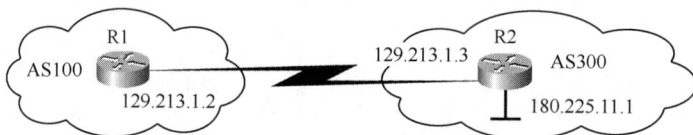

图9-16　指定邻居示例 3

如果使用 loopback 地址建立 BGP 连接，那么必须指定"多跳"连接。这是因为在缺省情况下，EBGP 连接时的 BGP 报文的 TTL 为 1。即使底层的 TCP 连接能够建立，但是 Open 报文无法送达对端路由器的 CPU，这将导致 BGP 连接无法进入 Established 状态。

多跳的概念只对 EBGP 而言，对 IBGP 无此限制。配置命令如下。

```
ZTE(config-route)#neighbor X.X.X.X ebgp-multihop y
```

如果不指定具体的跳数 y 值，那么系统缺省把 TTL 设置为最大值 255。在该案例中，R1 使用本地接口地址 129.213.1.2 和 R2 的非直连端口地址 180.225.11.1 建立 EBGP 连接，因此 R1 在指定邻居后，还必须补充配置"多跳"连接。

```
R1（config）#router bgp 100
R1（config-router）#neighbor 180.225.11.1 remote-as 300
```

```
R1(config-router)# neighbor 180.225.11.1 ebgp-multihop
```

R2 发出的 BGP 报文的 TTL 为 1，但目的端口是 R1 的直连端口，因此 R1 能够把 BGP 报文上送给 CPU 处理，BGP 连接能够正常建立（Established）（在 Establised 状态下，BGP 邻居关系已经建立）。

5. 宣告路由

R1 的路由表中存在 192.213.0.0/16 的路由或其子网路由，无论它们是静态路由、动态路由还是直连路由，在 BGP 配置中使用 Network 命令可以把它们全部输出到 BGP 路由信息表。这些路由信息可以通过配置路由策略进行过滤，决定将哪些信息通告给 BGP 邻居，哪些被拒绝通告。这个过程也可以通过设置路由属性来实现。

在 ZXR10 的 BGP 配置中，如果网络地址和掩码配置不规范，则系统会自动把网络地址按照掩码长度进行修正。例如，配置 Network 192.213.0.1 255.255.0.0，在显示时，系统自动将其修正为 Network 192.213.0.0 255.255.0.0。

对于 Network 通告的路由，其路由 ORIGIN 属性为 "IGP"。

除了使用 Network 通告路由，有时还使用重分布路由的方式把 IGP 路由重分发到 BGP 中进行通告，能够通过的路由类型如下。

```
GER-JT(config-router)#redistribute?
connected  Connected
is-is-1 IS-IS level-1 routes only
is-is-1-2 IS-IS level-1 and level-2 routes
is-is-2 IS-IS level-2 routes only
ospf-ext Open shortest path First(OSPF) external routes
ospf-int Open shortest path First(OSPF) internal routes
rip Routing information protocol(RIP)
static Static routes
```

如果路由器配置了有关静态路由，则需要把这些静态路由从 BGP 中进行通告，即在路由配置模式下使用 redistribute static 命令即可。

注意：重分布到 BGP 中的路由，其路由 ORIGIN 属性为 Incomplete。在路由配置模式下，可以使用多条重分布命令，把不同的 IGP 同时分布到 BGP 中。静态路由只能被单向分布到 BGP 中，但是动态路由协议与 BGP 之间可以实现双向重分布。在特殊的网络环境下，双向路由重分布容易导致路由环路，严重影响网络的正常运行，所以要格外谨慎双向重分布。我们通常采用路由过滤的方式，拒绝重分布到 BGP 中的路由再从 BGP 中被重分布到动态路由协议中。

宣告路由示例如图 9-17 所示。在图 9-17 所示的拓扑中，AS200 中的路由器运行 OSPF，同时 R3 与 AS300 中的 R4 运行 EBGP。R3 需要把 OSPF 通告给 R4，不同 AS 之间的网络不允许运行 IGP，这是因为 IGP 缺乏有效的控制过滤机制。所以，必须在 R3 上采用路由重分布的方式，把 OSPF 路由重分布到 BGP 中，并通告给 R4。

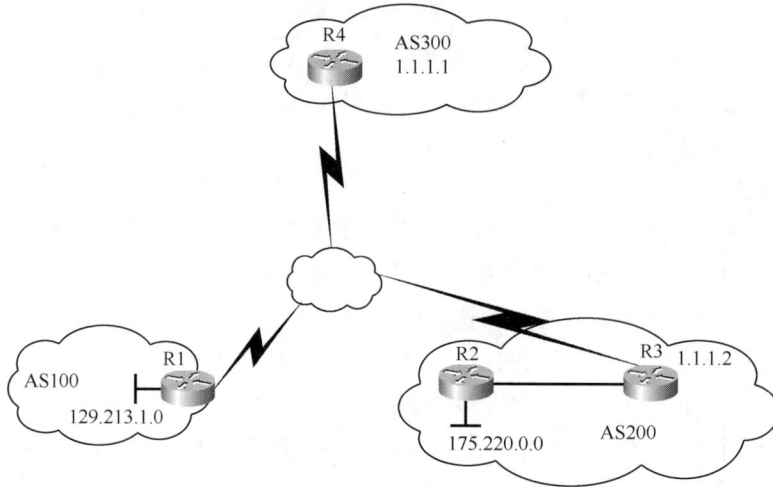

图9-17　宣告路由示例

OSPF 的路由分为域内路由、域间路由和外部路由 3 种类型，如果只把 OSPF 域内路由重分布到 BGP 中，则配置如下。

```
ZTE(config)#router bgp 200
ZTE(config-router)#neighbor 1.1.1.1 remote-as 300
ZTE(config-router)#redistribute ospf-int
```

如果还要把 OSPF 外部路由也重分布到 BGP 中，则配置以下命令。

```
ZTE(config-router)#redistribute ospf-ext
```

6. BGP 命令显示

在结束 BGP 相关配置后，应先观察 BGP 的连接状态，其命令和输出如下。

```
GER#show ip bgp summary
Neighbor        Ver   As      MsgRcvd    MsgSend    Up/Down(s)    State
222.34.128.68   4     100        4         0        00:00:30      Established
```

通过以上输出，可以看出每个 BGP 邻居的 IP 地址、版本号、AS 号、收发的 BGP Update 报文的数量、BGP 建链的时间和当前连接时的状态，只有 Established 状态才是 BGP 建链成功的状态。

显示 BGP 邻居的详细信息如下。

```
GER#show ip bgp neighbor
BGP neighbor is 222.34.128.68, remote AS 100, internal link
BGP version 4, remote router ID 222.34.129.12
BGP state = Established, up for 00:06:29
Last read update 00:05:59, hold time is 90 seconds, keepalive interval is 30
seconds
Neighbor capabilities:
Route refresh: advertised and received
Address family IPv4 Unicast: advertised and received
All received 18 messages
```

```
5 updates,0 errs;1opens,0errs;12 keepalives;0vpnv4 refreshs,
0ipv4 refreshs,0errs;0notifications,0othererrs
```

项目二　VPN 技术

项目引入

随着公司的业务逐渐发展壮大，公司在外地某省会城市开拓了新业务，需要技术人员出差去支援。经过半年多的学习和锻炼，小张已经成长为公司的主要技术骨干，主管通知小张出差提供技术支持。

主管："小张，公司现在在某省会城市谈下来一个新的项目，急需技术人员去支持，经理考虑到你现在的技术不错，想派你去支持，有没有困难？"

小张听到主管让自己去出差有点小兴奋，但由于是第一次一个人出差，缺乏经验，心里有点忐忑。

小张："感谢领导对我的信任，我可以去进行技术支持，但公司有些资料只有在公司内网访问时才能获取，我出差在外地怎么访问公司内部网络呢？怎么能更方便地获取公司内部资源的支持呢？"

主管："这样吧，你先学习理解一下 VPN 运行场景和基本配置，公司给你分发 VPN 数字证书和账号。这样经过 VPN 通道的技术加密，你就可以方便地在外网访问公司的全部应用资源了。"

学习目标

1. 识记：VPN 基本概念。
2. 领会：VPN 的分类。
3. 应用：掌握常见的 VPN 技术。

任务一　VPN 基本概念

1. VPN 基本概念

在 VPN 出现前，企业分支之间的数据传输只能依靠现有的物理网络。由于互联网中存在多种不安全因素，报文容易被黑客窃取或篡改，最终造成数据泄露或重要数据被破坏。

除了通过互联网，还可以通过搭建一条物理专网连接保证数据的安全传输。VPN 1 如图 9-18 所示。

VPN 泛指通过 VPN 技术在公用网络上构建的虚拟专用网络。VPN 用户在此虚拟网络中传输私网流量，在不改变网络现状的情况下实现安全、可靠的连接。VPN 2 如图 9-19 所示。

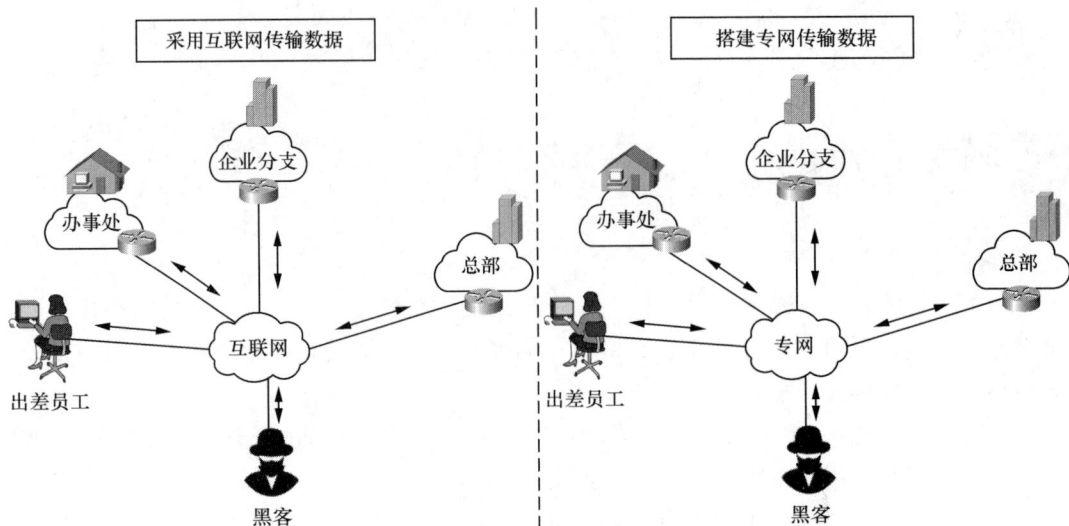

图9-18　VPN 1

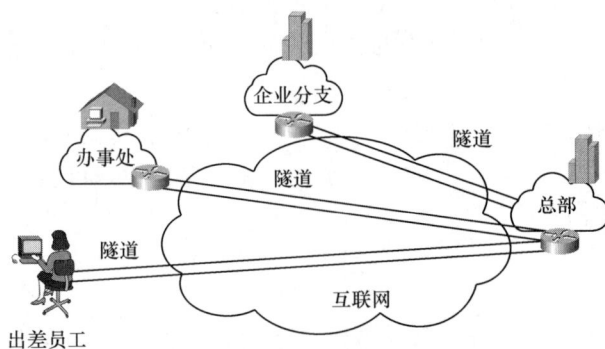

图9-19　VPN 2

VPN 与传统的数据专网相比具有以下优势。

① 安全。在远端用户、驻外机构、合作伙伴、供应商与公司总部之间建立可靠的连接，保证数据传输的安全性。这对于实现电子商务或金融网络与通信网络的融合尤为重要。

② 廉价。利用公共网络进行信息通信，企业可以用更低的成本远程连接办事机构、出差人员和业务伙伴。

③ 支持移动业务。支持驻外 VPN 用户在任何时间、任何地点移动接入，能够满足不断增长的移动业务需求。

④ 可扩展性。由于 VPN 为逻辑上的网络，物理网络中增加或修改节点，不影响VPN 的部署。

公共网络又被称为 VPN 骨干网，公共网络可以是互联网，也可以是企业自建专网或运营商租赁专网。

2. VPN 的分类

VPN 的分类如图 9-20 所示。

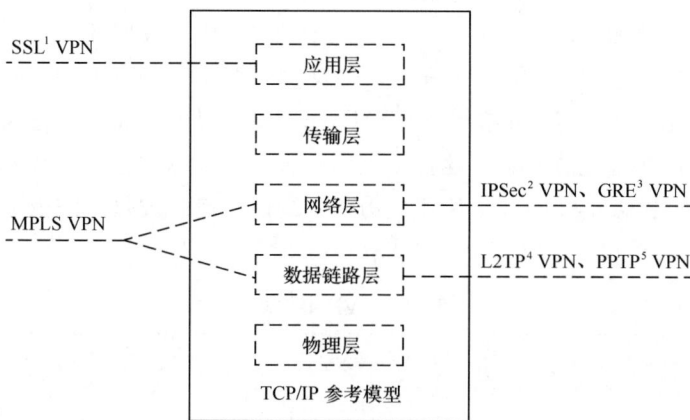

注：1. SSL（Secure Socket Layer，安全套接字层）。

2. IPSec（IP Security，IP 安全）。

3. GRE（Generic Routing Encapsulation，通用路由封装）。

4. L2TP（Layer 2 Tunneling Protocol，第二层隧道协议）。

5. PPTP（Point-to-Point Tunneling Protocol，点到点隧道协议）。

图9-20　VPN的分类

（1）VPN 关键技术——隧道技术

VPN 技术的基本原理是利用隧道技术，对传输报文进行封装，利用 VPN 骨干网建立专用数据传输通道，实现报文的安全传输。位于隧道两端的 VPN 网关，通过对原始报文的封装和解封装，建立一个点到点的虚拟通信隧道。VPN 隧道如图 9-21 所示。

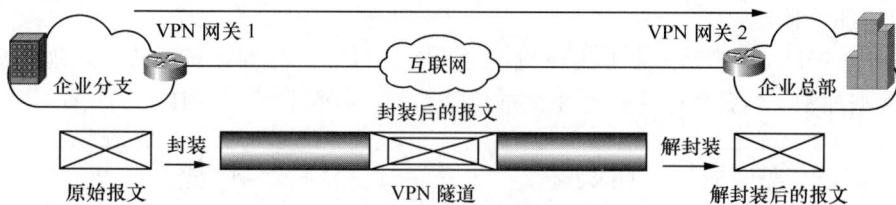

图9-21　VPN隧道

隧道的功能是在两个网络节点之间提供一条通路，使数据能够在这个通路上透明传输。VPN 隧道一般是指在 VPN 骨干网的 VPN 节点之间建立的，用来传输 VPN 数据的虚拟连接。隧道是构建 VPN 不可或缺的部分，用于把 VPN 数据从一个 VPN 节点透明传送到另一个 VPN 节点上。

隧道通过隧道协议实现。目前已存在不少隧道协议，例如 GRE、L2TP 等。隧道协议通过在隧道的一端为数据加上隧道协议头，即进行封装，使这些被封装的数据能都在某网络中传输；并且在隧道的另一端去掉该数据携带的隧道协议头，即进行解封装。报文在隧道中传输前后都要通过封装和解封装这两个过程。部分隧道可以混合使用，例如 GRE Over IPSec 隧道。

（2）VPN 关键技术——身份认证、数据加密与验证技术

身份认证、数据加密与验证技术可以有效保证 VPN 与数据的安全性，其中，身份认证可以用于部署远程接入 VPN 的场景，VPN 网关对用户的身份进行认证，保证接入网络的都是合法用户而非恶意用户，也可以用于 VPN 网关之间对对方身份的认证；数据加密将明文通过加密变成密文，这样数据即使被黑客截获，黑客也无法获取其中的信息；验证技术通过检查报文的完整性和真伪，丢弃被伪造和被篡改的报文。

VPN 技术见表 9-1。

表9-1　VPN技术

VPN	用户身份认证	数据加密和验证	备注
GRE	不支持	支持简单的关键字验证、检验和验证	可以结合IPSec使用，利用IPSec的数据加密和验证特性
L2TP	支持基于PPP的CHAP/PAP/EAP认证	不支持	
IPSec	支持	支持	支持预共享密钥验证或证书认证，支持IKEv2的EAP认证
SSL	支持	支持	支持用户名/密码或证书认证
MPLS	不支持	不支持	一般运行在专用的VPN骨干网络

任务二　VPN 相关技术

1. IPSec 技术

IPSec VPN 一般部署在企业出口设备之间，通过加密与验证等方式，实现数据来源验证、数据加密、数据完整性保证和抗重放等功能。VPN 技术——IPSec 如图 9-22 所示。

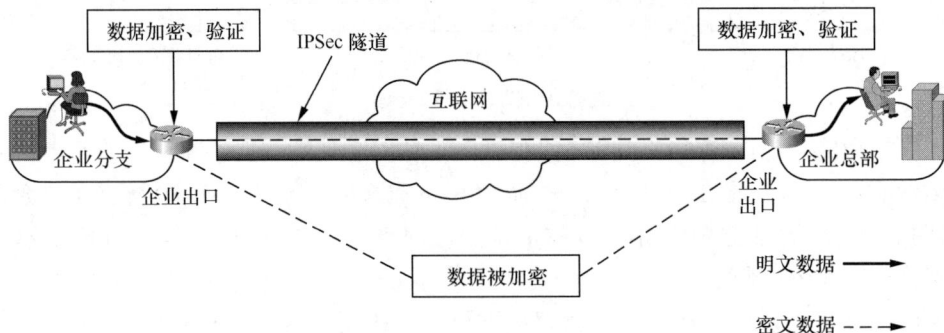

图9-22　VPN技术——IPSec

- 数据来源验证：接收方验证发送方身份是否合法。

- 数据加密：发送方对数据进行加密，以密文的形式在互联网上传送，接收方对接收的加密数据进行解密后处理或直接转发。
- 数据完整性保证：接收方对接收的数据进行验证，以判定报文是否被篡改。
- 抗重放：接收方拒绝旧的或重复的数据包，防止恶意用户通过重复发送捕获到的数据包进行攻击。

① IPSec 协议体系。IPSec 不是一个单独的协议，它给出了 IP 网络上数据安全的一整套体系结构，包括鉴别头（Authentication Header，AH）、封装安全负载（Encapsulating Security Payload，ESP）、互联网密钥交换（Internet Key Exchange，IKE）等协议。IPSec 协议体系如图 9-23 所示。

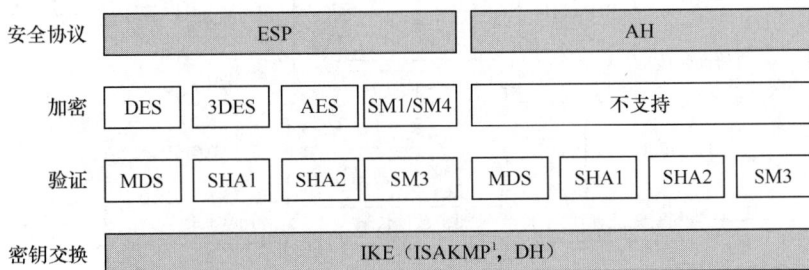

安全协议	ESP				AH			
加密	DES	3DES	AES	SM1/SM4	不支持			
验证	MDS	SHA1	SHA2	SM3	MDS	SHA1	SHA2	SM3
密钥交换	IKE（ISAKMP[1]，DH）							

注1：ISAKMP（Internet Security Association and Key Management Protocol，互联网安全关联和密钥管理协议）。

图9-23　IPSec协议体系

IPSec 使用 AH 和 ESP 两种安全协议来传输和封装数据，提供验证或加密等安全服务。AH 和 ESP 协议提供的安全功能依赖于协议采用的验证、加密算法：AH 仅支持验证功能，不支持加密功能；ESP 支持验证和加密功能；安全协议提供验证或加密等安全服务需要有密钥存在。

密钥交换的方式有以下两种。

- 带外共享密钥：在发送、接收设备上手动配置静态的加密、验证密钥。双方通过带外共享的方式（例如通过电话或邮件方式）保证密钥的一致性。这种方式的缺点是可扩展性差，在点到多点组网中配置密钥的工作量成倍增加。另外，为提升网络的安全性，还需要周期性修改密钥。
- 通过 IKE 协议自动协商密钥：IKE 建立在 ISAKMP 定义的框架上，采用 DH（Diffie-Hellman）算法在不安全的网络上安全地分发密钥。这种方式配置简单，可扩展性好，特别是在大型动态的网络环境下，这种方式的优点更加突出。同时，通信双方通过交换密钥交换材料来计算共享的密钥，即使第三方截获了双方用于计算密钥的所有交换数据，也无法计算出真正的密钥。

② IPSec 基本原理。IPSec 隧道建立过程中需要协商安全关联（Security Association，SA），IPSec SA 一般通过 IKE 协商生成。IPSec 基本原理示意如图 9-24 所示。

SA 由一个三元组来唯一标识，这个三元组包括安全参数索引（Security Parameter

Index，SPI）、目的 IP 地址和使用的安全协议号（AH 或 ESP）。其中，SPI 是为唯一标识 SA 而生成的一个 32bit 的数值，它在 AH 和 ESP 头中传输。在手动配置 SA 时，需要手动指定 SPI 的值。使用 IKE 协商产生 SA 时，SPI 将随机生成。

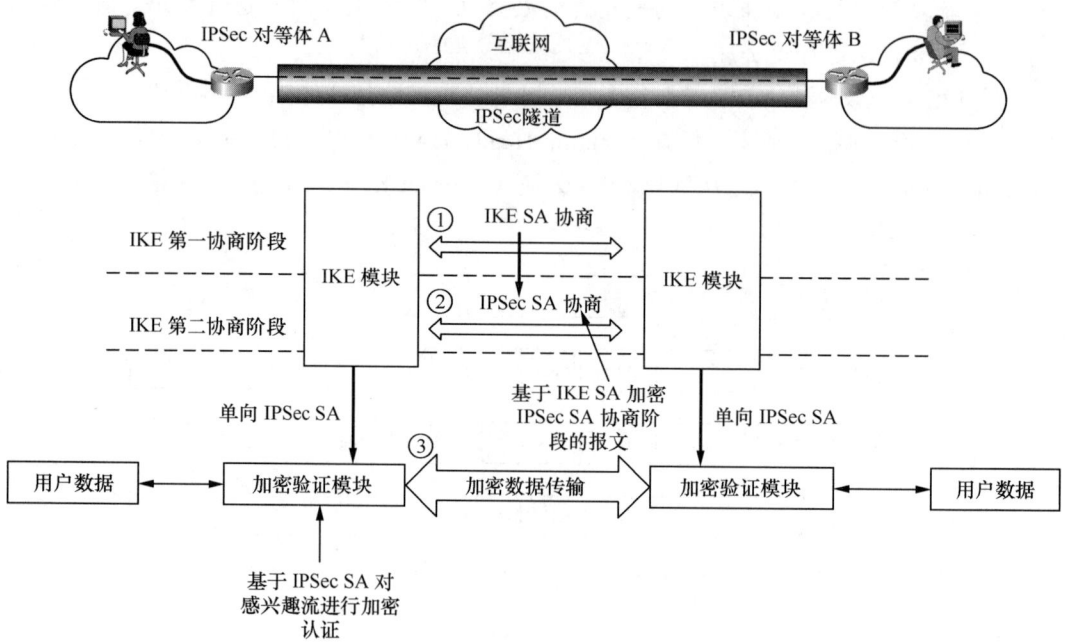

图9-24 IPSec基本原理示意

SA 是单向的逻辑连接，因此两个 IPSec 对等体之间的双向通信，至少需要建立两个 SA 来分别对两个方向的数据流进行安全保护。IKE 作为密钥协商协议，存在 IKEv1 和 IKEv2，本节采用 IKEv1 为例进行介绍。IKEv1 协商第一阶段的目的是建立 IKE SA。建立 IKE SA 后，对等体间的所有 ISAKMP 消息都将通过加密和验证，这条安全通道可以保证 IKEv1 第二阶段的协商能够安全进行。IKE SA 是一个双向的逻辑连接，两个 IPSec 对等体间只需要建立一个 IKE SA 即可。

IKEv1 协商阶段 2 的目的是建立用来安全传输数据的 IPSec SA，并为数据传输衍生出密钥。该阶段使用 IKEv1 协商阶段 1 中生成的密钥对 ISAKMP 消息的完整性和身份进行验证，并对 ISAKMP 消息进行加密，保证了数据交换的安全性。IKE 协商成功意味着双向的 IPSec 隧道已经建立，可以通过 ACL 方式或者安全框架方式定义 IPSec 感兴趣流（感兴趣流是指需要被 IPSec 保护的数据流），符合感兴趣流特征的数据都将被送入 IPSec 隧道进行处理。

2. GRE 技术

GRE 协议是一种三层 VPN 封装技术。GRE 可以对某些网络层协议（例如 IPX、IPv4、IPv6 等）的报文进行封装，使封装后的报文能够在另一个网络中（例如 IPv4）传输，从而解决跨越异种网络的报文传输问题。GRE 技术示意如图 9-25 所示。

图 9-25 显示，在 IPv4 网络上建立 GRE 隧道，解决了两个 IPv6 网络的通信问题。

GRE 还具备封装组播报文的能力。由于动态路由协议中会使用组播报文，因此 GRE 常用于在需要传递组播路由数据的场景中，这也是 GRE 被称为通用路由封装协议的原因。

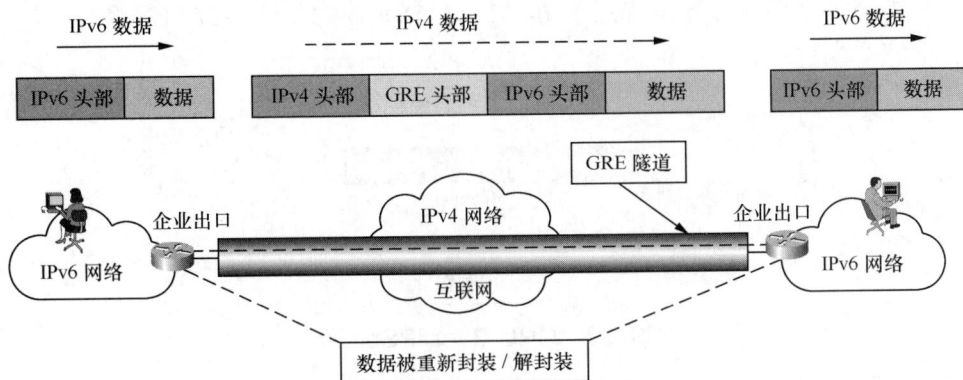

图9-25　GRE技术示意

① GRE 基本原理。GRE 由乘客协议、封装协议和运输协议构成：乘客协议是指用户在传输数据时所使用的原始网络协议；封装协议是用来"包装"乘客协议对应的报文，使原始报文能够在新的网络中传输；运输协议是指被封装后的报文在新网络中传输时所使用的网络协议。隧道接口是为实现报文的封装而提供的一种点对点类型的虚拟接口，与 loopback 接口类似，都是一种逻辑接口。GRE 隧道示意如图 9-26 所示。

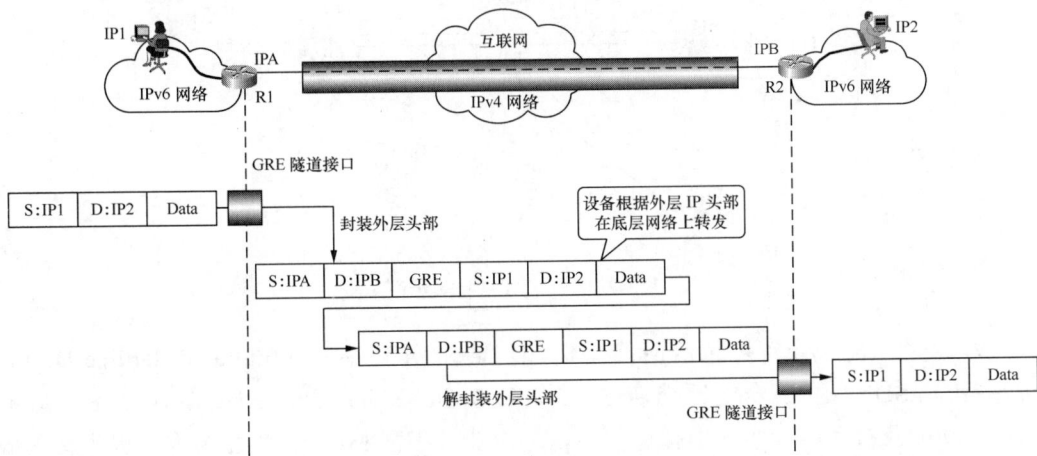

图9-26　GRE隧道示意

在图 9-26 中，乘客协议为 IPv6，封装协议为 GRE，运输协议为 IPv4。整体转发流程：当 R1 收到 IP1 发来的 IPv6 数据包，查询设备路由表，若发现出接口是隧道接口，则将此报文发给隧道接口处理；隧道接口给原始报文添加 GRE 头部，然后根据配置信息，给报文加 IP 头，该 IP 头的源地址就是隧道源地址，IP 头的目的地址就是隧道目的地址；封装后的报文在 IPv4 网络中进行普通的 IPv4 路由转发，最终到达目的地 R2。

解封装过程和封装过程相反，这里不再赘述。

② GRE Over IPSec。GRE 的主要缺点是不支持加密和验证，数据的安全传输得不到很好的保障。IPSec 的主要缺点是只支持 IP，不支持组播。可通过部署 GRE Over IPSec 来结合两种 VPN 技术的优点。GRE Over IPSec 示意如图 9-27 所示。

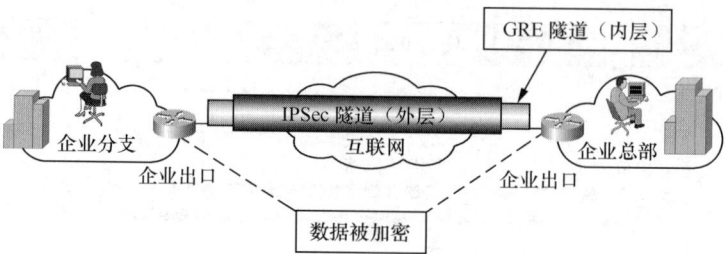

图9-27　GRE Over IPSec示意

3. L2TP 技术

L2TP 是虚拟专用拨号网络（Virtual Private Dial-up Network，VPDN）隧道协议的一种，它扩展了 PPP 的应用，是一种在远程办公场景中为出差员工或企业分支远程访问企业内网资源提供接入服务的 VPN。

L2TP 组网架构中包括 L2TP 访问集中器（L2TP Access Concentrator，LAC）和 L2TP 网络服务器（L2TP Network Server，LNS）。L2TP 组网示意如图 9-28 所示。

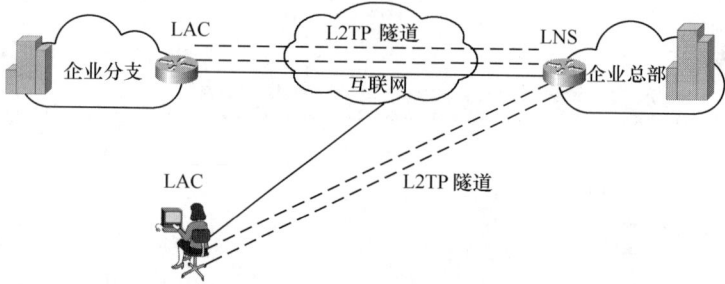

图9-28　L2TP组网示意

VPDN 是指利用公共通信网络［例如综合业务数字网（Interated Service Digital Network，ISDN）和公众电话交换网（Public Switched Telephone Network，PSTN）］的拨号功能及接入网来实现虚拟专用网，为企业、小型 ISP、移动办公人员提供接入服务。VPDN 采用专用的网络加密通信协议，在公共通信网络上为企业建立安全的虚拟专网。企业驻外机构和出差人员可以远程经由公共网络，通过虚拟加密隧道实现和企业总部之间的网络连接，而公共网络上其他用户则无法通过虚拟隧道访问企业网内部的资源。VPDN 隧道协议有多种，目前使用最广泛的是 L2TP。

LAC 是网络上具有 PPP 和 L2TP 处理能力的设备。LAC 负责和 LNS 建立 L2TP 隧道连接。在不同的组网环境中，LAC 可以是一台网关设备，也可以是一台终端设备。LAC 可以发起建立多条 L2TP 隧道使数据流之间相互隔离。

LNS 是 LAC 的对端设备，即 LAC 和 LNS 建立了 L2TP 隧道；LNS 位于企业总部私网与公网边界，通常是企业总部的网关设备。

① L2TP 消息。L2TP 包含控制消息和数据消息，消息在 LAC 和 LNS 之间传输：控制消息用于 L2TP 隧道和会话连接的建立、维护和拆除；数据消息用于封装 PPP 数据帧并在隧道上传输。L2TP 报文结构如图 9-29 所示。

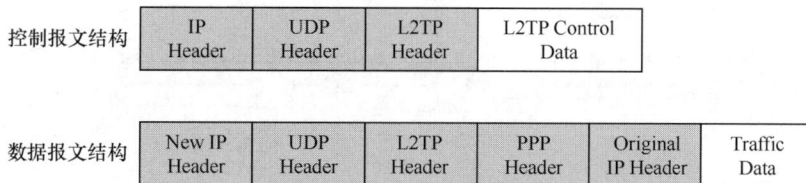

| 控制报文结构 | IP Header | UDP Header | L2TP Header | L2TP Control Data | | |
| 数据报文结构 | New IP Header | UDP Header | L2TP Header | PPP Header | Original IP Header | Traffic Data |

图9-29　L2TP报文结构

- 控制消息：用于 L2TP 隧道和会话连接的建立、维护和拆除。在传输控制消息的过程中，使用消息丢失重传和定时检测隧道连通性等机制来保证传输控制消息的可靠性，支持对控制消息的流量控制和拥塞控制。控制消息承载在 L2TP 控制通道上，控制通道实现了控制消息的可靠传输，将控制消息封装在 L2TP 报头内，再经过 IP 网络传输。

- 数据消息：用于封装 PPP 数据帧并在隧道上传输。数据消息是不可靠的传输，不重传丢失的数据报文，不支持对数据消息的流量控制和拥塞控制。数据消息携带 PPP 帧承载在不可靠的数据通道上，对 PPP 帧进行 L2TP 封装，再经过 IP 网络传输。

② L2TP 工作过程。L2TP 主要分为以下 3 种工作场景，其工作过程并不相同，具体如下。

NAS-Initiated 场景：由远程拨号用户发起，远程系统通过 PSTN/ISDN 拨入 LAC，由 LAC 通过互联网向 LNS 发起建立隧道连接请求。拨号用户地址由 LNS 分配；对远程拨号用户的验证与计费既可以由 LAC 侧的代理完成，也可以在 LNS 完成。用户必须采用 PPP 的方式接入互联网，PPP 方式可以使用 L2TP 或基于以太网的点对点协议。电信运营商的接入设备（主要是宽带接入服务器）需要开通相应的 VPN 服务，用户需要到电信运营商处申请该业务。

L2TP 隧道两端分别驻留在 LAC 侧和 LNS 侧，且一个 L2TP 隧道可以承载多个会话。

Client-Initialized 场景：直接由 LAC 用户（指可以在本地支持 L2TP 的用户）发起。用户需要知道 LNS 的 IP 地址。LAC 用户可以直接向 LNS 发起隧道连接请求，无须再经过一个单独的 LAC 设备。LNS 设备收到 LAC 用户的请求后，根据用户名、密码进行验证，并且给 LAC 用户分配私有 IP 地址。用户需要安装 L2TP 拨号软件。部分操作系统自带 L2TP 客户端软件。用户上网的方式和地点没有限制，无须 ISP 介入。L2TP 隧道两端分别驻留在用户侧和 LNS 侧，一个 L2TP 隧道承载一个 L2TP 会话。Client-Initiated 场景 L2TP 隧道建立与数据转发如图 9-30 所示。

该场景建立过程：第一步，移动办公用户与 LNS 建立 L2TP 隧道；第二步，移动办公用户与 LNS 建立 L2TP 会话；第三步，移动办公用户与 LNS 建立 PPP 连接，L2TP 会话用来记录和管理移动办公用户和 LNS 之间的 PPP 连接状态。因此，在建立 PPP 连接前，隧道双方需要为 PPP 连接预先协商出一个 L2TP 会话。会话中携带了移动办公用户的 LCP 协商信息和用户验证信息，LNS 对收到的信息进行验证，验证通过后通知移动办公用户会话建立成功。L2TP 会话连接由会话 ID 进行标识。

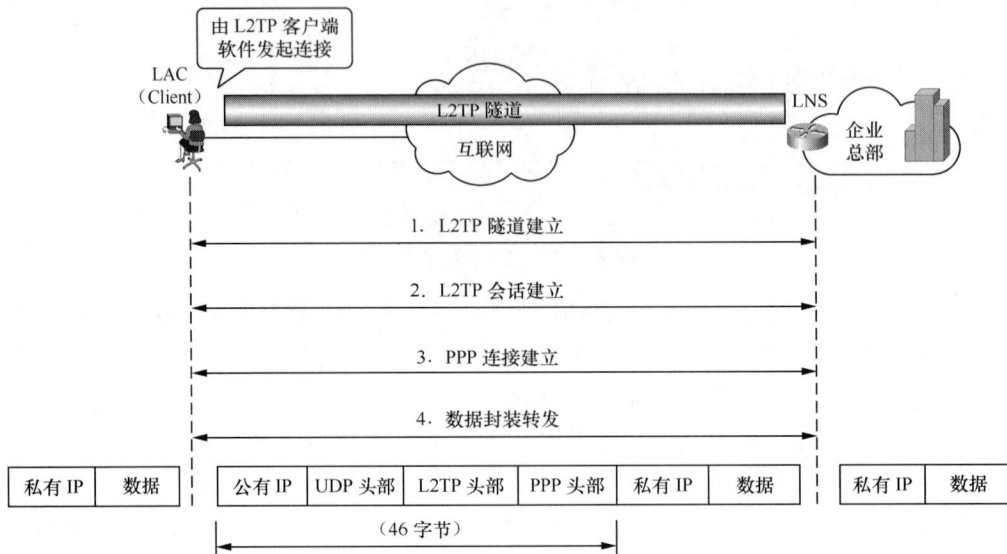

图9-30　Client-Initiated场景L2TP隧道建立与数据转发

移动办公用户与 LNS 建立 PPP 连接，通过与 LNS 建立 PPP 连接获取 LNS 分配的企业内网 IP 地址，移动办公用户发送业务报文访问企业总部的服务器。

Call-LNS 场景：L2TP 除了可以为出差员工提供远程接入服务，还可以进行企业分支与总部的内网互联，实现分支用户与总部用户的互访。一般是由企业分支路由器充当 LAC，与 LNS 建立 L2TP 隧道，这样就可以实现企业分支与总部网络之间的数据通过 L2TP 隧道互通。

③ L2TP Over IPSec。当企业对数据和网络的安全性要求较高时，L2TP 无法为报文传输提供足够的保护。这时可以和 IPSec 功能结合使用，保护传输的数据，有效避免数据被截取或攻击。L2TP Over IPSec 如图 9-31 所示。

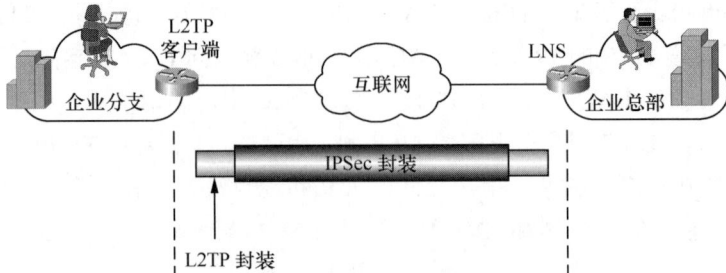

图9-31　L2TP Over IPSec

企业出差用户要和总部通信，需要使用 L2TP 功能建立 VPN 连接，总部部署 LNS，为接入的用户进行验证。当出差用户需要向总部传输高机密信息时，L2TP 无法为报文传输提供足够的保护，这时可以和 IPSec 功能结合使用，保护传输的数据。在出差用户的个人计算机上运行拨号软件，将数据报文先进行 L2TP 封装，再进行 IPSec 封装，最后发往总部。在总部网关上部署 IPSec 策略，并最终还原数据，IPSec 功能会保护所有源地址为 LAC 地址、目的地址为 LNS 的报文。

4. MPLS 技术

MPLS 是一种利用标签进行转发的技术，最初为了提高 IP 报文的转发速率而被提出的，现主要用于 VPN、流量工程和 QoS 等场景。根据部署的不同，MPLS VPN 可以分为 MPLS L2VPN 或者 MPLS L3VPN。企业可以自建 MPLS 专网，也可以通过租用电信运营商 MPLS 专网的方式获得 MPLS VPN 接入服务。MPLS VPN 如图 9-32 所示。

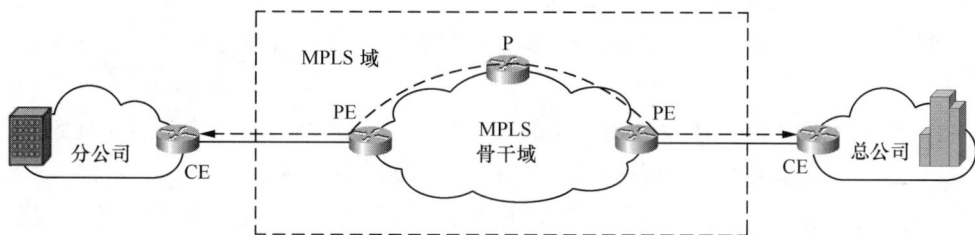

图9-32 MPLS VPN

MPLS VPN 一般由电信运营商搭建，VPN 用户购买 VPN 服务实现用户网络之间（图 9-32 中的分公司和总公司）的路由传递和数据互通等。基本的 MPLS VPN 网络架构由 CE（Customer Edge）、PE（Provider Edge）和 P（Provider）3 个部分组成。

① CE：用户网络边缘设备，有接口直接与电信运营商网络相连。CE 可以是路由器或交换机，也可以是一台主机。在通常情况下，CE "感知"不到 VPN 的存在，也不需要支持 MPLS。

② PE：电信运营商边缘路由器，是电信运营商网络的边缘设备，与 CE 直接相连。在 MPLS 网络中，对 VPN 的所有处理都发生在 PE 上，对 PE 的性能要求较高。

③ P：电信运营商网络中的骨干路由器，不与 CE 直接相连。P 设备只需要具备基本 MPLS 转发能力即可，不用维护 VPN 的相关信息。

项目三 电信运营商数据通信网络结构

项目引入

小张在外省支援了一个月后回到公司，经过这一个月的技术支持，小张的个人能力又有了很大提升，对公司网络和 VPN 技术有了一定程度的了解。小张对电信运营商的网络结构又有了学习兴趣，并向主管提出想深入了解电信运营商网络的需求。

小张："主管，我现在对公司局域网络和相关技术有了比较全面和深入的了解，想学习电信运营商的数据通信网络组网结构。"

主管："你真不错，兴趣才是最好的老师，有了学习的兴趣，你的网络技能会提升很快，这样吧，你以中国联通数据通信网络规划建设为参考学习一下。"

学习目标

1. 识记：电信运营商网络建设思路。
2. 领会：智慧城域网网络结构。
3. 应用：掌握 IP 城域网。

任务一　数据通信网络整体结构

本任务以中国联通数据通信网络规划建设为参考，其中涉及的网络节点名称均为自拟名称，不具有真实意义。

为推进"数字中国"战略落地，中国联通着力推动高品质算力网络建设，提升算网融合服务能力。

中国联通为数字政府建设打造坚实的数字基盘。围绕"东数西算"国家枢纽节点，构建数网云边协同、绿色集约智能的一体化算网基础设施，打造"时延毫秒级、开通分钟级、自主化管理、服务更安全"的高品质专线，布局承接"东数西算"工程，包括"西算"枢纽节点贵安在内的"5+4+31+X"新型数据中心体系，升级基于 4 亿用户超大规模云原生实践的联通云，助力数字政府基础设施集约化和互联互通水平的不断提升。

中国联通算力网络架构如图 9-33 所示。

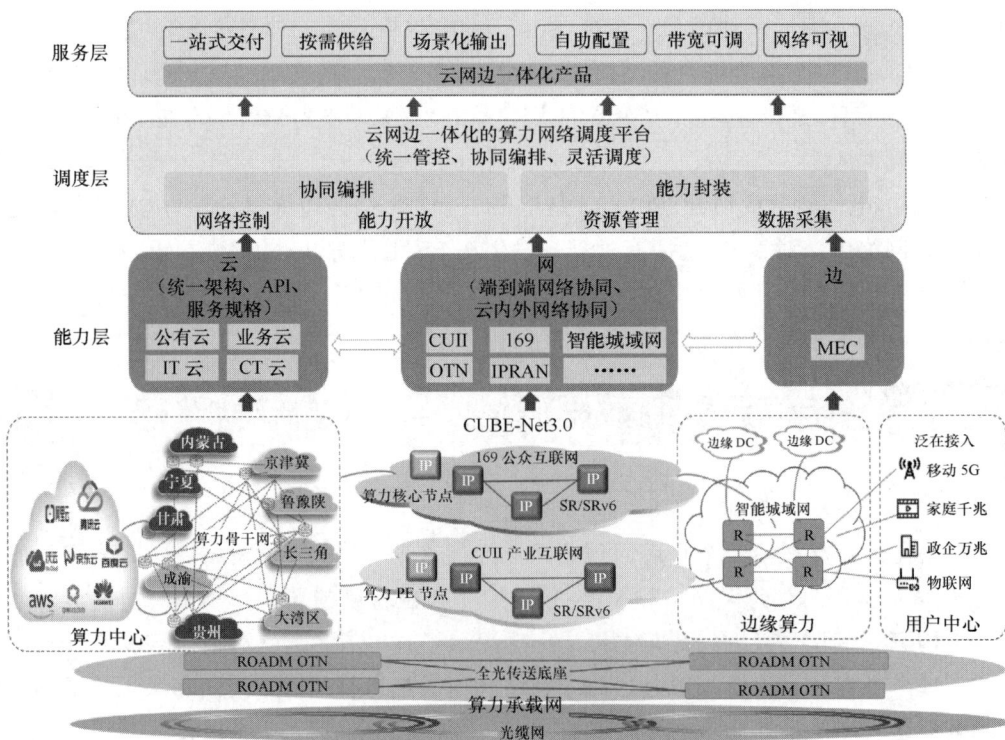

图9-33　中国联通算力网络架构

在承载网层面，实现中国联通自有数据中心最短接入骨干光缆及 24 个数据中心 ROADM[1] 全覆盖，打造稳健的"全光传送底座"，加快建设低时延、大带宽、高可靠的骨干光缆网及传输系统，实现算力业务的高质量传送。

在 IP 骨干承载网层面，构筑 SRv6[2] 技术底座，打造低时延保障与路径随选等差异化能力，增强众云可达可选的算力连接能力，支撑算网一体化发展。

持续完善智能城域网建设布局，打造面向边缘算力和多业务融合承载的智能城域网，提升算力接入能力，发挥综合承载优势，推进 SRv6 等新技术部署，以及切片实现差异化服务能力。

任务二 智慧城域网结构

中国联通互联网将向着网络结构和设备协议简化、网络控制和网络管理智能化的目标发展。在骨干层面，中国联通的建设目标是两张骨干网，其中一张是 China169 骨干网，另外一张是中国联通产业互联网（CUII）。在城域层面，构建一张以数据中心为核心的综合承载的智能城域网。智能城域网通过简化架构，引入和推广简化的网络设备，提升流量疏导能力，通过网络、业务分离提供灵活的业务支持和扩展能力，目标为实现移动业务、政企专线、固网宽带、MEC 及 5G 专网等业务的综合承载。

鉴于现有城域网络的复杂性及现网业务承载的延续性，现有 IPRAN[3] 等城域网络将与新建的智能城域网在一段时间内并存。随着 5G、MEC、vBAS[4] 资源池及其他网络能力的资源池数据中心等业务发展，加速构建统一的智能城域网目标架构。

中国联通互联网将构建智能化、自动化、开放性的网络管控系统，实现端到端的业务自动开通，支持智能化运维和互联网化运营，提升用户体验。全国采用"两级"网络管控系统：由集团统一建设、统一配置、统一管控；省级层面为省级网络管控系统。集团统一编制网络管控系统技术规范，各省管控系统集中部署，与全国集中设置的骨干网络管控系统结合完成端到端网络管控。智能城域网互联关系拓扑示意如图 9-34 所示。

1. 与骨干承载网互联

智能城域网同时要与 CUII 及 B 网（原中国联通建设的 IP 承载网，主要承载中国联通原来的 GSM 核心网）进行互联，通过设置 MCR[5] 与 CUII 及 B 网接入路由器之间的链路实现，以 10GE 颗粒度为主，采用 OptionA 方式进行跨域业务互通。其中，与 B 网互联主要用于疏通 5G 相关控制面信令流量、智能城域网集中网管系统与智能城域网设备间的流量，以及少量跨本地回传流量等；与 CUII 网互联主要用于疏通软件定义网络控制器、业务平台、自动配置工具，以及其他智能城域网相关的物理位置集中部署的系统与智能城域网设备间的流量，同时也可用于疏通可能的跨 CUII 专线业务流量等。

---

1 ROADM（Reconfigurable Optical Add/Drop Multiplexer，可重构光分插复用器）。
2 SRv6（Segment Routing version 6，段路由版本 6）。
3 IPRAN（Internet Protocol Radio Access Network，基于 IP 的无线接入网络）。
4 vBAS（virtual Broadband romote Access Server，虚拟宽带接入服务器）。
5 MCR（Metro Core Router，城域网核心路由器）。

2. 与电信承载网互联

智能城域网要与同城市的电信承载网互联，在本地承载网的核心节点间建设互连链路，满足 5G SA 业务互通的需要。中国联通和中国电信均在建设新的本地综合承载网 [中国电信网络为智能传送网（Smart Transport Network，STN）]，新建 5G SA 业务互通链路应在新的本地综合承载网的核心节点间建设。其中，中国联通采用智能 MCR；中国电信采用 STN 的核心节点（ER），采用 OptionA 方式进行跨域业务互通。原则上，中国联通与中国电信 STN 的核心设备层面互通，核心设备间采用口字形结构连接，即新建的智能 MCR 与中国电信 STN 的核心设备直连互通，建议按照口字形单边 1 条 100GE 或 $N\times 10GE$ 链路设置，距离较长时可通过波分系统互通。

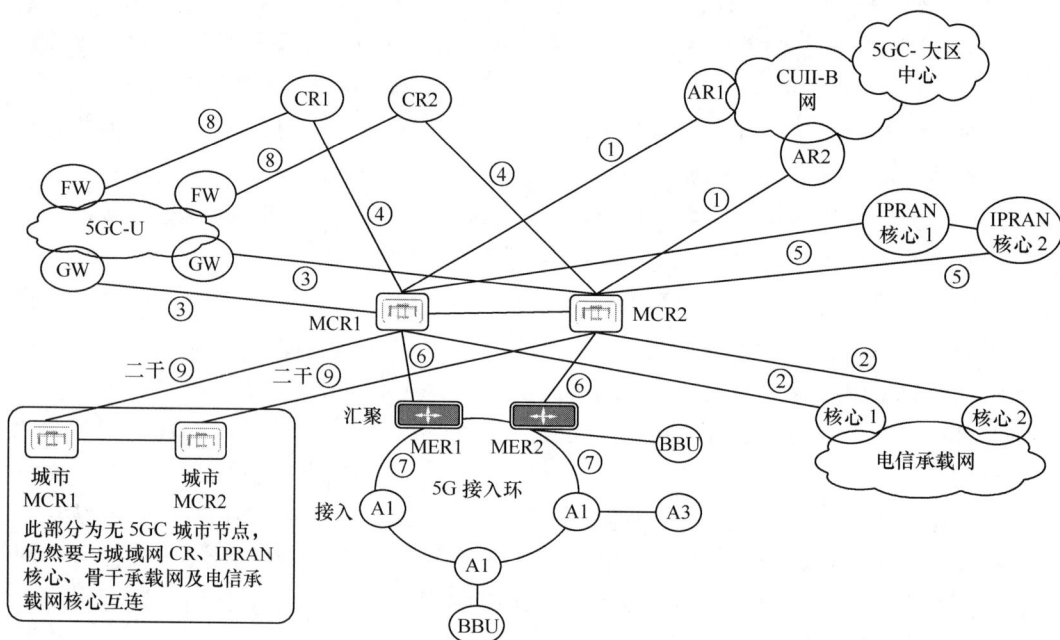

图9-34 智能城域网互联关系拓扑示意

3. 与 5G 核心网（5GC）对接

5GC 控制面在全国大区集中设置，通过接入骨干 IP 承载 B 网实现与各本地智能城域网联通。5GC 用户面分省重点城市部署，其出口网关设备及防火墙由核心网专业负责。

① 互联网流量由核心网的防火墙直连本地 IP 城域网 CR。

② 5GC 所在城市的基站至 5GC 回传流量承载由 5GC 用户面出口网关设备直接接入智能 MCR，优先选择 BGP 方式对接，5GC 用户面出口网关设备与 MCR 建立 eBGP 邻居，传递业务路由，启用 BFD for eBGP，5GC 用户面出口网关设备仅接收 MCR 发布的缺省路由。

③ 非 5GC 城市基站的回传流量承载：业务满足在承载最大流量期内，业务量较小的城市可以考虑通过跨接 B 网实现流量疏通；业务量较大的城市通过两个城市的两对 MCR 设备间设置直连链路实现基站流量回传，本期工程原则上按照口字形单边 1 条 100GE 链路带宽设置。

④ 5GC 侧应根据归属的基站数量及流量情况，向两台 MCR 发送不同业务服务地址段信息，进而保障链路负载均衡。

4. 与 IP 城域网互联

智能城域网要与现有 IP 城域网互联，可通过设置 MCR 与 IP 城域网 CR 之间的链路实现，初期以 10GE 颗粒度为主，主要用于疏通可能的智能城域网接入用户发起的互联网专线业务，同时也用于部分城市 vBAS 互联网流量的疏通。

5. 与 IPRAN 互联

智能城域网要与现有 IPRAN 互联，可通过设置 MCR 与现有 IPRAN 核心或 ASBR[1] 设备之间的链路实现，初期以 10GE 颗粒度为主，主要用于疏通 4G、5G 基站间的互操作流量，以及可能的专线业务。在打通 IGP 的情况下，可以采用 LDP-SR 互操作方式进行流量疏通，可以采用伪造域等方式进行 Option A 跨域 VPN 业务互通。对于接入在智能城域网而目的在 EPC 侧的 4G 回传等流量，采用同侧优先的原则进行疏通。

任务三　IP 城域网结构

IP 城域网拓扑示意如图 9-35 所示。

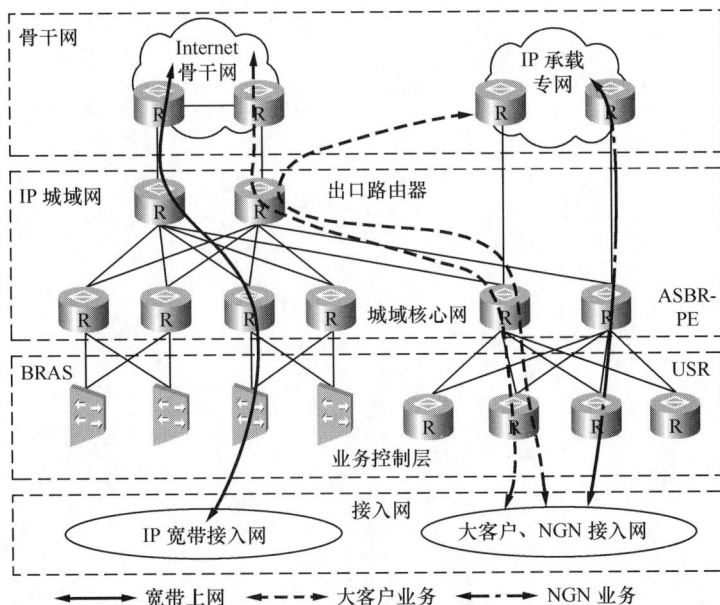

图9-35　IP城域网拓扑示意

核心层主要提供流量的高性能、大容量转发，同时要求网络结构设计简单，提供多业务的安全可靠传送。核心层全网整网启用 IP/MPLS 技术，使同一个物理平面通过 MPLS VPN 技术实现多个逻辑业务承载平面。为了保证网络的安全可靠，在核心网采用大量可靠性技术，包括设备高可靠、网络高可靠、跨域高可靠等。在满足上述要求的前

1　ASBR（Autonomous System Border Router，自治系统边界路由器）。

提下，提供大容量、高密度端口及高转发性能的核心网设备，满足核心网的各项功能需求。

业务控制层主要提供用户接入管理、安全控制和业务控制等功能，为电信业务运营提供基础平台，实现用户级的管理和控制。

用户接入层集成传统宽带远程接入服务器（Broadband Remote Access Server，BRAS)设备，实现各类业务的用户鉴别、呼叫控制、策略控制、QoS保障、安全保障等功能，满足业务控制层的要求，弥补了传统路由器、防火墙等设备无法适应电信级运营需求的缺陷，大幅降低了运营成本。